都市再開発から
世界都市建設へ

ロンドン・ドックランズ再開発史研究

川島佑介

吉田書店

都市再開発から世界都市建設へ
ロンドン・ドックランズ再開発史研究

目次

はじめに　　1

第1章　ドックランズ再開発とは何だったのか
——本書の課題 ………………………………………………… 13
第1節　政策選択の解明——第一の課題　13

第1項　経済成長に偏った再開発という評価　13

第2項　「LDDCは経済成長を、地方自治体は生活保障を目指す」　15

第3項　政策選択は不変なのだろうか　18

第2節　政策選択はなぜ変化するのか——第二の課題　20

第1項　LDDCは、市場の僕か？　21

第2項　LDDCは、サッチャーの魂か？　25

第3項　LDDCは、中央政府の一部か？　28

第2章　ドックランズ再開発をどう見るか
——本書の分析視角 ……………………………………………… 37
第1節　中央政府と地方自治体の政策選択の違い　38

第1項　二重国家論　38

第2項　都市間競争論　39

第2節　二重国家論と都市間競争論　43

第1項　「矛盾」として捉える見解　43

第2項　「架橋」の理論的試み　44

第3項　質的分析手法の有効性　48

第3節　本書の分析枠組と仮説——可変的都市間競争論　53

第3章　旧住民に寄り添う地方自治体、経済に専念するLDDC
——前期ドックランズ再開発の政策選択 ………………………… 59
第1節　中央政府による地方自治体への強い介入　59

第1項　中央政府に依存する地方財政　60

第2項　自主課税財源の仕組み　62

第3項　補助金配分の仕組み　64

第4項　権限行使に対する強い統制　66

第2節　旧住民の生活を守ろうとする地方自治体　68

第1項　『ロンドン・ドックランズ戦略計画』　69

第2項　実現可能性に疑問のある経済面での再生計画　71

第3項　野心的な生活面での再生計画　78

第3節　経済成長に専念するLDDC　83

第1項　LDDCの経済成長重視傾向　83

第2項　都市計画の緩和による経済成長戦略　91

第3項　地方自治体責任論　96

補　論　LDDCの収入・支出についての補足　100

第4章　激しい対立とLDDCの勝利
——前期ドックランズ再開発の政治過程 …………………………111

第1節　地方自治体とLDDCの全面対決　111

第1項　サザク区によるLDDCの「無視」　112

第2項　サリー・ドックス再開発をめぐる攻防　116

第3項　レイト・キャッピング導入とGLC廃止問題　119

第2節　経済面に偏った前期再開発　125

第1項　経済成長的側面における実績　125

第2項　情報通信産業と金融管理産業の進出　127

第3項　生活保障的側面における停滞と後退　129

小　括　前期ドックランズ再開発とは何だったのか　133

第5章　LDDCに接近する地方自治体、大きく旋回するLDDC
——後期ドックランズ再開発の政策選択 …………………………137

第1節　中央政府による介入の弱化　137

第1項　財政制度の大きな変化　138

第2項　財政援助の段階的削減　139

第3項　「責任ある自治体」の強制　144

第2節　経済成長に傾く地方自治体　148

第1項　岐路に立つサザク区　148

第2項　世界都市化の容認　152

第3項　生活保障的側面からの「撤退」　156

第3節　複雑化するLDDCの政策選択　160

第1項　LDDCの「二面作戦」　160

第2項　前面化される世界都市建設　162

第3項　生活保障的側面再生への関与　170

第4項　後期LDDCの政策選択についての考察　173

第6章　対立の鎮静化と世界都市の完成
──後期ドックランズ再開発の政治過程と都市建設 ……………… 183

第1節　地方自治体と LDDC の和解　183
　第1項　和解をもたらした LDDC による資金提供　184
　第2項　経済成長的側面における協調的関係　185
　第3項　地域政治の変化──サザク区を中心に　194
　第4項　多層的な都市間競争の出現　202
第2節　世界都市建設と住民への配慮　205
　第1項　経済成長的側面における継続的再生　205
　第2項　世界都市ロンドンの一角へ　208
　第3項　旧住民による LDDC と世界都市化の受容　214
小　括　後期ドックランズ再開発とは何だったのか　217

おわりに　223

参考文献・参考資料　229

あとがき　239

索　引　245

はじめに

都市再開発と世界都市建設

　1986 年にジョン・フリードマン（John Friedmann）が「世界都市仮説」を発表してからずいぶんと歳月が流れた（Friedmann [1986]）。しかし、世界都市は時代の波に埋もれるどころか、こんにちますますその存在感を高めている。すなわち、世界都市と呼ばれる諸都市の経済的重要性は卓越したままであるし、諸都市間の経済的つながりも一層強くなっている[1]。また、世界都市の負の面と言うべき下層住民の問題も深刻化している。こうした世界都市の展開と歩調を合わせるかのように、世界都市研究も盛んに行われている。例えばサスキア・サッセン（Saskia Sassen）は、世界都市の定義、その経済活動の特徴、諸都市間の関係、世界都市内部の二極化、そして過去との連続性／断絶性を世界都市研究の論点として挙げている（Sassen [2001] Epilogue）。

　こうした拡がりを見せる世界都市研究であるが、本書が取り組むのは世界都市の建設過程である。あえてここに注目する理由は、先行研究が公的セクターの政策選択の内容および役割について両義性を残してきたからである。

　一方で、世界都市の出現理由として、社会経済の変化に注意が払われていた。例えば加茂利男は、軍事＝政治要因や世界経済秩序、多国籍企業の出現などを挙げつつ、「1970-80 年代の世界都市形成を全体として支配していたのは、貨幣資本＝マネーがつくりだしたグローバリズム（金融のグローバル化）であ」ると論じ、社会経済的背景の重要性を指摘している（加茂 [2005] 50-60）。それに対して、サッセンは、「グローバル・シティはグローバルなものとナショナルなものが出会う戦略的な空間」であるために、「グローバル・シティでグローバル化を進めているのは国の組織や国内企業などナショナルなアクターである」と論じる（Sassen [2001] 347 = 387）。彼女は、社会

経済的背景の重要性を踏まえつつも、主体的な選択の帰結として世界都市形成を捉える必要性を指摘していると言えよう[2]。その意味で、世界都市は建設されるものである。しかし、社会経済的背景を所与としつつも、それが公的セクターの政策選択にいかに結びつき、世界都市を建設せしめたかについては研究が十分に進んでいるとは言えない。

この指摘は、これまでの世界都市建設研究において、公的セクターが無視されてきたということを意味するわけではない。しかし、実証と理論の両面にまたがって、概して三つの問題点を指摘できる。

第一に、世界都市建設に対して、公的セクターである中央政府と地方自治体の政策選択に違いが生じるのはなぜかについて、実証的な答えを提示してこなかった。第二に、この政策選択の内容が可変的なものとして捉えられてこなかった。そして、この二つの問題点の理由と考えられる第三の問題点として、世界都市の現代特殊性が強調されるあまり、これまでの都市分析手法が十分に活かされていないことが挙げられる。こうした問題点を踏まえて、本書の狙いは、世界都市建設における中央政府と地方自治体それぞれの政策選択の解明と、それに対する一般的なモデルによる説明を提示することである。

本書が用いる、「政策選択」という言葉について説明しておきたい。政策選択とは、中央政府や地方自治体がどのような都市を建設するかについての志向性を意味する。そこには二つの意味が込められている。一つは、「選好（preference）」である。選好とは、アクターが一定の条件下において、自らの利益を最大化するための合理的な選択を意味している（Levi［1997］9）。本書の文脈では、選好とは、中央政府や地方自治体が、自らの利益を最大化することを目的として、都市建設において採用しようとする具体的な方向性を指す。もう一つは、「政府機能（governmental function）の分担」である。政府機能とは、社会が公的セクターに要求する諸政策を、公的セクターが実際に供給する機能を指す。そして、その分担とは、中央政府と地方自治体で、供給が期待されている諸政策が異なることを意味する。このように両者は、公的セクター自らが望むのか（選好）、望むか否かにかかわらず供給機能を担

はじめに

当せざるをえないのか（政府機能の分担）という点で異なる。

　しかしながら、資本主義的民主主義システムにおいては、政策選択という用語は、公的セクターの選好と政府機能の分担の双方を含む概念用語として不適切ではない。なぜなら、資本主義体制の下において、公的セクターが自己領域における経済成長を達成しようとすることは、財政的観点において合理的な行動であると共に、私的セクターの経済活動を支援するという公的セクターの政府機能を果たすことを意味するからである。また、民主主義システムの観点から言えば、公的セクターが期待されている諸政策を供給することは、社会からの支持獲得を期待できるため合理的な選択であると共に、各レヴェルの政府に分担された政府機能を供給することに他ならないのである。このように、政策選択は、選好と政府機能の分担の両方を含んでいる用語である[3]。

　世界都市建設を論じるにあたり、本書はこれを都市再開発の延長線上に捉える。その理由は、二点ある。第一に、論理的理由である。世界都市建設は、社会経済的背景の変化を受けて選択された。ただし、社会経済的背景の変化によって都市が作り変えられることは、こんにちに限ったことではない。我々はこうした営みを都市再開発と呼んできた。第二に、経験的理由である。近代以降、産業がめまぐるしく発展するなかで、絶えず都市再開発が行われてきた。1980年代に起こった世界都市建設は、その都市再開発のコンテンツの一つとして捉えられるのである。こうして、本書は、都市再開発から議論を起こしていく。

　では、都市再開発とは何か。並木昭夫は、都市再開発を「公的主体の何らかの関与の下に、計画的に行われる都市の既成市街地における建築物の整備を伴う更新活動」（並木［1982］511）と定義する。この定義は、都市再開発の二つの側面を指し示している。

　一つ目は、都市を変化する経済構造に対応するように「更新」し、それによって都市の経済成長を達成させようとする側面である。本書は、この側面を「経済成長的側面」と呼ぶ。二つ目は、旧住民への生活の保障や、生活水準の向上の側面である。都市再開発は、「既成市街地」における開発である

3

から、旧住民の生活環境に影響を与える[4]。その際に旧住民による、生活環境の向上という要求に応えることも、都市再開発には期待されている。本書は、この側面を「生活保障的側面」と呼ぶ。ここで重要なのは、都市再開発においては、資金や空間といった制約があるために、この二側面がほぼトレードオフの関係にあることである。例えば、新規企業の誘致を優先すれば、空白地を作り出すために、旧住民の住宅を解体せざるをえない。逆に、既存建築物の維持や向上を優先させれば、住民からの合意は調達しやすいが、経済成長の達成は難しくなる。

ロンドン・ドックランズとは何か

　このトレードオフが先鋭化し、中央政府と地方自治体それぞれの政策選択という論点を提起したのが、ロンドン・ドックランズ（Docklands）地区である。ドックランズとは、ロンドン中心部から南東に約 4 キロメートル離れたカナリー・ウォーフ（Canary Wharf）を中心とする、広さ約 8.5 平方マイルの地区の総称である。

　こんにちに至るまで、ドックランズは多様な姿を見せてきた[5]。20 世紀中盤までは、「ドック」というその名が示すように、ロンドン港として、貿易産業ならびに倉庫業や軽工業が繁栄を牽引していた。しかし、1960 〜 70 年代に、ドックランズに試練が訪れる。貨物のコンテナ化と船舶の大型化、陸上輸送の発達により、テムズ川を大きく遡らなければならないドックランズよりも、下流に位置するティルベリーに貿易の拠点機能を奪われてしまったのである。その結果、ドックは次々と閉鎖されていった。それに伴い、港湾業とそれに付随する製造業などに従事する肉体労働者や移民労働者は職を失い、ドックランズは荒れ果てたインナー・シティという様相を呈するに至る。早くも 1960 年代から様々な再開発案が提示されるものの、状況は改善されるどころか、むしろ悪化の一途を辿ることとなった。

　こうした閉塞状況に終止符を打つべく、中央政府は、1981 年にロンドン・ドックランズ開発公社（London Docklands Development Corporation. 以下、LDDC と略記）を設立し、1998 年まで再開発を包括的に担当させた。LDDC は、

4

はじめに

ドックランズに立ち並ぶ最先端のビル（2017年8月、筆者撮影）

ドックランズ、ロザーハイゼ地区の住宅街（2017年8月、筆者撮影）

その再開発のコンテンツとして世界都市を選択していった。LDDC による再開発と世界都市建設の結果、こんにちのドックランズは、最先端のビルが立ち並んでおり、世界都市ロンドンの象徴的な地区となっている（写真を参照）。LDDC によるドックランズ再開発は、中央政府が直接的に介入するという手法の大胆さと、もたらされた劇的な変化ゆえに、大きな関心を集めてきた。

ドックランズ再開発史の研究動向

　ドックランズの世界都市研究においては、一つの根強い議論がある。それは、中央政府および LDDC は経済成長的側面を重視し、具体的には世界都市の建設を促進したこと、それに対して地方自治体は生活保障的側面を重視し、世界都市建設に反対したということ、したがって両者は鋭く対立したということの三点である。例えば、ティム・ブリンドリー（Tim Brindley）らは、ドックランズなど当時の都市再開発を、市場批判型（market-critical）都市計画から市場主導型（market-led）都市計画への移行としてまとめたうえで、中央政府は、国家の財政的・財産的な利益のために市場主導型を後押ししていること、対照的に地方自治体は、地域コミュニティ保全のために市場批判型の手法を試みたし、今後もその担い手であろうとの期待を述べる（Brindley *et al.* [1989] chap. 10）。

　しかし、こうした通説的理解には問題点がある。実証面については、1980年代末以降、ドックランズ再開発をめぐる状況が大きく変化したことが挙げられる。すなわち、LDDC は世界都市建設を明言する一方で、旧住民に対して大きな配慮を見せるように転換した。それとは逆に、地方自治体は LDDC に接近すると同時に、生活保障的側面に対して冷淡な態度を見せるようになった。ドックランズは、「経済成長的側面重視の中央政府および LDDC、生活保障的側面重視の地方自治体」という理解を形成してきた典型事例であるが、しかしその理解に見直しをせまる事例でもある[6]。また、理論面については、転換以前において、「経済成長的側面重視の中央政府および LDDC、生活保障的側面重視の地方自治体」という理解を受け入れたとしても、なぜこのような政策選択が形成されたのか、説明が提示されていないという課題

が残されている。さらに、1980年代末を転機として、両者の政策選択が変化したという指摘を受け入れるならば、変化した理由も問われるであろう。

　したがって、世界都市の形成を公的セクターによる建設という営みとして捉える本書が取り組む課題は、下記の二点に絞られる。第一に、1980年代末を転換点とする、前期・後期についての、LDDC（および中央政府）と地方自治体それぞれの政策選択の内容の解明である。第二に、この政策選択が形成され、変化した理由の説明である。

　この二つの課題に取り組むにあたり、本書は「可変的都市間競争論」というモデルを提示する。詳しくは第2章で述べるが、このモデルは、「都市は経済的利益を求めて相互に競争的関係におかれている」とする都市間競争論の発想を援用している（Peterson [1981]）。地方自治体を経済成長的側面に向かわせる契機として、都市間競争の圧力は重要であると考えられるからである。しかし、これまでの都市間競争論には可変性という観点が弱かったのも事実である。つまり、地方自治体が経済成長的側面を重視しない時もあるし、政策選択が変化することもある。政策選択にこうした変化をもたらす要因として、中央地方関係や中央政府の政策選択の影響がありうる。そこで、本書は、中央地方関係に基づきつつ中央政府と地方自治体それぞれの政策選択を全体として捉え、さらに可変性の観点も加えたモデルを提示する。

　本書は、ドックランズ再開発史の事例研究である。しかし、遠く離れた一地域の歴史を日本語によって記録することを目指しているわけではない。本書は、都市再開発から世界都市建設にいたるまで、中央政府と地方自治体という二つの公的セクターがどのような政策選択を有していたのかを解明・説明することを課題としている。さらに言えば、この試みを通じて、複雑化、大規模化さらには国際化した都市における行政の意味や役割について、一つの仮説を提示することを目指している。

本書の構成

　この狙いを達成する本書の道筋を述べておきたい。

　第1章・第2章では、本書の研究課題を明らかにし、それに対する分析枠

組を提示する。第1章は、ドックランズ再開発史に関する先行研究を批判的に検討することで、本書の研究課題が残された課題であることを示す。第2章では、LDDCと地方自治体それぞれの政策選択を解明し、その変化を説明するための分析枠組を提示する。まず、この分野における先行研究である、二重国家論、都市間競争論を整理・紹介する。続いて、これらの理論をベースとしつつ、ドックランズ再開発史を分析するために必要な理論的考察を行う。以上の成果として、第2章の結論部で、本書の分析枠組である「可変的都市間競争論」を提示する。

第3章・第4章は、再開発前期の分析を行う章である。第3章では、前期LDDCと地方自治体それぞれの政策選択を解明する。前期には、地方自治体は生活保障的側面に強く傾斜した再開発案を作成し、それに対してLDDCは経済成長的側面重視型の再開発を進めたことが明らかにされる。第4章では、前期再開発をめぐる政治的状況と前期再開発の成果を分析する。第3章で示すように、前期における両者の政策選択は異なっていたため、中央政府・LDDCと地方自治体は激しく対立した。この対立は、LDDCに与えられた法的権限のために、LDDCおよび中央政府の勝利に終わった。したがって、前期のドックランズ再開発は、LDDCの政策選択を反映し、経済成長的側面に強く偏った成果をあげることになった。それに対して、旧住民への割り当て住宅数の少なさや失業率の増加といった生活保障的側面での悪化が指摘される。以上が1980年代末までの前期の分析となる。

第5章・第6章では、再開発後期の分析に取り組む。第5章では、制度・環境の変化が、アクターであるLDDCと地方自治体による制度の再解釈と相互作用を通じて、それぞれの政策選択の変化をもたらしたことを説明し、後期の政策選択を解明することを試みる。一方では地方自治体が、生活保障的側面の再開発に次第に冷淡になり、経済成長的側面重視型の再開発を受け入れ、さらにはそれを積極的に進めていく立場に変化した。制度変化と地方自治体の政策選択の変化を受けて、LDDCの政策選択も変化した。すなわち、経済成長的側面を引き続き重視しつつも生活保障的側面も部分的に重視するという複雑なものへと変化した。これは、経済成長的側面／生活保障的側面

という軸に加え、国際移動可能性の高低という軸の重要性を示すものであった。第6章は、前期から後期への中央政府（LDDCを含む）と地方自治体それぞれの政策選択の変化の結果、後期の政治的状況と再開発の成果は、前期のそれらと大きく異なるものへと変化したことを論じる。また、再開発の成果については、後期LDDCの政策選択が反映され、世界都市建設による経済成長的側面の再開発が継続した一方で、生活保障的側面の再生も進んだことを明らかにする。

「おわりに」では、本書の分析結果と主張をまとめた後、本書の意義について論じる。

注
1）例えば、森記念財団・都市戦略研究所の一連の調査結果などが世界都市の展開を示している。
2）加茂も世界都市形成の主導アクターの相違を指摘している（加茂［2005］84）。
3）本書は、「政策選択」の他に、「政策選択パターン」という用語も用いる。政策選択パターンとは、中央政府と地方自治体それぞれの政策選択の間に、相補関係などなんらかの関係がある場合において、中央政府と地方自治体両者の政策選択を総体的に示す用語である。
4）本書は、「旧住民」という言葉を使用する。本書では、「旧住民」を、再開発が始まる前からそこに住んでいた住民と定義する。したがって、本書においては、特に断りがない限り、「旧住民」とは、「LDDC設立以前からドックランズに住んでいた住民」を意味する。
5）LDDC以前の再開発史も、すでに多くの先行研究によって紹介されている。とりわけ、Brownill［1993］chap. 2；Naib［1996］；Whitehouse［2000］202-208；シェパード［1985］；［1986］；辻［1992］；広川［1981］；山崎［1987］；渡辺［1993］などが詳しい。
6）ドックランズ再開発史の時期区分については、第1章で詳しく論じられる。

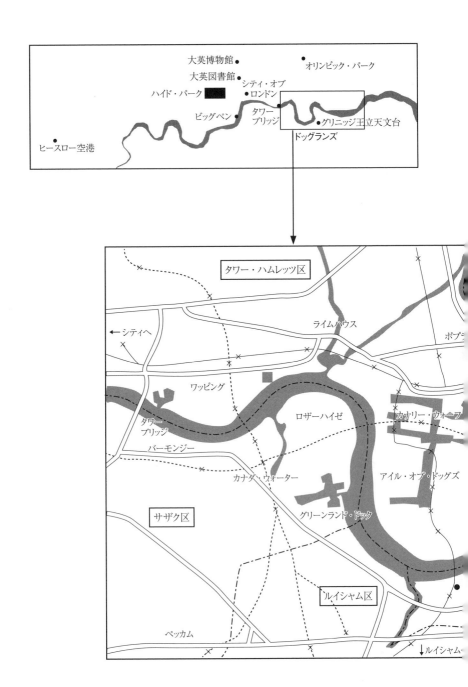

はじめに

ドックランズ地域概略図（筆者作成）

第1章

ドックランズ再開発とは何だったのか
――本書の課題

　本章では、ドックランズ再開発の先行研究を検討し、残された課題を明らかにする。これが、本書が取り組む課題となる。まず第1節では、後期におけるLDDCと地方自治体それぞれの政策選択の内実の解明が、残された課題の一つ目であることを論じる。二つ目の課題は、この変化がなぜ生じたかという説明の提示である。第2節では、そのための準備作業に取り組む。

第1節　政策選択の解明――第一の課題

　本節では、ドックランズ再開発史が1980年代末に転換点を迎えることと、先行研究が、後期におけるLDDCと地方自治体それぞれの政策選択の解明という研究課題を残してきたことを明らかにする。結論から言えば、ドックランズ再開発と、それを取り巻くアクターであるLDDCと地方自治体についての研究は、前期に限られている。そして、その理解をそのまま後期に当てはめている。しかし、この理解は妥当とは言えない。したがって、後期におけるLDDCと地方自治体それぞれの政策選択の解明は、研究課題の一つとして残されている。

第1項　経済成長に偏った再開発という評価

　多くの先行研究が、LDDCによるドックランズ再開発の成果を、生活保障的側面を犠牲にした、経済成長的側面重視型の再開発として評価してきた。まず、少なくとも経済成長的側面においては、概ね肯定的に評価されている

ことを確認しておこう。S・K・アル・ナイブ（S. K. Al Naib）は、水辺環境の有効活用や、環境事業、そして多くの商業や産業、住宅のプロジェクトが進展したことを挙げて、「こんにち、ロンドン・ドックランズは、世界で最も大規模でかつ成功した都市再開発および都市の刷新として認識されている」と評価する（Naib [1996] 35）。また三富紀敬は、数量的データに着目し、ドックランズにおける、大規模な人口流入、金融保険業をはじめとする雇用の拡大、高い賃金水準を明らかにしている。したがって彼は、ドックランズ再開発における経済成長的側面について、「人口と雇用及び賃金などの諸指標にみるように、経済効果をあげている」と肯定的に評価する（三富 [1995] 125-128）。このように、ドックランズ再開発は、少なくとも経済成長的側面においては、肯定的な評価を受けている[1]。

しかしながら、こうした経済成長的側面の肯定的評価とは対照的に、生活保障的側面は十分に再生されなかったと指摘する批判的見解が提出されてきた。再生されなかったばかりか、再開発によって、生活保障的側面はむしろ悪化したという指摘も多い。すなわち、多くの研究は、ドックランズ再開発によって、経済成長的側面が達成されたことは認めても、それは旧住民の犠牲の上に達成されたと批判的に捉えている。例えばスー・ブローニル（Sue Brownill）は、ドックランズ再開発によってもたらされた新規雇用と新規住宅が、旧住民ではなく、新住民に配分されていると指摘する。さらに彼女は、既存の社会構造が破壊され、伝統的な雇用が壊滅状態に陥り、公営住宅が取り壊されたために、ドックランズ再開発は旧住民にむしろ不利益を与えた、と論じる（Brownill [1993] chap. 4-5）。また、アンディ・コープランド（Andy Coupland）も同様の批判を投げかける。彼は、旧住民にとって、新たな住宅は高価すぎ、新たな雇用もはるかに高い水準を要求するものであったと指摘する。こうした点をもって、彼は、「ガラスや大理石で覆われた巨大なオフィス群は、地域コミュニティにとって、ほとんど意味がない」と批判する（Coupland [1992] 160-161）。

さらに、日本におけるドックランズ研究も類似の批判的議論を展開している。例えば、辻悟一や福島義和は、ドックランズ再開発においてサッチャー

首相が構想した「トリクルダウン効果」の「虚構性」を指摘する。トリクルダウン効果とは、まず公共投資によって民間資本を呼び寄せて再開発を進め、続いて再開発の成果が、新規雇用などのかたちで旧住民の利益へと「溢れ出す」という効果を指す。その「虚構性」とは、既存雇用の減少とホームレスの増加という状況を踏まえると、旧住民へは、雇用と住宅の恩恵が行き渡らなかったのではないかという疑問を指している（辻［1992］；福島［1998］）[2]。

　ドックランズ再開発とは、生活保障的側面の犠牲に基づいた、経済成長的側面重視型の再開発であったとする評価が、数多く提出されてきたのである。

第2項　「LDDC は経済成長を、地方自治体は生活保障を目指す」

　ドックランズ再開発が経済成長的側面に偏った原因は、LDDC に求められてきた。すなわち先行研究は、LDDC の政策選択が経済成長的側面重視型の再開発であったと捉え、そのためドックランズ再開発が経済成長的側面重視型の再開発になったと論じてきたのである。その反面で、地方自治体の政策選択は、生活保障的側面を重視するものであると捉えられてきた。

　まず、LDDC の政策選択が、ドックランズ再開発の成果との関係において、決定的に重要であることを確認しておこう。それは、LDDC がドックランズ再開発に責任を負う組織とされてきたことによる。LDDC とは、中央政府を構成する環境省の大臣によって設立された組織であり（Innes［2005］）、LDDC には都市再開発を進めるために必要な権限が十分に与えられてきた。具体的には、1980 年地方政府・計画・土地法（Local Government, planning and Land Act 1980）は、LDDC に以下の諸権限を認めた（斎藤［1990d］も参照のこと）。土地改良や交通インフラ、基礎的社会サーヴィスの提供（第136条）。公有地強制帰属権（vesting）と、民間の土地の強制買収権（第141条、第142条）。開発計画の提出権と、その計画に合ったものなら開発許可を申請しなくとも開発許可がおりたものとみなせる特別開発令（Special Development Order）の適用（第148条）。そして、地方自治体に代わって、開発許可申請に許可を下す、地方計画庁としての権限（第149条）である。このように、再開発に必要な権限がほぼすべて LDDC に与えられているために、ドッ

クランズ再開発の責任は、LDDC に求められてきた。したがって、ドックランズ再開発研究には、LDDC の政策選択の分析が欠かせない。そして、以下で明らかにするように、先行研究は、LDDC の政策選択が経済成長的側面重視型の再開発であると主張してきたのである。

まず、コープランドによる分析を紹介しておこう。彼の主張は極めて明快である。すなわち彼は、「このような組織〔＝ LDDC〕の新しい点は、……地域の私的セクターの活動を促進しようとしたことにある」と述べる。つまり LDDC は、私的セクターに再開発の主導性を譲ることで、経済成長的側面重視型の再開発を促進したとされる。同時に彼は、「LDDC の地域コミュニティへの態度は、一貫して、彼らを無視するものであった」と述べ、LDDCは生活保障的側面に冷淡であったと論じている（Coupland [1992] 152-156）。

次に、「LDDC の政策目標と手段」を分析対象とした、ジョン・ホール（John Hall）の研究を見てみよう。彼も同様に、LDDC の政策選択が、経済成長的側面重視型の再開発であったと論じる。すなわち彼は、LDDC の都市計画思想に焦点を当て、LDDC が、地域住民の「需要に導かれた計画」ではなく、開発業者に配慮した「供給ベースの計画」を採用したと指摘する。それに対して、彼は、「LDDC は、教育機関でも、社会サーヴィス機関でも、雇用機関でも、職業訓練機関でもない」と述べ、生活保障的側面に対する、限定的な LDDC の役割を指摘している（Hall [1992] 22）。

日本における LDDC 研究も類似の見解を提出してきた。ここでは馬場健の研究を取り上げよう。彼の研究は、「LDDC によるドックランドの再開発は成功しなかった」という前提に立ち、その原因を、「LDDC が抱えていた内在的問題」に求めようとする。その原因の一つとは、LDDC が中央政府の準政府機関であったことである。この点をもって彼は、LDDC を、「英国全体の経済的発展」には関心を払うが、「住民の意向」を「ほとんど反映」しないものであったと特徴づける（馬場 [1995] 29-33；[2012] 第 5 章）。

LDDC の政策選択を経済成長的側面重視とする先行研究は、地方自治体の政策選択を生活保障的側面重視型の再開発であるとも主張してきた。例えばブローニルは、LDDC による再開発を批判する一方で、「地方自治体やコミ

ュニティ組織」については、「地域の多数派労働者のニーズに適い、また市場的ではない基準に合致するような、〔LDDCとは〕異なった計画や代替案を準備してきた」と評価する（Brownill［1993］10）。また、ギリアン・ローズ（Gillian Rose）も、地方自治体が、住民団体と共に、LDDCに対して旧住民への住宅や教育の供給など、生活保障的側面を求めていったことを紹介している（Rose［1992］32-42）。日本における論調も、同様である。馬場は、地方自治体が、貧しい人々のニーズである、公共住宅の整備、社会保障の充実、生活環境の向上、雇用の安定を追求していると論じる（馬場［2012］113-114）。

　これらの研究において、地方自治体（Local Governments／Local Councils）とは、具体的には二つの組織を指している。一つは、広域自治体である大ロンドン議会（Greater London Council. 以下、GLCと略記）である。GLCは、ロンドンの郊外化に対応するために、1963年ロンドン政府法（London Government Act 1963）に基づき、1965年に設立された。GLCは、広域自治体として、長期的計画の設定や交通の機能を担っている。もう一つは、基礎自治体である特別区（London Borough Council）である。GLCの設立と同時に、32の特別区とシティ（City of London）が再編された。特別区やシティは、教育や住宅などのより身近な対人サーヴィスを担っている（Greenwood and Wilson［1984］110-111）。LDDCの管轄と重なる特別区は、サザク区（Southwark）、ニューハム区（Newham）、タワー・ハムレッツ区（Tower Hamlets）の三つである。

　GLCと特別区には、こうした役割分担があるものの、先行研究においては一括して「地方自治体」として扱われている。その理由は、第一に、中央政府・LDDCと対比的に、この二つの組織を捉えるという分析視角に基づくものであり、第二に、本書でも論じるように、前期においては、GLCと特別区は、歩調を揃えて、中央政府・LDDCに対抗したという事実に基づくものである。本書においても、特筆しない限り、地方自治体とはGLCと特別区の双方を意味する。

　以上の諸研究に見られるように、LDDCは、経済成長的側面を重視し、生活保障的側面にはほとんど関心を払っていない、と理解されてきた。それに

対して、地方自治体は、生活保障的側面を重視してきたとされている。

第3項　政策選択は不変なのだろうか

　前の二つの項では、先行研究が提示してきた理解を三つ確認してきた。三つとは、ドックランズ再開発が経済成長的側面に過度に偏重した再開発であったこと、LDDC の政策選択が経済成長的側面重視型であること、そして LDDC とは逆に、地方自治体の政策選択が生活保障的側面重視型であることである。ただし、こうした理解を提起する研究は、概ね 1990 年前後に発表されている。LDDC の存続期間は、1981 年から 1998 年までであるから、これらの研究の多くは、前期 LDDC の分析を行っていることになる。後期のドックランズ再開発の成果と、LDDC と地方自治体それぞれの政策選択についての研究は、前期と比べると乏しいが、存在しないわけではない。後期の研究は、二つに大別される。一つ目は、後期の成果や政策選択は、前期から変化していないと捉える研究である。二つ目は、再開発の成果は、前期から変化したと主張する研究である。

　まず一つ目の、前期から後期への変化を否定する立場を紹介しておこう。ブローニルと馬場がこの立場を採っている。ブローニルによる 1993 年公刊の第二版の「あとがき」は、LDDC 史が三つに時期区分されると論じている。すなわち、1980 年代末までが「第一期」であり、1980 年代末から 1990 年代初期までが「第二期」であり、1990 年代初期以降が「第三期」である（Brownill ［1993］183）。彼女は、以下のように各時期を特徴づけている。第一期においては、LDDC の政策選択が経済成長的側面重視型の再開発であり、地方自治体のそれが旧住民に対する生活保障的側面重視型の再開発であった。そのため、両者は再開発の方向性をめぐって鋭く対立していた。第二期は、LDDC が生活保障的側面を重視するようになり、また LDDC と地方自治体の関係が協調的なものへと変化した。しかし第三期には、LDDC は、生活保障的側面を再び軽視して、経済成長的側面の重視へと回帰した。その結果、第三期には、地方自治体との関係は再び対抗的なものとなり、住民の間でも LDDC への反発が再燃した（Brownill ［1993］postscript 1993）。したがって、

ブローニルは第二期の「変化」を「ほとんど本質的なものではない」と評価する（Brownill [1993] 168）[3]。また、馬場も同様に、LDDC 史を三つに区分しているが、「基本的にどの段階においても、従来からのドックランドの住民に対しては、再開発に関する援助はほとんど行われず、かえって彼らを当該地域から排除する方策が採られたことは明らかであ」ると論じる（馬場 [2012] 109-111）。このように、彼らは、経済成長的側面重視型という再開発の成果と、その原因として、LDDC の政策選択が経済成長的側面重視型の再開発であったという点は、前期も後期も変わらないと主張する。

　しかし、前期についての分析と異なり、ブローニルらによる後期についての分析はデータや資料を十分に用いているとは評価されえない。むしろ、ブローニルらが「第三期」とする 1990 年代初期以降の状況に照らし合わせると、ブローニルらの理解が捉え直される。ここでは簡単に、ブローニルらによる「第三期」の捉え方とは齟齬をきたす経験的事例を三点指摘しておく。第一に、1990 年代半ば以降も LDDC は、生活保障的側面の必要性を強く主張した。実際、この LDDC の姿勢は、職業訓練やコミュニティ・サポートといった名目の生活保障的側面への支出拡大に具体化している。第二に、地方自治体は LDDC の成果を認め、両者の関係は、概ね協調的なままであった。第三に、旧住民による LDDC への評価は、1990 年代に急激に好転した。こうした点を踏まえると、「第三期」の回帰は疑問視される。そうではなく、1980 年代末を転機として、前期から後期へと LDDC と地方自治体それぞれの政策選択は変化したと捉えられるべきである。

　二つ目の立場は、前期から後期への変化を積極的に認めていくものである。ナイブや三富の研究は、後期の分析を中心に据えたうえで、後期の再開発の成果は、前期とは異なると示唆している（Naib [1996]；三富 [1995]）。しかしながら、彼らの研究にも限界はある。それは、後期における LDDC と地方自治体それぞれの政策選択を分析対象としていないことである。したがって、彼らの言うように、後期ドックランズ再開発の成果が前期から変化したことを受け入れたとしても、それは、政策選択の解明をただちに意味するものではない。政策選択が変化しなくとも、例えば、社会経済状況が変化すること

によって、再開発の成果が変化したということは、十分に考えられるからである。前期から後期の変化を指摘する論者には、トニー・トラバース（Tony Travers）も含まれる。彼は、後期にはLDDCと地方自治体の関係が協調的なものになっていったことを指摘している（Travers［2004］39-41）。ただしトラバースも、両者のそれぞれの政策選択について分析を行っているわけではない。以上のように、後期の再開発の成果が前期とは異なることを指摘する研究はいくつか提起されているものの、後期におけるLDDCと地方自治体それぞれの政策選択の解明は、依然として残された課題である。

第2節　政策選択はなぜ変化するのか——第二の課題

　前期から後期にかけて、LDDCと地方自治体それぞれの政策選択が変化したことを、とりあえず受け入れるならば、次には、なぜその変化が起きたのかについての説明が求められる。この変化の説明が、本書の二つ目の課題である。変化を分析するための枠組を構築する作業は、二段階に分けられる。最初に、LDDCという組織の政策選択に影響を与える要因を探る作業である。この作業によって、LDDCの政策選択を解明し、その変化を説明する際に、着眼すべき要因が明らかとなる。次に、その要因が、どのようにLDDCと地方自治体それぞれの政策選択を変化させるのかを分析する枠組を構築する作業である。本節では、前者のLDDCの政策選択を規定する要因を探る作業に取り組む。この作業を踏まえて次章で後者の課題に取り組む。

　先行研究は、LDDCの政策選択に影響を与える要因、すなわちLDDCを捉える視角を三つ提示してきた。三つの視角とは、国際化する市場原理の担い手、サッチャー首相の個人的イデオロギーの産物、そして中央政府の一部局としてのLDDCの捉え方である[4]。本節では、これら三つの視角の意義と限界を検討する。それぞれの視角は、本書の二つの課題である、LDDCの政策選択を解明することができるのかという観点と、その変化を説明することができるのかという観点から検討される。

第1章　ドックランズ再開発とは何だったのか

第1項　LDDC は、市場の僕か？

　LDDC を捉える一つ目の視角として、国際化する市場原理がある。ロジャー・リー（Roger Lee）は、1980 年代に「世界経済における急速な統合」があったと指摘する。すなわち、「1980 年から 1981 年の不況の後、1980 年代は、製造業とサーヴィス業での世界貿易の拡大が、生産の成長と、膨張するグローバルな金融の相互作用を継続的にかつ一層速めた時代であった」（Lee [1992] 9）。こうした国際化する市場原理が LDDC に対してドックランズの世界都市建設を要請し、したがって、LDDC の政策選択が経済成長的側面重視型になったという捉え方がある。まずは、代表的な研究例を取り上げ、この視角からの LDDC 理解を整理しておこう。

　まず、アンソニー・キング（Anthony King）の LDDC 理解から検討したい。彼は、ドックランズ再開発を「世界都市」ロンドンの形成過程の典型事例として位置づける。そのうえで彼は、LDDC を「国家的・国際的資本をドックランズ再開発に惹くために」、「7 億ポンド以上の公金が投資された」組織として捉える（King [1990] 146）。このように、キングは、国際化する市場原理という新たな経済構造が公金による都市再開発を求めるための窓口として、LDDC を捉えている。そのため彼は、LDDC の政策選択が国内アクターや制度に規定される度合いを低く見積もっている。すなわちキングは、「世界都市の中心は、そこでの空間、社会関係、政治が国境の外での決定にますます依存するような、国際的飛び地となっている。……世界都市はますます国家から「解放」されているのである」（King [1990] 145-146）として、世界都市に対する国家の諸要素の影響を限定的に捉えている。

　リーもキングと類似の LDDC 理解を提示している。彼は、1980 年代における経済の国際化が、ロンドン全体の経済的競争力を高める必要性を生み出したと指摘する。それゆえ彼は、「ドックランズ再開発の根幹」を、「金融およびビジネス・サーヴィスの国際的センターとしてのロンドンの重要性と、世界都市としてのロンドンの競争的地位を拡大するための、投機的開発の利益の潜在性」に見出す（Lee [1992] 9）。そしてキングと同様に、リーは、こ

21

の目的を達成するために私的投資を促進する機関として LDDC を捉えている (Lee [1992] 7, 17)。

　最後に、辻による LDDC の捉え方を紹介しておこう。彼によれば、ドックランズ再開発では、「地元ニーズ主導型の公共計画的開発方式」に対して、「民間主導型開発方式」の再開発方針が「勝利」した。「民間主導型開発方式」とは、LDDC が、「戦略的プランをもたずに活動すること」を意味する。LDDC のこのような市場迎合的な方針を歓迎して、当時発展しつつあったオフィス・商業・金融・保険といった諸部門がドックランズに流入してきた。こうして辻は、ドックランズ再開発を、「市場が欲する再開発」であったと理解する（辻 [1992] 52-56）。

　ここまで、LDDC を国際化する市場原理の担い手として捉える、代表的な三人の論者の見解を整理してきた。彼らの研究における LDDC の市場原理への従属は、LDDC の役割が次の二つにのみ見出されていることに現れている。第一の役割は、地方自治体によって定められた厳しい都市計画を取り払うことによって、民間企業の活動の自由を大きくする働きである。第二の役割は、公金が民間企業に利するように使われるための窓口としての働きである。これらの限定的な役割の指摘を敷衍すると、LDDC の政策選択を理解するためには、新たに国際化しつつあった経済構造に注目すれば十分であって、国内アクターや国内制度といった政治過程は重要ではない、ということになる。

　確かに、LDDC による再開発を経て、ドックランズは世界都市ロンドンの一角を占める地位へと浮上した。また、都市（再）開発一般に言えることでもあるが、ドックランズの世界都市形成過程において民間企業が与えた影響は、決して過小評価されるべきではない（Adams [1994] chap. 4）。こうした点に鑑みれば、国際化する市場原理の担い手という視角から LDDC を捉えようとする研究は、新たな経済構造が都市に与える影響力の大きさを示していると評価されうる。しかしながら、近年では、世界都市研究の内部において、世界都市形成過程を経済構造に還元して論じることに対する反省も生じてきている。

　世界都市研究に先鞭をつけたフリードマンは、世界都市を次のように定義

する。すなわち世界都市とは、それによって、「地域、国家、国際の各経済が世界経済へと分節および連接される」都市のことであり、さらにその結果として、「世界的な経済システムの組織上の結節点としての機能を担」っている都市である（Friedmann [1995] 22-25 = 24-27）。また、彼によれば、ある世界都市が形成される際には、歴史、国家政策、そして文化的影響力などではなく、「経済という変数」が、「決定的に重要」である（Friedmann [1986] 69 = 191）。このように彼は、世界都市を捉える視角としてはもちろんのこと、世界都市形成の視角としても、経済構造に特別の注意を払っている。

　フリードマンの研究での、世界都市形成における経済構造への着眼は、初期のサッセンの研究でも共有されている。例えば、彼女は、ニューヨークとロサンゼルスの二つの世界都市では、「1970年代後半の事務所・ホテル・高層住宅の建設ブームにおいて外国資本が中心的な役割を果たしてきた」と論じる（Sassen [1988] 156 = 216）。

　しかしながら、その後サッセンは、こうした経済構造に基づく世界都市形成の説明から距離をとる。端的に言えば、彼女は、世界都市の形成を説明する際に重要なのは、国際化する市場原理ではなく、むしろアクターであると主張する。すなわち彼女は、「グローバル・シティはグローバルなものとナショナルなものが出会う戦略的な空間」であるために、「グローバル・シティでグローバル化を進めているのは国の組織や国内企業などナショナルなアクターである」と論じるのである（Sassen [2001] 347 = 387）。このように、近年のサッセンは、世界都市の形成を論じるにあたり、（国際的）経済構造への還元から脱却し、アクターによって意図的に建設されるものへと認識を変化させている。

　国際化する市場原理という視角からドックランズ再開発を捉え、また、LDDCをその担い手として捉える研究には、このように、世界都市研究内部からその見直しが提起されてきている。先に引用したように、サッセンによれば、この見直しがなされるべき理由は、そもそも世界都市とはアクターによって意図的に建設されるものだからである。ドックランズ再開発研究、お

23

およびLDDC研究に対しても、彼女のこの指摘は示唆的である。彼女のこの指摘は、キング、リー、そして辻らによるLDDCの捉え方の問題点を指摘しているからである。その問題点とは、以下の二つである。

　一つ目に、国際化する市場原理という視角では、LDDCの政策選択を解明するという目的を果たせないという問題点がある。この問題点は、LDDCを他の組織や事例と比較すると明らかになる。具体的に二つ論じる。第一に、LDDCがドックランズの世界都市建設を進めようとしたことに対し、なぜ地方自治体はこうした道を選択しなかったのかが理解できない。キングらの研究も、地方自治体が、世界都市建設とは異なるドックランズ再開発を模索していたことを指摘している。新たな経済構造という外的環境は、LDDCのみならず地方自治体にとっても同様である。にもかかわらず、なぜLDDCと地方自治体の政策選択が異なったのかについて説明が提示されているわけではない。第二に、ドックランズ再開発と同時期の他の再開発との間には、大きな差異が存在するが、この差異が生じた説明も不十分である。他の再開発とは、ドックランズの西隣に位置するコイン・ストリート地区（Coin Street）と、ロンドン北部の交通の要所であり、広大な車両基地跡地が残されていたキングス・クロス地区（Kings Cross）の再開発である。国際化する市場原理という外的環境は、これら両地区においても同様である。だが、この二つの地区の再開発は、LDDCのような組織ではなく、地方自治体や住民団体によって主導されたこともあり、経済成長的側面重視型ではなかったとされている[5]。このように、国際化する市場原理からLDDCを捉える視角は、なぜそもそもLDDCだけが、世界都市建設、あるいは世界都市建設を通じた経済成長的側面重視型のドックランズ再開発を選択したのかについて、説得的な説明を提供していないのである。

　二つ目の問題点は、国際化する市場原理という視角は、LDDCの政策選択の変化も説明できないことである。キングらのみならず、フリードマンやサッセンも、世界都市においては貧困の格差が広がり、社会的対立が生じることを予測する（Friedmann [1995] 26 = 28：Sassen [2001] part 3）。だが、世界都市建設が本格的に進んだ、1980年代末以降の後期ドックランズ再開発

においては、LDDC はむしろ生活保障的側面も重視するようになり、また、それによって旧住民から LDDC への評価も好転したのである[6]。こうした LDDC の政策選択の変化は、国際化する市場原理という視角だけでは説明されえない。

　以上の二つの問題点を克服するためには、サッセンの言うように、アクターに注目して LDDC を捉える必要があろう。

第2項　LDDC は、サッチャーの魂か？

　アクターに注目して LDDC を捉える場合、よく指摘されるのが、サッチャー首相の個人的イデオロギーである。本項では、サッチャー首相の個人的イデオロギーの産物として LDDC を捉える研究を検討したい。

　まず、アンディ・ソンリー（Andy Thornley）の研究を紹介しておこう。彼は、サッチャー首相の都市政策に対するイデオロギーを、次の二点に見出す。第一に、意思決定を市場原理に委ねる新自由主義的原則である。第二に、そのために、諸権限を地方自治体から剥奪し、中央政府に集め、また市場へと配分する、権威主義的手法である（Thornley [1993] 90-91）。LDDC は、こうしたサッチャー首相のイデオロギーが具体化されたものと捉えられている。すなわち、市場原理への信望というサッチャー首相のイデオロギーを受けて、LDDC は、都市再開発を市場原理に委ねることで、経済成長的側面重視型のドックランズ再開発を実現したと論じられている（Thornley [1993] chap. 8）。

　それでは、なぜドックランズにサッチャー首相の矛先が向いたのか。西山八重子は、その理由を、当時の大ロンドン議会（Greater London Council）およびドックランズ地区の地方自治体で勢力を有していた、労働党の一派である「新都市左翼（New Urban Left）」へのサッチャー首相の対決姿勢に求める。彼女の整理によれば、新都市左翼の主張は以下の三点にまとめられる。第一に、社会政策の計画策定や意思決定に住民参加を取り入れ、分権化を促すこと。第二に、都市衰退地域の再生を地域経済の建て直しに求め、雇用創出を促す地域産業戦略をたてること。第三に、市民運動的な手法を重視することである（西山 [2002] 167-169）。新都市左翼の影響力は、1976 年の『ロンド

ン・ドックランズ戦略計画（London Docklands Strategic Plan）』にて頂点に達する。この計画は、生活保障的側面重視型の計画として理解されてきた。例えば、ウェス・ホワイトハウス（Wes Whitehouse）は、この計画の作成過程を、広範な公的協議を経たと評価し、この計画の内容も、旧住民向けの住宅や、従来型産業での雇用の増加を目指したと論じる（Whitehouse [2000] 204-205。他に Brindley *et al.* [1989] 100-101；辻 [1992] 40-41；馬場 [2012] 106-107 なども参照）。ソンリーが整理したように、サッチャー首相は、こうした新都市左翼とは逆のイデオロギーを標榜していた（Thornley [1993] 182-184）。したがって西山は、サッチャー首相が LDDC を設立することによって、『ロンドン・ドックランズ戦略計画』とは異なるドックランズ再開発を目指したと指摘する（西山 [2002] 167）。

　ソンリーや西山らの研究は、LDDC をサッチャー首相の個人的イデオロギーの産物として捉え、以下の二点について説明を与えている。第一に、LDDC の政策選択が経済成長的側面重視型であった理由は、LDDC を設立した保守党政権の首班であったサッチャー首相の個人的イデオロギーの影響によって説明される。第二に、LDDC と地方自治体の対立が生じた理由は、価値観の対立によって説明される。確かに、サッチャー政権が LDDC を設立したという事実や、典型的な二大政党制であった当時のイギリス政治の実情に照らし合わせると（森嶋 [1988] 35, 111）、かかる説明は一定の説得力を有している。

　しかし、サッチャー首相の個人的イデオロギーの産物として LDDC を捉えることは、LDDC の政策選択の解明と、その変化の説明について難点も抱えている。順に論じていこう。

　まず、LDDC を、サッチャー首相の個人的イデオロギーの産物として捉えて、その政策選択を把握しようとする試みに対しては、サッチャー首相の影響力を過大視しすぎているのではないか、という疑問が浮上する。高安健将は、イギリスを含む議院内閣制では、そもそも首相の権力が絶対的なものではないことを実証的に明らかにしている。彼によれば、首相の行使しうる権力の度合いは、所属政党の自らや閣僚に対するコントロールに左右される

（高安 [2009]）。確かに、サッチャーは強力な首相としてのイメージが強い。だが、高安によるこの示唆を踏まえると、LDDC をサッチャー首相の個人的イデオロギーの産物として捉えることは適切ではないと考えられる。

　制度的な観点では、LDDC は、サッチャー首相個人に責任を負う組織ではなく、イギリスにおいて地方行政を担当していた環境省（Department of Environment）に属する組織であった。また、実際に LDDC を発案したのは、マイケル・ヘーゼルタイン（Michael Heseltine）環境大臣（任期：1979-83 年および 1990-92 年）であった（Innes [2005]）。彼は有力閣僚の一人であり、サッチャー首相とは思想的に距離のある政治家でもあった[7]。こうした制度的観点に加え、元 LDDC 職員らは、サッチャー首相よりも環境省あるいはヘーゼルタイン環境大臣との結び付きを強く意識していたと述懐している[8]。したがって、LDDC をサッチャー首相の個人的イデオロギーの産物として捉え、その政策選択を理解することは難しいように思われる。

　LDDC を、サッチャー首相の個人的イデオロギーの産物として捉える視角には、LDDC の政策選択の変化を説明できないという問題点もある。ここでも、具体的に二点指摘したい。

　第一に、1980 年代末以降には、中央政府から LDDC への補助金が増大したことである。ソンリーが述べるように、サッチャー首相および前期 LDDC は、少なくとも建前としては、市場原理に基づくドックランズ再開発を主張していた。それに対して、すでに多くの研究が、中央政府から LDDC への補助金が徐々に増額していったことを明らかにしている（例えば、Brownill [1993] 45-48；川島 [2010] 102 など）。それらの研究によると、1987-88 年度以降、ほぼ毎年、1 億ポンド以上の補助金が与えられている。こうした補助金の増大について、辻は、サッチャー首相の「レトリックとは全く逆に公的部門……は実に大きな役割を果たした」と論じている（辻 [1992] 48）。

　第二に、巨大化していった LDDC 財政に伴って、コミュニティ支援などの生活保障的側面への支出も増額されたことである[9]。こうした中央政府の補助金拡大と、それに伴う LDDC の生活保障的側面への支出拡大は、市場原理を信奉するサッチャー首相の個人的イデオロギーに反することである。また、

補助金とそれに伴う生活保障的側面への支出が急増した 1987 年は、サッチャー首相が三選を果たし、政局的には安定した年であった。このように、LDDC の変化は、中央政府の政局とは独立している[10]。以上のように、LDDC を、サッチャー首相の個人的イデオロギーの産物として捉える視角は、LDDC の政策選択の変化も説明できないのである。

第3項　LDDC は、中央政府の一部か？

　三つ目に、LDDC を中央政府の一部局として捉える視角を検討しよう。本項では、最初に、この視角からの先行研究を整理・紹介する。次に、この視角は、LDDC の政策選択の解明と、その変化を説明する可能性を有することを示す。最後に、しかしながら先行研究は、中央政府と地方自治体それぞれの政策選択を不変的なものとして捉えているという問題点も有していることを論じる。

（1）　先行研究

　中央政府とは経済成長を重視するものであるために、中央政府の一部局である LDDC の政策選択も経済成長的側面重視型の再開発となったと論じる研究も多く提出されている。

　最初に、ブローニルの見解を紹介しておこう。ブローニルは、1979 年に成立したサッチャー政権の都市政策について、次のように述べる。中央政府は、「ドックランズは、……地方の利益ではなく、国家の利益に則して発展させられねばならない」と考えていた。そのため中央政府は、「都市政策の構造転換」を図った。この「都市政策の構造転換の特徴の一つは、中央政府の財政的・政治的指示による、地方自治体の活動の、漸進的な縮小さらには代替であった」(Brownill [1993] 33, 9)。中央政府のこうした都市政策の具体化が、LDDC に他ならない。それゆえに、経済成長を求める LDDC と、介入を受けた地方自治体は激しく対立することになる。ブローニルは、以下のようにまとめる。「ドックランズは、長年にわたる中央と地方の対立の例外では決してなかったし、実際、LDDC の設立以来の年月は、激しい反対と地域からの反発に特徴づけられてきた。多くの場合、地方自治体と中央政府、地

域住民とLDDCのようなエージェンシーの間のこうした対立は、地域益と国益の衝突の名の下に包含されているのである。実際のところ、これは、都市計画やインナー・シティ政策についての異なる政治的アプローチ間のより深い対立に、我々が直面している事実を示している。すなわち、地方自治体やコミュニティ組織は、地域の多数派労働者のニーズに適い、また非市場的な基準に合致するような異なった計画や代替案を準備してきたのに対し、〔LDDCもその一つである〕都市開発公社は、私的セクターの利益に即して、地域を開発しようと試みてきた」(Brownill [1993] 10)。

　また馬場も、中央政府の組織的な政策選択を反映して、LDDCは経済成長的側面に傾斜したと論じる。まず彼は、「サッチャー保守党内閣は、……関係する地方自治体の影響力を極力排除し、中央政府の統御のもとで、当該地域への民間資金の極大化する目的で……LDDCを設立した」と述べ、LDDCが「準政府組織であるため、関係する地域の選挙による統制を受けず、環境大臣を通じて、議会に対してのみ責任を負う機関である点」を根拠として、LDDCを「中央政府の統御」の手段であると捉える（馬場 [2012] 103, 108）。続けて彼は、このような性格を持つLDDCが、ドックランズ再開発をめぐって、地方自治体と激しく対立したと論じる。彼によれば、ドックランズ再開発をめぐる対立軸は、「ドックランドの再開発がだれのためのものであったのかという問題」である。この対立軸上において、LDDCは、ドックランズ再開発を「英国全体の経済的発展に大きく影響を与える」ものとして考えていたため、「ドックランドの伝統的社会基盤、また、ドックランドの住民の利益を無視」したのである（馬場 [2012] 112-114）。このように馬場は、LDDCを中央政府の統御の手段であったと捉え、そして、中央政府が「英国全体の経済的発展」という目的を有していたために、LDDCの政策選択も経済成長的側面重視型の再開発となったと論じている。

　さらに、中井検裕もブローニルや馬場と同様の認識に立つ。彼が挙げる、ドックランズ再開発の論点の一つは、「中央と地方の力関係の問題」である。それは、「LDDCの設立を正当化する論理とは、ドックランドの再開発は単にドックランドという一地域だけの利益にとどまらず、イギリスという国全

体の利益という点から考えられなければならないとされ、そのためには既存の地方政府の限界を突破する専門の組織が必要であると言うということに他ならなかった」という問題である（中井 [1993] 176）。中井の研究にも、中央政府の組織的な政策選択が経済成長であり、LDDC はそれを反映しているという考え方を見て取ることができる。

ここでは、三者の研究を取り上げて紹介してきた。彼らは、LDDC を中央政府の一部局として捉え、中央政府の組織的な政策選択を反映していると論じている。中央政府の組織的な政策選択とは、国益の追求であり、具体的には、イギリス全体の経済成長の達成を意味している。したがって、LDDC の政策選択も、経済成長的側面重視型の再開発であると理解されてきた。そして、イギリス全体の経済成長という目標の達成と引き換えに、LDDC は、ドックランズの旧住民への生活保障的側面を犠牲にしたと指摘されている。また LDDC とは逆に、地方自治体は、地域益の代弁者として、生活保障的側面を求めたと理解されている。

（2） 中央政府と LDDC の関係

LDDC を中央政府の一部として捉えるこの視角は、LDDC の政策選択の解明と、その変化を説明する可能性を有する。この視角によって、LDDC の政策選択の変化を確かに説明しうることは、本書第 5 章において試みられることである。そのため、ここでは、LDDC の政策選択が中央政府の政策選択を反映していることのみ確認しておき、分析の視点を定めておきたい。

そもそも LDDC とは、都市開発公社（Urban Development Corporation. 通称：UDC）の一つである。この都市開発公社とは、クアンゴ（Quasi-Autonomous National Government Organisation. 通称：QUANGO）と呼ばれる「半自律中央政府組織」（小堀 [1999] 139）の一種であり、保守党政権期の 1981 年から 1992 年にかけて合計 13 社作られた[11]。クアンゴの「半自律中央政府組織」という性格、すなわちクアンゴと中央政府の関係の解釈をめぐっては、確かに論争がある。

一方では、「自律性」を重視する議論がある。この議論は、クアンゴが、法律の上では、厳密な意味での中央政府の指揮命令系統から外れていること

30

を重視する。サッチャー政権前のイギリスにおいては、行政組織が直営で行政サーヴィスを提供することが当然視されていたのに対して、クアンゴの誕生は、その当然視に修正を迫るものであった（Chandler［1991］35-37）。したがって、この議論は、クアンゴの最大の特徴を、中央政府からの「自律性」に見出す。具体的には、クアンゴが各省の外に置かれていることと、その構成員の身分が公務員ではないこと、そして、都市開発公社を含む地方クアンゴでは、資格任用制ではなく自己指名制の人事制度が通例となっていること、この三点が、クアンゴの特徴として注目されてきた（Weir and Beetham［1998］254；小堀［2000］218）。

　他方で、クアンゴの「中央政府組織」としての性格を重視する議論もある。この議論は、クアンゴを中央政府の一部局として捉えるべきと論じる。その根拠は、クアンゴが中央政府によって設立され、直接的ではないとは言え、中央政府の指示を受けており、そして中央政府に責任を負っていることである（Rydin［2003］115-122）。したがって、クアンゴと、各省の一部であり構成員の身分が公務員であるエージェンシーとの間に実践的な区別は存在せず、クアンゴは、中央政府の日常業務を担うエージェンシーの性格を有しているという指摘もある（Weir and Beetham［1998］203）。このように、広い意味での中央政府の一部としてクアンゴを捉えることは、しばしば、クアンゴが、中央政府から地方自治体への統制者を意味する「新しい治安判事（new magistracy）」とも呼ばれることにも現れている（Weir and Beetham［1998］253-256；小堀［2000］）[12]。

　クアンゴの「半自律中央政府組織」の解釈をめぐっては、このような論争がある。ただし、この論争は、クアンゴのどういった点に関心を持つかという相違によって生じたにすぎないとも言える。というのも、行政組織的な関心は、クアンゴが中央政府から独立した組織であることへの注目を招くであろうし、逆にクアンゴの選好や期待されている政府機能に対する関心は、中央政府の一つとしてのクアンゴ理解を招くであろうからである。つまり、本項の（1）で紹介したLDDCの政策選択に関する先行研究の多くが、後者の議論の前提に立ち、LDDCの政策選択を中央政府のそれを反映していると捉

えているのは、その問題関心のためなのである。本書の関心も、LDDC の行政組織上の特性ではなく、LDDC の政策選択の解明とその変化の説明である。それゆえ、本書の関心のうえでは後者の議論と同じく、LDDC の政策選択は、中央政府のそれを反映していると捉えることができる。

（3） 中央政府の一部として LDDC を捉える先行研究の問題点

しかし、こうした視角に立つ先行研究は問題点も抱えている。それは、中央政府と LDDC の政策選択を経済成長的側面重視型の再開発、そして地方自治体の政策選択を生活保障的側面重視型の再開発として、いずれも不変的なものと見なしていることである。ブローニルや馬場は、先述の通り、LDDCと地方自治体それぞれの政策選択の変化を認めていなかった。本書は、実証研究を通じてこうした不変的な捉え方を覆していくが、ここでは理論的な観点から、政策選択の不変的な捉え方が問題であることを簡単に示しておく。

一般的な観点から言えば、地方自治体主導の都市再開発が生活保障的側面重視型になるとは限らない[13]。他都市との競争に勝ち、経済成長を達成するという目標に駆られて、地方自治体の政策選択が経済成長的側面重視型の再開発となることは十分に考えられる[14]。

また、地方自治体の政策選択が生活保障的側面重視型であるとする議論も、その理由を説得的に提示できているわけではない。先行研究が提示する理由は、次の二つに集約できる。第一に、国益とは異なる「地域益（local interest)」という概念が設定され、この地域益が、地方自治体の政策選択を生活保障的重視型に導くと論じられる。第二に、住民による生活保障的側面の要求が、住民との距離が近い地方自治体において表出され、これを受けて地方自治体の政策選択は生活保障的側面重視型になると論じられる。

まず、第一の理由を検討しよう。ドックランズ再開発研究において、この地域益と国益との対立を指摘する研究は数多い（Brownill [1993] 10；Coupland [1992] 160；辻 [1992] 56-57；斎藤 [1990a] 113-114；小森 [1990] 30 など）。例えば、ブリンドリーらは、地域コミュニティを、「もともと保守主義的」なものであり、特に経済的革新をもたらそうとする勢力と対立的な関係にあるものと指摘する（Brindley *et al.* [1989] 184）。また実際、1981 年のドック

ランズの失業率は 17.8％ と極めて高く、それゆえに切迫した生活保障の要求があったとは考えられる（LDDC［1998i］"Introduction"）。しかし、長期的な視野で考えるならば、ドックランズ住民にとっても経済成長は必要である。したがって、地域益の内容をただちに生活保障的側面に読み替えることはできない。

　次に、第二の理由を検討しよう。地域益の議論とは別に、これまでの議論では、地方自治体は生活保障的な政策供給を担っているとの主張もある。なぜなら、有権者との距離が近い地方自治体は、有権者でもある住民の生活に密接にかかわる問題への対処を担っているとされるためである。例えばソンリーは、サッチャリズムへの対抗という文脈の上ではあるが、地方自治体には、地域住民と協働して、市場主義への防御的な役割が期待されていると論じる（Thornley［1993］226）。しかし、第一の理由のところでも述べたように、地域社会が、経済成長をもたらすような政策を地方自治体に要求しないとは言い切れない。それに加え、仮に地域社会から生活保障的側面重視型の再開発を求める声が強かったとしても、地方自治体がそれに応えるとは限らない。地方自治体をとりまく制度や環境といった要因、地方自治体における政治過程なども地方自治体の政策選択に影響を及ぼすであろう。

　このように、LDDC を中央政府の一部局として捉える視角は、LDDC の政策選択を解明する可能性を有する。それは、中央政府の組織的な政策選択をLDDC が反映していると考えられるためである。しかしながら、先行研究においては、中央政府の政策選択が経済成長的側面重視型の再開発、地方自治体の政策選択が生活保障的側面重視型の再開発と、自明的かつ不変的に捉えられてしまっている問題点もある。

　これまでのドックランズ再開発研究の知見と問題点を踏まえたうえで、続いてドックランズ再開発史を分析するための枠組を構築する。その際に参考にされる諸理論は、「中央地方政府間機能分担論」である。中央地方政府間機能分担論とは、中央政府と地方自治体との間で、政府機能がどのように分担されているか、政府機能の遂行における選好に異同があるか、そしてそれ

はなぜかを追究する議論分野である。より広い文脈では、中央地方関係論の一分野と言えよう。

都市論、とりわけ都市政治学・都市行政学は、中央地方政府間機能分担論の議論を積み重ねてきた。古くはフロイド・ハンター（Floyd Hunter）やロバート・A・ダール（Robert A. Dahl）らが、研究対象の一つとして、都市における政治と行政を分析してきた（Hunter [1953]；Dahl [1961]）。しかし、1980年頃になると、このように都市を、独立した政治体の一素材として捉えること自体、不適切ではないかという疑問が投げかけられた。「都市」政治学ないしは「都市」行政学を掲げるためには、中央政府におけるそれらの研究とは異なる、地方自治体における政治や行政についての独自の視角なり知見なりを定位しなければならない、という問題関心が生じたのである（例えば、水口 [1985] 302）。新しい研究者たちは、こうした問題関心に基づき、中央政府との関係から、地方自治体の政府機能分担のあり様や、地方自治体の選好を捉えようと試みてきた。こうして新しい都市理論が豊富にもたらされることになった。次章で検討される中央地方政府間機能分担論の諸研究は、このような新しい都市研究たちである。

注

1）この他にも、ドックランズ再開発の経済成長的側面について、肯定的な評価を提示している研究として、赤井 [1990a]；[1990b]；根本 [1997]；村田 [1989]；山崎 [1987] が挙げられる。

2）この他にも、ドックランズ再開発の生活保障的側面について、否定的な評価を提示している研究として、小森 [1990]；自治体国際化協会 [1990]；中井 [1993]；成田 [1994]；馬場 [1995]；[2012] 第5章；山口 [1995] が挙げられる。

3）なお、ブローニルは、第一期から第二期への変化について、LDDCと地方自治体それぞれの政策選択が変化したとは論じていない。そうではなく、彼女は、この変化を一時的な例外のようなものとして扱っている。

　一方で、地方自治体がLDDCに歩み寄った要因は、中央政府の政局に求められている。すなわち地方自治体は、1987年のサッチャー三選を受けて、抵抗を続けることを無駄と考え、LDDCによる生活保障的側面への支出拡大を期待して協定締結に踏み切ったと述べられている（Brownill [1993] 153）。

　他方で、LDDCの政策選択が変化した要因および、地方自治体に歩み寄った要因と

しては、人間的要素と「批判の回避」が挙げられている。人間的要素とは、第二代議長のクリストファー・ベンソン（Christopher Benson. 任期：1985-86年）と第二代副議長のジョン・ミルズ（John Mills. 任期：1985-87年）の二人が、生活保障的側面への理解が深く、また地方自治体に同情的であったことを指す。「批判の回避」とは、LDDCが過度に経済成長的側面に偏重しているという批判をかわすために、地方自治体と協定を締結し、融和姿勢を地域住民にアピールしたことを指す（Brownill [1993] 153）。

　そして彼女は、第三期での回帰の原因を次のように推論する。まず、ベンソンとミルズがLDDCを去った後、第四代事務局長に就任したエリック・ソレンソン（Eric Sorenson、任期：1991-97年）が生活保障的側面に冷淡であること。もう一つは、1990年代初期の不況のために、LDDCが、生活保障的側面に支出する余裕がなくなったことである（Brownill [1993] 188-191）。このように彼女は、一貫して、中央政府とLDDCの政策選択が経済成長的側面重視型の再開発であり、地方自治体の政策選択が生活保障的側面重視型の再開発であると認識している。

4）もっとも、先行研究の間においても、三つの視角は排他的に捉えられてきたわけではない。

5）コイン・ストリート地区の再開発が、住民に主導され、生活保障的側面重視型となったことを示す研究として、西山 [2002] 172-195；岩見 [2004] 第1部第6章が挙げられる。

　キングス・クロスの再開発研究としては、マイケル・エドワーズ（Michael Edwards）によるものが挙げられる。エドワーズの研究は、キングス・クロスの経済成長的側面重視型の再開発が、ドックランズのように順調に進まなかったことを指摘している。彼によると、ブリティッシュ・レール（British Rail）などの地権者やディベロッパーが、オフィス中心の経済成長的側面重視型のキングス・クロス再開発を構想していたが、地元からの反対が強かったため、計画は頓挫してしまった（Edwards [1992] 163-164）。

6）この点は、第6章で論じられる。

7）パトリック・ダンレヴィ（Patrick Dunleavy）や戸澤健次らの整理によると、サッチャー首相は、保守党のなかでも自助・自立主義に基づく不平等容認派の代表格であったのに対し、ヘーゼルタイン環境大臣は、福祉国家を受容する政治家であった（Dunleavy [1993] 127；戸澤 [2006] 198-199）。

8）筆者は、二名のLDDC元職員に聞き取り調査を行った。この二名とも、中央政府を代表する組織あるいは個人として、サッチャー首相ではなく、環境省またはヘーゼルタイン環境大臣を挙げていた。すなわち、2009年9月に行ったスチュアート・イネス氏（Stuart Innes）との面談調査では、「中央政府とLDDCの関係はいかなるものであったか」という質問に対して、「ヘーゼルタインと〔LDDC初代事務局長であった〕レグ・ワード（Reg Ward. 任期：1981-87年）の思想が完全に一致し、良好なものであった」との返答があった。また2010年1月に行った、ピーター・ライマー氏（Peter Rimmer）への電子メールでのインタヴューでは、同様の質問に対して、

「LDDC と環境省の協働は良好なものであった」との返答があった。

9）この点は、第 5 章で論じられる。

10）なお、LDDC の撤収は 1998 年のことであるが、これは事前に決められていたことであって、ブレア労働党政権の成立とは一切関係がない。

11）なお、LDDC は、最初に設立された二つの都市開発公社のうちの一つであり、首都ロンドンに設置されたことや、最大の包含人口、第四位の所管面積という点に鑑みると、都市開発公社の代表格と言ってよい（イギリス都市拠点事業研究会 [1997] 21-22）。

12）治安判事（Justic of the Peace ／ magistracy）とは、14 世紀に登場した職業であり、国王によって任命され、地方において司法的・行政的機能を担った職業である（Chandler [1991] 21；下條 [1995] 92-94）。中央による地方への統制のあり様が治安判事と似ているため、クアンゴはしばしば「新しい治安判事」と呼ばれる。

13）例えば、日本の地方自治体の都市計画における市場迎合的な側面を指摘し、日本の地方自治体が、経済成長的側面重視型の都市再開発を展開していることを指摘した研究として、北原 [1998]；川島 [2006] などが挙げられる。

14）もちろん、地方自治体が都市再開発を主導すること自体に、肯定的な価値を見出すことはありうる。例えば、「地域民主主義（local democracy）」の議論は、再開発の内実よりも、決定のあり方に注目している。もっとも、こうした議論のほとんどは、地方自治体主導による都市再開発という決定のあり方は、生活保障的側面重視型の都市再開発という内実をもたらすという主張を展開している。ドックランズ再開発研究における、こうした議論の例が、福島 [1998] である。

第2章

ドックランズ再開発をどう見るか
――本書の分析視角

　中央地方政府間機能分担論は、中央政府と地方自治体の二層の政府には、質的な差異があると捉える。そのため、中央政府と地方自治体それぞれの政策選択にも差異が生じると考える。本章では、関連する先行研究を検討することによって、本書の分析枠組と仮説を提示する。

　ここで検討される諸理論は、都市再開発や世界都市に限ったものではなく、一般的なものである。そのため、用語の対応関係を示しておきたい。中央地方政府間機能分担論で、「経済政策」や「開発政策」と呼ばれるものは、経済の成長を目指している。したがって、これらは、都市再開発における経済成長的側面に対応している。また、「社会政策」や「再分配政策」と呼ばれるものは、社会的弱者の救済を目指している。したがって、これらは、都市再開発における生活保障的側面に対応している。

　以下、本章の概略を示しておく。第1節では、「二重国家論」と「都市間競争論」の二つの中央地方政府間機能分担論を整理・紹介する。これらの理論は、中央政府と地方自治体それぞれの政策選択の解明を試みているため、本書の一つ目の課題である、「前期・後期についての、LDDCと地方自治体それぞれの政策選択の内容の解明」にとって参考となる。ところが、この二つの理論の議論と提示する政策選択パターンは異なっている。そこで、第2節では、これらの理論間の関係を検討する。その結果、二つの理論が想定するメカニズムが顕在化するか否かを規定するのは中央地方関係であることが示される。つまり、中央地方関係によって政策選択パターンは変化する。したがって、第2節の作業は、本書の二つ目の課題である、「LDDCと地方自治体それぞれの政策選択の変化の説明」のための重要な手がかりとなる。以上を踏まえて、第3節では、ドックランズ再開発史分析のための分析枠組と仮説を提示する。

第1節　中央政府と地方自治体の政策選択の違い

　本節では、二重国家論と都市間競争論を整理・紹介する。整理のポイント
は、両理論が、いかなる政策選択パターンを提示しているのかという結論と、
どのようなメカニズムによってその結論を導いているのかという議論展開の
二点である。

第1項　二重国家論

　まず、ピーター・ソーンダース（Peter Saunders）による二重国家論を整
理・紹介する。二重国家論は、中央政府の選好が経済政策の供給であり、地
方自治体の政府機能が社会政策の供給であると主張する。彼は、こうした政
策選択パターンを以下のようなメカニズムから導き出している[1]。

　ソーンダースは、現代の資本主義国家は、二つの政府機能を有するとの前
提から議論を始める。それは、生産機能と消費機能である。生産機能とは、
資本蓄積を助けることによって、資本主義体制を維持することである。これ
は、経済政策の供給機能にあたる。消費機能とは、集合的消費財を供給する
ことである。集合的消費財の供給によって、国家は民主主義的アカウンタビ
リティを確保する。これは、社会政策の供給機能にあたる。ソーンダースに
よれば、この二つの機能は、共に現代国家に求められるものであるが、対立
的な関係でもある。なぜなら、住民や労働者による社会政策拡充という政治
的要求が、資本蓄積を助ける経済政策の供給機能を脅かすからである。

　対立的な二つの政府機能の緊張を緩和する一つの方法は、異なるレヴェル
の政府に異なる政府機能を付与することである。中央政府は、資本主義にと
ってより上位の目標である、経済政策の供給機能に特化する。住民からの影
響を受けやすい地方自治体には、社会政策の供給機能を担わせる。中央政府
と地方自治体のこうした機能分担ゆえに、各々において展開される政治のあ
り方も異なってくる。すなわち、中央政府ではコーポラティズム的な政治と
なり、地方自治体では利益集団による競合的政治となる（Saunders［1981］

38

260-265)。したがって彼は、地方自治体と中央政府は異なるものとして理解されねばならないと論じる。こうして、国家の理論は、単一ではなく、地方自治体と中央政府とで二重になる。そのため、彼は自らの理論を「二重国家論（dualistic theory of state）」と呼ぶ（Saunders [1981] chap. 8）。

第2項　都市間競争論

　次に、ポール・E・ピーターソン（Paul E. Peterson）による「都市間競争論（theory of competition among local communities）」を整理・紹介する。都市間競争論は、二重国家論と全く逆の政策選択パターンを提示している。すなわち、この理論は、中央政府が社会政策を供給する政府機能を担い、地方自治体の選好が経済政策であると主張するのである。

　1981年の『都市の限界（City Limits）』から確認しておこう。ピーターソンの問題関心は、アメリカにおける都市政治・都市行政研究にある。彼は、従来のアメリカ都市研究が、都市の政治と行政を連邦政府（＝中央政府）のそれらと同様に理解してしまっていると批判する（Peterson [1981] 5）。ピーターソンによれば、都市における政治や行政を、中央政府におけるそれらと等しいものとして捉えることはできない。なぜなら、中央政府の政治とは異なり、「都市の政治は限界のある政治」だからである。

　それでは、都市の限界とは何か。この点について、ピーターソンは、地方自治体の権限が中央政府と質的に異なることを挙げる。すなわち中央政府は、人・資本・商品・サーヴィスなどの国際移動を規制する権限や、資本に対する統制権限などを有するが、地方自治体は、そのような権限を持たない。そのため、彼が指摘する「都市の限界」とは、地方自治体の権限の欠如を意味している（Peterson [1981] 22-29, 70）。

　ピーターソンが続いて考察するのは、都市の限界が地方自治体の政治・行政にどのような帰結をもたらすのか、という論点である。中央政府との対比で言えば、この論点は、地方自治体の政治と行政が、中央政府のそれらとどのように異なってくるのか、という形式で問われる。彼によれば、地方自治体は、自らの域内経済を直接的に防衛する権限を持たないために、間接的に

防衛せざるをえない。間接的な防衛とは、域内経済力を高めることと、福祉を必要とする住民の流入を促進しないことである。ピーターソンは、これらを「都市の利益」と呼ぶ。都市の利益を守ることが、「都市の政策」の基本原理となる（Peterson［1981］4）。これは、政治的には、社会政策が政治争点とはならないこと、行政的には、経済政策に対する支出は伸びるが社会政策に対する支出は伸びないことに現れる。これらの点が、中央政府とは異なる、地方自治体の政治と行政の特徴である。こうして、地方自治体間の経済成長をめぐる競争や財政破綻への恐れが、地方自治体の選好を経済政策へと誘導する。他方で中央政府は、地方自治体によっては十分に供給されえない、社会政策の供給機能を担うことになる（Peterson［1981］chap. 2）。

　以上の理論的考察を踏まえて、ピーターソンは、アメリカにおける中央政府と地方自治体の財政を素材に、都市間競争論の仮説を検証する。次節での論点にかかわるため、ここでは詳細に彼の分析手法とその含意を確認しておこう。

　ピーターソンは、中央政府と地方自治体がどのような公共政策にどの程度支出しているかの分析を通じて、都市間競争論の仮説を実証しようとする。彼は、経済的な観点に基づき、すべての公共政策を「開発政策（developmental policy）」「再分配政策（redistributive policy）」「配分政策（allocational policy）」の三つに分類する。開発政策とは都市の経済的地位を高めるための政策である。具体例としては、高速道路建設が挙げられている。再分配政策とは、低所得の住民に利益を与えるが、同時に都市の経済力に悪影響を及ぼしかねない政策である。具体的には、福祉・保険・保健・年金・養育・失業・教育が挙げられている。配分政策とは、経済的効果がほぼ中立的なものであり、警察と消防が挙げられている（Peterson［1981］41, 51-52）。以上の概念操作を踏まえ、彼は、アメリカの中央政府、州政府そして地方自治体それぞれについて、三つの政策群への支出を統計的に分析し、いくつかの特徴を明らかにしている。

　本書にとって第一に興味深い点は、アメリカにおいては、中央政府が再分配政策に、地方自治体が開発政策にそれぞれ傾斜していることが明らかにな

った点である。しかもその傾向は、時代が下るにつれて一層強いものとなっている（Peterson [1981] chap. 4）。かかる分析結果は、都市間競争論の仮説を支持するものである。

　第二に興味深い点は、地方自治体間の支出に差異をもたらしている要因が明らかになったことである。一般的には、低所得住民が多いほど、再分配政策拡充に対する政治的要求が大きくなると考えられる。しかしながら、ピーターソンの分析は、低所得者住民比率の多さが、地方自治体の再分配政策への支出割合に負の影響を与えていることを明らかにしている。再分配政策への支出に正の影響を与えているのは、世帯平均所得と一人あたりの財産の大きさである。つまり、地方自治体が豊かであるほど、再分配政策への支出が増大しているのである。これに対して、開発政策への支出には、地方自治体の財政能力の差、すなわち貧富の差は有意な影響を与えていない（Peterson [1981] chap.3）。この分析も、都市の政治と行政が、中央政府のそれらとは異なり、地方自治体の権限の欠如という「都市の限界」に制約されていることを実証的に示している。

　支出に関するこの分析に加えて、ピーターソンは、中央政府と地方自治体の収入の差異についても分析を行っている。彼によると、地方自治体は逆進的課税および移動可能性が小さいまたは存在しないものへの課税に、中央政府は累進的課税に、州政府はその中間的な税にそれぞれ強く依存している。具体的には、地方自治体は公共サーヴィスの利用料金や財産税に、中央政府は所得税や贅沢税に、州政府は売上税に、それぞれ主要な財源を求めている（Peterson [1981] 71-77）。この分析結果は、都市間競争論の仮説を収入の面から支持するものである。というのも、仮に地方自治体が累進的課税や移動可能性が大きいものへの課税を重くすると、企業や高所得層住民の域外脱出を促進してしまう。これは、都市の利益を損ねている。したがって、地方自治体は、かかる事態を避けようとして、逆進的課税および移動可能性が小さいまたは存在しないものへの課税に頼っているのである[2]。

　1985 年に出版された『新たな都市の現実（The New Urban Reality）』の巻頭論文においても、ピーターソンは、同様の議論を展開している。同書にお

41

ける彼の新しさは、都市間競争論に基づいて、規範的提言も論じている点である。同書によれば、地方自治体は所得格差問題を解決することはできない。なぜなら、地方自治体が再分配政策に重きを置くと、貧困層住民の流入を招いてしまい、都市の利益を損ねてしまうため、地方自治体は、十分な再分配政策を採用できないからである。したがって、所得格差問題を根本的に解決するためには、中央政府による普遍的な社会政策が必要であると論じられている（Peterson [1985]）[3]。

　ピーターソンの研究は、1995 年の『連邦制の費用（The Price of Federalism）』において、統合されている[4]。同書は、1990 年代初期のアメリカ地方自治体の財政危機を素材として、中央政府と地方自治体の望ましい政府機能の分担および、アメリカの実態を論じている（Peterson [1995] 1-5）。まず彼は、これまでの自身の研究を踏まえ、次のように規範的見解を示している[5]。

　開発政策については、中央政府はその供給者としては効率が悪い。市場メカニズムが機能しないために、中央政府は、鈍感かつ画一的であり、見込みのない事業に投資を向けがちである、という諸点が理由である。中央政府よりも、相互競争にさらされている地方自治体のほうが、開発政策の供給者として相応しい（Peterson [1995] 25-27）。開発政策とは逆に、再分配政策については、地方自治体は供給者として相応しくないのが一般的である[6]。その理由は、資源の地域間の流動性が高いこと、再分配政策への要求が中央政府レヴェルに集中していること、地方自治体は「福祉マグネット」効果——寛容な再分配政策は福祉受給者を引き寄せてしまい、結果的に地方自治体財政が破綻してしまう現象——を嫌うことである。それに対して、中央政府は、これらの理由が当てはまらないために、再分配政策の供給者として適切な主体である（Peterson [1995] 27-32）。したがって、ピーターソンによれば、地方自治体が開発政策を、中央政府が再分配政策を、それぞれ分担することが機能的に望ましい。

　そして、ピーターソンの再度の分析によれば、アメリカの中央政府と地方自治体は、基本的にはこの望ましさを実現するかのように政府機能を分担しているのである。このように、都市間競争論は、現実を説明するだけではな

く、この政府機能分担を規範的に理論武装させるものでもある[7]。

第2節　二重国家論と都市間競争論

　二重国家論と都市間競争論の二つの中央地方政府間機能分担論が提示する中央政府と地方自治体それぞれの政策選択の形成メカニズムは異なるし、想定する政策選択パターンも異なる。そこで本節で、これらの理論間の関係をどう考えるべきかという論点に取り組む。

第1項　「矛盾」として捉える見解

　秋月謙吾は、二重国家論と都市間競争論が「中央政府と地方政府の機能について、逆のことを言っている」と指摘し、両理論の関係を「矛盾」と表現する。確かに、秋月が指摘するように、ソーンダースは、資本主義国家一般での中央政府と地方自治体それぞれの政策選択について論じている（秋月[2001] 143-144）。同様に、ピーターソンの都市間競争論も、議論の展開にアメリカ特有の変数を使用しているわけではない（曽我[2001] 73）。このように、二つの理論は、提唱者や念頭に置かれた国こそ異なるものの、共に一般化可能である。そのため両理論が提示するメカニズムと予測する帰結のみに着目すると、確かに両理論は「矛盾」関係に見える。

　両理論を「矛盾」と捉えたうえで、どちらの理論がより説得力を有するかを検討する試みもある。一つ目は、実証研究による試みである。例として、ピーターソン自身の統計的分析が挙げられる。彼は、都市間競争論が予測するように、アメリカの中央政府は再分配政策に、地方自治体は開発政策にそれぞれ重点的に支出していることを明らかにした。ただし彼は、同理論では中央政府と地方自治体それぞれの政策選択を説明しきれないことも認めている（Peterson[1995] 75-84）。そのため、都市間競争論は万能な理論ではないが、その射程については、十分に論じられているわけではない。

　二つ目は、理論研究による試みである。例えば水口憲人は、二重国家論に対して、次の二つの批判的見解を述べている。第一に、ソーンダースの議論

は、地方自治体が行う経済政策を射程に入れていない。第二に、中央地方関係によって地方自治体に課せられる、財政的制約を無視することはできないにもかかわらず、ソーンダースの議論は、「都市＝社会的消費＝多元主義的政治という基調が強調され過ぎて」いるために、「一定の修正」が必要である（水口 [1985] 270-271）。しかしながら、第一の批判はソーンダースの意図を十分に汲み取ったものとは言えないだろう。なぜなら、ソーンダースは、地方自治体が社会政策に実際に傾斜するであろうという理論を示したからである。それゆえソーンダースは、地方自治体から経済政策という点を意図的に除外しているのである。二点目の批判は、中央地方関係によって、地方自治体に課される財政的制約という、次項で論じる両者の架橋のための視座を提供している。しかしながら水口は、この点について、十分に議論を敷衍しているわけではない。つまり、「一定の修正」とは具体的に何を指すのかが明らかにされていないのである。

　このように、両理論を「矛盾」関係と捉えて、その「矛盾」を解く試みは、少なくとも現段階では、説得的な議論を展開できていないと評価されざるをえない。

第2項　「架橋」の理論的試み

　二重国家論と都市間競争論を矛盾関係と捉えず、架橋されうると考えることもできる。これは、どちらかの理論が常に実態を説明できるわけではなく、それぞれの理論が提示するメカニズムが顕在化するには、それぞれの前提条件がある、と捉えることを意味する。この前提条件を特定することで、中央政府と地方自治体それぞれの政策選択の変化を説明するという本書の二つ目の課題に取り組むことが可能になる。

　ジェリー・ストーカー（Gerry Stoker）や秋月は、二重国家論や都市間競争論を、（経済的）決定論と批判的に捉えてきた（Stoker [1995] 56；秋月 [2001] 142）。すなわち、これらの理論は共に、資本蓄積と労働力再生産の間の対立ないし、地域間の資源の移動可能性といった、経済的変数が、中央政府と地方自治体それぞれの政策選択を規定すると捉えており、可変性を認めていな

いと批判されてきた。だが、各々の理論の提示するメカニズムは、前提条件によって顕在化ないしは潜在化すると捉えられることで、中央政府と地方自治体それぞれの政策選択も、可変的なものとして想定されうる。

この論点に取り組む際に、大きな参考になるのが、日本における都市間競争の諸研究である[8]。日本では、「福祉と分権の両立」は「常識に一致する」のに対し、ピーターソンはむしろ、地方分権が福祉の「阻害要因」となることを示していた。そこで、日本における「常識」と、「世界の常識」である都市間競争論との間の齟齬に注目が集まったのである（佐藤［2000］69-70）。以下で示すように、この問題に対する研究の理論的成果として、都市間競争論の提示するメカニズムと政策選択パターンが顕在化するためには、一定の前提条件が必要であることが示されてきた。

この研究例として、佐藤満と北山俊哉の研究が挙げられる。彼らは、「なぜ機能的な連邦制理論〔＝都市間競争論〕はある程度の説明力がありながら、日本の政策パターンを説明しきれないのであろうか」と問う（北山［2000］174）。彼らは、「財政における、融合型の中央地方関係」という日本の制度にその答えを求める。つまり日本においては、中央政府と地方自治体の間で業務が厳密に区別されておらず、その財源もまた融合的であるために、都市間競争が地方自治体にかける財政的な制約は、「ソフト」なものとなる。結果として、地方自治体は社会政策を拡充することが可能であったというのである（佐藤［2000］；北山［2000］）。

もう一つ重要なものとして、曽我謙悟の研究も挙げられる。彼は、もし中央政府が地方自治体の行動を強力に制約するならば、地方自治体の採りうる政策の幅が狭くなるため、地方自治体間の政策選択をめぐる競争、すなわち都市間競争は、地方自治体の採りうる政策に大きな影響を及ぼさなくなると論じる。これを定式化すると、「地方政府に対して中央政府がかける制約の程度は、地方政府が地域間の資源の移動可能性〔＝都市間競争の圧力〕から加えられる制約の程度と、ほぼトレードオフの関係にある」となる（曽我［2001］73）。曽我は、この仮説に基づき、中央政府による地方自治体の権限に対する統制が強力な時期には、都市間競争論の想定とは異なり、地方自治

体の社会政策への支出が増加していることを、統計的分析によって明らかにしている（曽我［2001]）。

　中央政府による地方自治体の権限に対する統制について、北山［2015］を参考に整理しておこう。この統制は、二つに分けて考えられる。一つ目は、量的な問題である（図表2-1の(1)を参考）。これは、地方自治体の所掌事務量の問題である。この量的な統制は、地方自治体の経済政策を考える際に特に問題となる。なぜなら、地方自治体が経済政策を担当できないように統制されている場合には、経済成長をめぐる地方自治体間の競争は生じないからである。二つ目は、質的な問題である（図表2-1の(2)を参照）。これは、地方自治体の所掌事務に対して、中央政府がかける統制の強さの問題である。この質的な統制は、地方自治体の社会政策を考える際に特に問題となってくる。なぜなら、地方自治体の社会政策に一定の水準が義務づけられている場合には、仮に地方自治体が福祉マグネット効果を避けようとしても、具体的な行動にうつせないからである。以上のように、中央政府による地方自治体の権限に対する統制には、二種類がありうるが、いずれにせよ、統制が強い場合には、都市間競争論の想定は当てはまらない、すなわち地方自治体は経済政策に傾斜しなくなるであろう。

　佐藤、北山、そして曽我による研究は、なぜ都市間競争論の想定とは異なる政策選択パターンが観察されるのかを説明しようと試みていた。彼らの知見によれば、中央政府による地方自治体への財政援助が手厚い場合か、権限に対する統制が強い場合には、都市間競争論の想定は当てはまらない[9]。これらの少なくとも一方が存在する状況を「（中央政府による地方自治体への）介入が強い場合」と呼んでおこう。介入が強い場合には、中央政府は経済政策に、地方自治体は社会政策に傾斜すると考えられるのである[10]。

　こうして、本書は中央地方関係を媒介として、二重国家論と都市間競争論を架橋的に捉える。しかし、これはソーンダースとピーターソンの議論を粗雑に扱っているわけではない。そこで、彼ら自身の研究に再度立ち返り、架橋という試みが有効であることを強調しておきたい。

　まず、ソーンダースについて論じよう。彼は、現代国家は総体としては経

第2章　ドックランズ再開発をどう見るか

【図表2-1　中央政府による地方自治体の権限に対する統制の二類型】

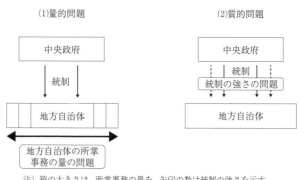

注）箱の大きさは、所掌事務の量を、矢印の数は統制の強さを示す。
出典）北山［2015］75を参考に筆者作成。

済政策にも社会政策にも責任を負っていると捉えていた。そのうえで、政府機能の混在がもたらす弊害を避けるために、中央政府と地方自治体で政府機能を分担するのである。すなわち、中央政府が経済政策に重点をおくためには、地方自治体が社会政策の供給機能を果たさなければならない。そして、地方自治体が社会政策の供給を行うためには、地方自治体に財源が与えられなければならない。したがって彼は、「国家にとって、政治レヴェルで資本の支配を脅かさない限りにおいて、被支配階級に経済的に譲歩することはまさしく可能なのである」と論じる（Saunders［1981］193, 265）。この経済的な譲歩が具体化したものこそ、地方自治体に対する財政援助と言えるであろう。このように、ソーンダース自身も中央政府による地方自治体への財政援助が手厚い場合には、中央政府は経済政策に、地方自治体は社会政策にそれぞれ重点を置くと論じている。

　続いて、ピーターソンについて論じよう。Peterson［1995］においては、都市間競争論の想定が基本的に支持されることが述べられている。ここで、「基本的に」と留保をつけているのは、そうではない事例も認められるからである。すなわち、中央政府が経済政策を、地方自治体が社会政策をそれぞれ重視したと言える分析結果も存在した。具体的には、1957年から1977年の間、中央政府による地方自治体の経済政策への補助金が、社会政策への補

47

助金を上回っていた。これは、この時代、中央政府が経済政策へ傾斜したことを意味している。ピーターソンは、こうした政策選択パターンが成立する理由として、この時代においては、中央政府の議員にとって徴税の政治的費用よりもポークバレル調達の便益のほうが大きかったことと、中央政府の立法府における権力構造が分散的であったことが、中央政府が経済政策に傾斜した原因であろうと論じる（Peterson [1995] 75-84）。この説明を一般的に論じると次のようになる。地方から選出される議員たちは、中央政府の立法府において、自らの選挙区へ公共事業などの利益誘導を図ろうとする[11]。それゆえに、中央政府の組織的選好は経済政策となる。逆に社会政策については、中央政府の立法府は、費用の負担を回避しようとするために、地方自治体に立法化を丸投げしたり、負担を押し付けたりする。したがって、地方自治体の政府機能は社会政策の供給となる（Peterson [1995] 39-48）[12]。ピーターソン自身も述べているように、中央政府が地方自治体に社会政策を担当させるように介入を強めた場合には、都市間競争論の想定が当てはまらなくなるのである。

第3項　質的分析手法の有効性

　本書は、中央政府による地方自治体への介入の強弱が、地方自治体にかかる都市間競争の圧力と財政破綻への恐れを左右し、そして地方自治体の政策選択に影響を与えると考える。さらに地方自治体との政府機能の分担に基づいて、中央政府の政策選択にも影響を与えることになるであろう。したがって、介入の強弱が変化すれば、両政府の政策選択も変化すると考えられる。こうした、政策選択の形成および変化のメカニズムは、質的分析手法を用いることで明らかにされる。

　ソーンダースが理論的な議論に集中しているのに対し、ピーターソンや曽我は、財政の統計分析という量的分析手法を採用していた。だが、量的分析手法には、客観的な政策分類、メカニズムの不明確さ、変化の説明の不十分さという三つの限界が存在するのである。順に論じていこう。

（1） 政策の分類の問題

　量的分析手法の限界の一点目は、政策が客観的に分類されていることである。ピーターソンや曽我は、財政支出についての多数のサンプルを統計的に処理するために、彼ら自身が提示する基準によって政策を分類している。例えばピーターソンは、地域経済力に好影響か悪影響のどちらを与えるかによって、政策を分類している。好影響を与える政策が経済政策であり、悪影響を与えかねない政策が社会政策である。彼は、この分類方法に沿って、高速道路建設政策を経済政策、福祉・保険・保健・年金・養育・失業・教育の各政策を社会政策に分類している（Peterson［1981］41-51）。確かに、この分類は直感的には意外なものではない。

　しかし、こうした分類方法に対しては、「資本主義国家の公共支出を……大なたで二分割することがどこまで適当であるか」という批判が投げかけられてきた。例えば教育政策は、「個々人の教養を高め社会における生活の質そのものを向上させるという意味では」社会政策的要素を持つが、「労働力の質を高めることによってより生産性を高めるという意味では」経済政策的要素も持っている（秋月［2001］142）。したがって、政策を分類することなどそもそも不可能ではないか、という批判がありうる。こうした批判に対して、後年のピーターソンや曽我は、分析上、政策は「第一義的な目的」によって分類されるとしている。目的による分類とは、政策は、実際の効果ではなく、どのような効果が意図されているかによって分類されるという意味である。そして、その目的のなかにも多様な期待が含まれるであろうが、彼らは、政策に期待された第一義的な目的によって、政策は分類されると主張する（Peterson［1995］64-65；曽我［2001］75）。例えば曽我は、政策を「開発政策」と「再分配政策」へと二つに分類する際に、開発政策を「当該政策を実施する地域経済に、負の効果をもたらさないことを企図している政策群」と定義し、再分配政策を「当該政策を実施する地域経済に、負の効果をもたらしうることを容認している政策群」と定義している（曽我［2001］75）。確かに、中央政府と地方自治体それぞれの政策選択を明らかにするという目的に鑑みれば、政策の分類は必要であるし、ピーターソンや曽我の採用する、「第一義的な

目的」による分類は、魅力的な手法ではある。

とは言え、実際にある政策を経済政策または社会政策に分類する際に、新たな問題が生じる。というのも、彼らの研究においては、「第一義的な目的」という主観的な認識と、観察者による客観的な分類の間に齟齬が生じているからである。例えば曽我は、「企図している」や「容認している」という表現で、政策供給主体の認識の重要性を論じているにもかかわらず、実際には、彼自身の判断によって政策を分類しているのである。こうした分類手法の問題点を、産業政策を例に挙げて説明しよう。ピーターソンや曽我は、産業政策を経済政策に分類している（Peterson [1995] 198；曽我 [2001] 91）。しかしながら、産業政策は、必ずしも経済政策へと分類されるものではない。なぜなら産業政策は、「都市の経済成長の一環」だけではなく、「都市住民の雇用政策の一環」を目的としている場合もあるからである。前者であれば、確かに産業政策は経済政策に分類されるであろうが、後者であれば、社会政策に分類されるべきである。ここでは産業政策を例に挙げたが、先に引用した教育政策も含め、他の政策においても同様である。したがって、政策の分類に際しては、政策供給主体である中央政府や地方自治体による意味づけを読み取る必要がある。

以上のように、量的研究手法の限界の一点目は、客観的な政策分類手法である。ピーターソンや曽我が採用する、客観的な政策分類は、政策に期待された「第一義的な目的」による分類と齟齬がある。彼らは、多数のデータを統計的に分析するために、政策分類を客観的に行わざるをえなかった。もちろん、こうした統計分析による研究の意義をすべて否定することはできない。しかし、客観的な政策分類手法には、政策に期待された第一義的な目的とは何か、という批判的疑問が常につきまとう。この限界を克服するためには、アクター内在的な政策分類手法が必要であると考えられる。

（2）　メカニズムの不明確さの問題

量的分析手法の限界の二点目は、メカニズムの特定方法である。量的分析手法は、都市間競争という外的制約条件が、本当に地方自治体に制約を課しているのか、課しているとするなら、どのように地方自治体に制約を課して

いるのかというメカニズムについて、不明確さを残している。

　ピーターソンや曽我は、中央政府と地方自治体それぞれの経済政策と社会政策への支出を統計的に分析して、中央政府が社会政策に地方自治体が経済政策に、それぞれ傾斜していることを明らかにした。そして彼らは、「都市間競争が起きているはず」であるから、そうした支出傾向が観察されるのである、という形式の推論を行っている。しかし、あくまで統計分析の結果と理論的仮説が組み合わされているにすぎないのであって、そのメカニズムは確認されていない。実際、曽我自身も、「企業、住民が……どのように地方政府の行動を制約するのかを明らかにする必要」や、「どのようなメカニズムによって、……選択〔＝地方自治体が経済政策を優先的に選択すること〕を行っているのかを解明していく必要」が、「残された課題である」と述べている（曽我［2001］89-90）。このように、都市間競争論のメカニズムの特定は依然として残された課題なのである。

　この限界を乗り越えるためには、都市間競争の圧力が、中央政府と地方自治体それぞれの政策選択を規定しているメカニズムを確認しうる研究手法が必要である。

（3）　政策選択の変化に対する説明の問題

　この二点目の限界が、量的分析手法の第三の限界をもたらす。量的分析手法は、特定の政策選択パターンが形成されるメカニズムを確認できないから、都市間競争論の想定するメカニズムが顕在化する時とそうでない時の変化もうまく説明できない。これは、ピーターソンの論証に一定の曖昧さが残っていることからも明らかである。前項で確認したように、都市間競争論は、1957 年から 1977 年のアメリカの政策選択パターンを説明できない。それでは、都市間競争論の予測はどうして外れたのだろうか。この点について、ピーターソンは、「ポークバレル的立法〔による利益〕が、増税の政治的コストを上回っていたためであろう」から、中央政府の選好が経済政策重視になったと論じている（Peterson［1995］83）。

　しかし、彼のこの議論には問題がある。それは、都市間競争論とそれに対する留保が、全く異なる独立変数に着眼していることに起因する。すなわち、

都市間競争論が「地域間の資源の移動可能性」という社会経済的要因に着眼
しているのに対し、留保は連邦政府の議員のインセンティヴという政治的要
因に、それぞれ着眼している。だが彼の量的分析手法では、なぜ当時、政治
的要因のほうが社会経済的要因よりも重要であったのかという疑問点と、な
ぜ 1977 年以降は、社会経済的要因のほうが重要になったのかという疑問点
が残されてしまう。この点について彼は、「であろう（seem）」という推測に
基づいた議論を行っているが、やはり、その根拠は明示されていない [13]。

　このように、量的分析手法は、都市間競争論が現実をどこまで説明できる
のかという点に不明確さを残してしまっている。そのため、政策選択パター
ンに変化が生じた場合、これを説明できないという第三の限界を抱えている。

（4）　質的分析手法の可能性

　これら三つの限界に対しては、質的分析手法が有効な解決をもたらすと考
えられる。ここで言う質的分析手法とは、以下の二点に注目し、これらを詳
細に分析することを意味する。一つ目は、アクターの主観的認識である [14]。
二つ目は、中央政府と地方自治体の間の相互作用である。量的分析手法が持
つ三つの課題に対して、この二点は、以下のように有効的である [15]。

　第一の政策分類の問題については、アクターの主観的認識がやはり重要で
ある。例えば、「経済政策」という名目で公金が投入されたとしても、付与
された目的によって、その分類先は異なる。すなわち、旧住民に対する雇用
を増やす目的であれば、この公金投入は、生活保障的側面の再生の一つと捉
えられるべきであり、長期的な経済発展という目的であれば、これは経済成
長的側面再生の一つの具体策と見られるべきであろう。したがって、単に支
出の名目と額を見るだけでは不十分で、LDDC や地方自治体といったアクタ
ーによる意味づけに則して、政策が分類される必要がある。

　第二のメカニズムの特定という課題も、質的分析手法を用いることで解決
されうる。中央地方政府間機能分担論が政策選択への影響として注目するの
は、制度・環境および、中央政府と地方自治体の間の相互作用という二点で
ある。これらの影響を析出する方法について考察しよう。前者の制度・環境
の影響については、制度や環境と、アクターの政策選択の間に、アクターが

制度や環境を解釈する余地を描き出すことで解決される。例えば、中央政府から地方自治体への介入が弱い状況において、地方自治体が、経済成長をめぐる地方自治体間競争や財政破綻への恐れを意識し、そのために経済成長的側面重視型の再開発を目指したことを明らかにすれば、介入が弱い状況という制度・環境が、解釈されることを通じて、地方自治体の政策選択に影響を与えたと言いうる[16]。後者の中央政府と地方自治体の間の相互作用については、双方に対する期待を描き出すことで解決される。中央地方政府間機能分担論は、中央政府と地方自治体の政府機能の相補性に着目している。例えば、二重国家論は、地方自治体が社会政策供給機能を有するために、中央政府は経済政策に集中しうると主張した。また、都市間競争論は、経済政策を重視する地方自治体によっては十分に供給されえない社会政策を、中央政府が担うと主張した。このように、中央政府と地方自治体は、相手にどのような政府機能の達成を期待できるかを踏まえて、自らの政策選択を形成する。この期待も、詳細な質的分析手法によって描き出される。

　第三の政策選択の変化の説明という論点にも、本書は、質的分析手法を用いることで対応する。第一に、アクターは制度や環境を解釈するが、制度や環境が変化した場合、アクターはこれらを再解釈する。第二に、中央政府と地方自治体の双方への期待が変化すれば、政策選択も変化するであろう。本書は、こうした変化の過程を詳細に追うことで、政策選択の変化を示す。

第3節　本書の分析枠組と仮説——可変的都市間競争論

　本章での考察を踏まえ、ドックランズ再開発史の分析枠組と仮説を提示したい。

　本書は、都市再開発の内実を経済成長的側面と生活保障的側面に分けたうえで、中央政府（LDDC を含む。以下同じ）と地方自治体の政策選択を分析対象としている。中央政府と地方自治体それぞれの政策選択に決定的な影響を与えると考えられるのは、中央政府から地方自治体への介入の強弱である。

　介入が強い場合というのは、財政援助が厚いか権限への統制が強い場合を

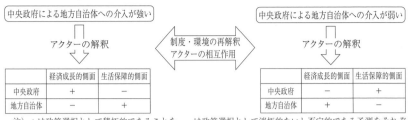

【図表2-2　本書の分析枠組・仮説――可変的都市間競争論】

注) ＋は政策選択として積極的であることを、－は政策選択として消極的ないし否定的である予測をそれぞれ示している。
出典) 筆者作成。

指す。この時、経済成長をめぐる地方自治体間の競争や財政破綻への恐れは潜在化するため、地方自治体の政策選択は生活保障的側面重視型の再開発となる。他方で、中央政府は、経済成長的側面に集中することが可能になる。介入が弱い場合というのは、財政援助も厚くなく、権限への統制も強くない場合を指す。この時、地方自治体間の競争や財政破綻への恐れが顕在化するため、地方自治体は経済成長的側面重視型の再開発に駆られていく。中央政府は、生活保障的側面の再生を担うであろう。

したがって、中央政府から地方自治体への介入が変化すれば、政策選択も変化すると考えられる。このように、都市間の競争という発想を継承しつつも、その圧力が顕在化する時としない時の変化を認め、この変化を分析対象に据えているため、本書の分析枠組・仮説を「可変的都市間競争論」と呼ぶことにしたい（図表2-2参照）。この可変的都市間競争論を指針として、本書はドックランズ再開発をめぐる中央政府と地方自治体の政策選択の解明とその変化の説明に取り組む。その際に、中央政府から地方自治体への介入の強弱が政策選択に与える影響、そして政策選択の変化の説明には、主に質的分析手法が用いられる。

注

1）もっとも、ソーンダース自身の主な問題関心は、「都市社会学はどのような視角から研究されるべきか」という理論的な問いである。彼は、この問いに対する解答をマニュエル・カステル（Manuel Castells）の「集合的消費」概念に求める。すなわちソーンダースは、都市固有の要素は、カステルが提唱する集合的消費であると主張する。この集合的消費財の供給とは、住民生活の向上を目的とした社会政策の供給であるため、都市社会学においては、社会政策の供給という点が重要であると論じられている（Saunders［1981］184-186）。

2）ジョナサン・ロッデン（Jonathan Rodden）も、課税権が分権化されると、地方自治体は動産に課税しにくくなると指摘している（Rodden［2003］703-704）。

3）ピーターソンに言及しているわけではないが、類似の議論として、塚原［1992］などが挙げられる。

4）同書においては、都市間競争論は「機能理論（functional theory）」と呼ばれている。だが、煩雑さを避けるために、本書では、引き続き都市間競争論という名称を用いる。

5）『連邦制の費用』においては、『都市の限界』における三種類の政策分類から配分政策が消去され、公共政策は、開発政策と再分配政策の二つに分類されている。もっとも、これら二つの政策の定義についてはほとんど変化がない（Peterson［1995］17）。

6）ここで「一般的」と断っているのは、例外も存在するためである。すなわちピーターソンは、経済的に他都市を圧倒する都市・大規模な都市・天然資源を有する都市は、再分配政策の供給に向いていると論じる。なぜなら、こうした都市においては、「都市の限界」の作用が弱まるからである。

　　もっとも、現代の技術革新によって地方自治体間の流動性が高くなっているために、これらの都市の有する優位性は縮小していると指摘されている（Peterson［1995］28-29）。

7）『連邦制の費用』も、これまでのピーターソンの研究と同様に、政策実施の地方自治体間の差異を分析している。それによると、都市間競争論の想定は経験的に支持される（Peterson［1995］chap. 4, chap. 6）。

8）前項で述べたように、都市間競争論は、アメリカ特有の変数を用いているわけではないので、日本への適用可能性がある。

9）ロッデンは、本書と似た立場をとる。彼は、公共選択論の観点から、地方自治体の財源が、中央政府からの補助金といった「共有資源」に強く依存している場合には、大きな政府となり、自立的な地方税に強く依存している場合には、小さな政府になることを明らかにしている。彼は、この相関について、都市間競争論と同様の説明を与えている。つまり、財政的に分権的である場合、すなわち地方自治体が自立的な地方税に強く依存している場合には、動産への課税が難しくなるため、「税の分権化は、〔公的〕支出が……中位投票者が選択するであろうレヴェルを下回ることを意味する」のである（Rodden［2003］703-704；［2006］）。

　　ただし、ロッデンは、政府の大きさを分析対象にしているのに対して、本書は、政

府の政策選択を分析対象にしている。そのため本書は、政策選択への関心を共有しているピーターソンを取り上げた。

10) 佐藤、北山、曽我の研究は、日本を念頭においたものではあるが、財政援助の厚さと権限に対する統制の強さという条件は、日本固有の変数というわけではない。したがって、彼らの研究は、一般化可能な知見を提示していると評価されうる。

11) ピーターソンによれば、この場合の利益誘導の中身は社会政策ではなく、経済政策である。なぜなら、社会政策に対する補助金は票につながりにくいどころか、政治家の得票を下げる効果を持っているからである。この社会政策に対する補助金が持つ得票への負の影響について、彼は、中央政府から単発的に補助金を受領したとしても、地方自治体による社会政策は、長期的には地域経済にマイナスの影響を与えるためではないかと論じている（Peterson［1995］43）。

12) ピーターソンは、この理論を「立法府理論（legislative theory）」と呼ぶ。彼は、中央政府と地方自治体それぞれの政策選択以外にも分析を行い、立法府理論も連邦制の分析枠組として有効であることを論じている。政策選択以外の分析対象は二つである。

　一つ目は、州政府間の支出の差異である。この差異の説明に際して、都市間競争論は、住民からの要求や他州との関係に注目し、立法府理論は制度や歴史、専門度、党派構成に注目する。彼は、財政力や貧困率など七つの要因を取り上げ、それらが州政府間の財政支出に差異をもたらすか、という分析をする。その結果、都市間競争論だけでは不十分で、立法府理論が注目する要因も影響を及ぼしていることが明らかにされた（Peterson［1995］chap. 4）。

　二つ目は、中央政府から下位政府への補助金額の差異の説明である。彼は、都市間競争論と立法府理論が、それぞれ独立変数と考える諸要素を抽出して分析している。その結果、都市間競争論が注目する変数も立法府理論が注目する変数も共に影響を与えていることが明らかになっている（Peterson［1995］chap. 6）。

13) 都市間競争論とそれへの留保の関係の限界は、地方自治体間の差異の説明においても現れている。地方自治体間の差異を説明する際、ピーターソンは、都市間競争論と立法府理論が共に有効であり、それゆえに打ち消し合ってしまっているという推論を行っている。例として、地域の貧困率が地方自治体の社会政策にどのような影響を与えるか、という問いがある。統計分析の結果は、貧困率と社会政策の支出との間に有意な関係がないことを示している。彼は、この理由を、都市間競争論が想定する負の関係と、立法府理論が想定する正の関係が共に有効であり、それゆえに統計分析では有意な結果が出なかったのであろうと論じる（Peterson［1995］chap. 5）。

　だが、実際に都市間競争という外的制約条件が地方自治体の社会政策に負の影響を与えており、それを（立法府理論が注目する）連邦議員のインセンティヴが正の影響を与えたために打ち消したのか、それとも、そもそも都市間競争も連邦議員のインセンティヴも地方自治体の社会政策に影響を与えていないのか、判断することはできない。

14) 本書は、「アクター」という単語を、中央政府やLDDC、地方自治体といった集団と、政治家や行政官などの個人の双方を含んだものとして定義する。集団もアクター

56

と捉え、例えば、LDDC の報告書を読み解くことで、LDDC による主観的な政策分類を確認し、LDDC による制度や環境の（再）解釈を理解し、LDDC の政策選択を解明することが可能になる。

15）なおここでの論述は、「分析的物語（analytic narrative）」の手法を参考にしている。本書は、アクターの合理性の仮定・モデルの構築・論証における質的分析手法の三つが、分析的物語の理論的な中核であると考えている（Bates *et al.* ［1998］；Levi ［1997］；北村［2009］）。それゆえ、これら三つを共有する本書の分析にも、分析的物語の手法が参考になる。

　ただし、「「分析的物語」によってめざされるべき方向の内実は、まだ十分に展開されておらず、理論方向の提示と個別的事例研究の並存にとどまっている」という批判的な指摘もなされている（小野［2001］117）。そのためここでは、分析的物語の先行研究から発想を得つつも、質的分析手法の必要性と有効性について改めて論じる。

16）ただし、都市間競争の圧力が、アクターの意図に明確に現れるとも限らない。そのため、因果効果の解明に強みを持つ量的分析手法にも意義がある。

第3章

旧住民に寄り添う地方自治体、経済に専念するLDDC
―――前期ドックランズ再開発の政策選択

　本章では、可変的都市間競争論に基づき、前期におけるLDDCと地方
自治体それぞれの政策選択を解明する。具体的な分析期間は、1974年か
ら1986年である。本章では、前期においては、中央政府による地方自治
体への強い介入のために、地方自治体の政策選択が生活保障的側面重視
型の再開発であり、LDDCの政策選択が経済成長的側面重視型の再開発
であったことを明らかにする。

　本章は、以下の構成からなる。まず第1節では、1970年代半ばから
1980年代初期においては、中央政府による地方自治体への介入が強いと
いう制度・環境であったことを確認する。第2節では、地方自治体が生
活保障的側面を重視したことを、第3節では、LDDCが経済成長的側面
を重視していたことを、それぞれ示す。

第1節　中央政府による地方自治体への強い介入 [1]

　本節は、前期において中央政府による地方自治体への介入が強いものであ
ったことを示す。可変的都市間競争論にとっては、この強さとは、財政援助
と権限に対する統制の二点から考察される。したがって本節は、この二つの
点に焦点をあてる。第1項では、前期の地方財政について、その歳入構造を
概観する。これを導入部として、第2項では、前期の地方税制に埋め込まれ
ていた厚い財政援助の仕組みを明らかにする。第3項では、前期における補
助金が手厚く、また補助金配分方法も、地方自治体にとって増額を見込める
システムであったことを明らかにする。第4項では、二つ目の点である、中

央政府による地方自治体の権限に対する統制が、当時は特に強かったことを示す。

第1項　中央政府に依存する地方財政

　イギリスの地方財政を論じるにあたり、まず断っておかなければならないことは、そもそも、イギリスの公的歳出において、地方自治体が占める割合は高くないことである。例えば、高寄昇三の調査によれば、全政府歳出に占める地方自治体の歳出額の割合は、1970年に23％であり、1975年に30％を超えるものの、再び減少し、1980年代は、20％台中盤で推移していた（高寄 [1995] 2：Greenwood and Wilson [1984] 10) [2]。このようにイギリス地方財政は、そもそも大きいとは言い難いのであるが、その歳入面においても、地方自治体は中央政府に強く依存していた。地方自治体の主要財源は、「自主課税財源」と「中央政府からの補助金」[3] である。地方自治体の歳入総額と、自主課税財源、補助金の金額は図表 3-1 の通りである [4]。

　ただし、この表はインフレ調整をかけていないため、通史的な比較はできない。そこで、歳入総額における、自主課税財源と中央政府からの補助金の割合を算出した（図表 3-2 参照）。

　図表 3-2 は、前期において地方自治体が、財政面で中央政府に強く依存していたことを示している。特に 1970 年代後半においては、中央政府からの補助金の割合が、自主課税財源の割合よりも2倍ほど大きい [5]。その後、サッチャーが首相となった 1979 年から、補助金の割合は大きく減少した。その分、自主課税財源の割合が上昇している。図表 3-1 が詳細に示しているように、1979 年以降は、補助金の金額もあまり伸びておらず、減少する年すらあった。逆に、自主課税財源の金額は大きく上昇している。

　この歳入構造から、二つの知見を得ることができる。第一に、前期、とりわけ 1970 年代半ばから後半には、中央政府から地方自治体への補助金の割合が非常に高かった。第二に、1980 年代には補助金があまり伸びていない。その代わりに、地方自治体の自主課税財源の歳入は増加していった。自主課税財源と補助金についてのこの二つの知見を手掛かりに、中央政府と地方自

第 3 章　旧住民に寄り添う地方自治体、経済に専念する LDDC

【図表 3-1　地方自治体の歳入総額とその内訳】

（単位：100 万ポンド）

年	歳入総額	資本収入	うち補助金	経常収入	うち自主課税財源	うち補助金	補助金合計
1970-71	8,337	2,078	111	6,259	1,640	2,284	2,395
1971-72	9,562	2,269	122	7,293	1,911	2,654	2,776
1972-73	11,059	2,844	130	8,215	2,180	3,135	3,265
1973-74	13,602	3,772	155	9,830	2,415	3,897	4,052
1974-75	15,921	4,079	140	11,842	2,927	5,652	5,792
1975-76	19,801	4,338	192	15,463	3,796	7,666	7,858
1976-77	21,804	4,375	269	17,429	4,151	8,640	8,909
1977-78	23,155	4,133	214	19,022	4,687	9,138	9,352
1978-79	25,735	4,342	380	21,393	5,167	10,104	10,484
1979-80	29,980	5,001	412	24,978	6,123	11,684	12,096
1980-81	35,916	5,556	525	30,360	7,845	13,784	14,309
1981-82	39,311	5,489	509	33,822	9,451	13,999	14,508
1982-83	42,618	7,307	457	35,311	10,694	14,246	14,703
1983-84	44,719	7,708	424	37,011	10,908	16,106	16,530
1984-85	46,602	7,360	374	39,242	11,793	17,165	17,539
1985-86	45,098	7,008	401	38,090	13,768	16,385	16,786
1986-87	49,873	7,559	373	42,314	14,821	18,832	19,205
1987-88	52,735	8,062	334	44,673	15,786	19,614	19,948
1988-89	57,874	9,971	304	47,903	17,736	20,322	20,626
1989-90	61,732	10,113	483	51,619	18,943	21,379	21,862

注 1）対象地域はイングランドとウェールズ。
注 2）作成方法については以下の四点を参照のこと。①修正などが入るため、後年のデータを優先した。
　　②Income of local authorities: classified according to source の表に基づいた。③「自主課税財源」
　　とは、経常収入におけるレイト（レイトについては、次項で説明する）である。④本表で省略した
　　収入項目は、資本収入における「借入」と、経常収入における「家賃、使用料、料金、利子を含む
　　雑収入」である。
出典）Central Statistical Office ／ Office for National Statistics [annual] をもとに筆者作成。

【図表3-2　地方自治体の歳入総額に占める自主課税財源の割合と、補助金の割合】

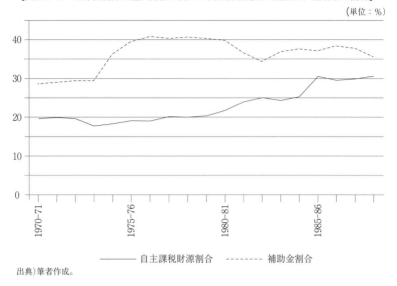

出典）筆者作成。

治体の財政的関係についてさらに詳しく論じていく。

第2項　自主課税財源の仕組み

　可変的都市間競争論は、中央政府と地方自治体の間の関係に注目する。だが、イギリスにおいては、地方自治体の自主課税財源にも触れなければならない。なぜなら、イギリスの地方自治体の自主課税の内容は、中央政府によって決定されているばかりか、補助金とも連動関係にあり、さらに自主課税財源に組み込まれた中央政府からの補助も存在するからである。

　1601年の古くから1989年まで、イギリスの地方自治体の自主課税財源は、レイト（rate）のみであった[6]。レイトとは、予測される歳出額から、利用料や中央政府からの補助金などの収入を引いた後、不足分を賄う固定資産税である[7]。その税率は、賃貸料年価格（annual value）を参考にして決められる。すなわち、財政支出の不足分を地方自治体の賃貸料年価格の総額で割ることで、賃貸料年価格一ポンドあたりの課税率が定められる。そして、各住民の納税額は、保有資産の賃貸料価格に税率を掛けたものとなる（Greenwood

62

and Wilson［1984］124）。

　以上がレイトの算出方法であるが、時代の進展と共に、大きな制度変化も経験してきた。近年の変化としては、レイトの持つ逆進性という特徴を是正するために、1966年から「レイト払い戻し制度（rate rebate）」が導入されたことが挙げられる。これは、一定所得以下の世帯に対して、レイトが払い戻される制度である。払い戻しは、中央政府が90％を負担し、地方自治体の負担分はわずか10％である。この払い戻し制度が、自主課税財源自主課税財源に埋め込まれた補助金制度である。ある調査によると、1977-78年度には、約15％の世帯がレイト払い戻し制度を利用している（Greenwood and Wilson［1984］125；高橋［1978］118-121；星野［1984c］106-107）。

　このレイト払い戻し制度は、ドックランズ地区において特に重要な意味を持っていた。なぜなら、産業衰退によって、ドックランズ地区の失業率は高く、それゆえ、払い戻し制度の対象となる世帯が多かったと考えられるからである。したがって、ドックランズ地区の地方自治体は、レイト税制に組み込まれた、この補助金を多く受け取っていたと言えよう。しかも、この払い戻し制度は、機械的計算に基づくものである。それゆえ、仮に将来において失業者が増加して、住民の納税力がさらに落ちてしまったとしても、地方自治体は中央政府にその分の補塡を期待することができた。レイト払い戻し制度は、とりわけドックランズ地区の地方自治体にとって、実際にも、将来の見込みにおいても重要な補助金制度であった。

　ドックランズ地区固有の性格に関して言えば、さらに、レイト税制自体が、地方自治体の財政を相対的に助けるものであったことも指摘される。つまり、ドックランズ地区の地方自治体にとっては、「レイト税制」というシステム自体が、中央政府による財政援助と同じ効果を持っていたのであった。その理由は以下の二つである。

　一点目に、レイトが不動産に課される税であることが指摘される。後年サッチャー首相が問題視したように、「人間は逃亡できるが、家屋や工場は逃亡できない」（Thatcher［1993］645 ＝（下）238）。そこで、行政需要が大きいドックランズ地区の地方自治体が高税率を課しても、地方所得税や地方売上

税などに比べると、地域財産の域外脱出の懸念は低いのである（高寄 [1995] 86）[8]。

　二点目に、産業のための非居住用レイト（non-domestic rate. 通称：NDR）の存在と、レイトに占めるその比率の上昇が指摘される。レイトは、住居のみならず、産業用資産にも賦課される。それゆえ、産業の進展に伴って、産業用資産に課される税が特に大きくなってきた[9]。ドックランズ地区では、公営団体のブリティッシュ・ガス（British Gas）やロンドン港湾庁（Port of London Authority）が、その土地の多くを占めていたのであるが、これら公有財産へも実質的なレイトが賦課されていた[10]。ブリティッシュ・ガスは、倉庫や将来の利用のために、ドックランズにおける土地を保有し続けようとしていたし（LDSP para. 3.11）、ロンドン港湾庁の保有するドック用地は、他に代替する土地がない。そして、これら企業の支払うレイトは、ロンドン全体の使用料などが出所であるから、ドックランズ地区の地方自治体がレイト税率を引き上げることは、他の地区からの再分配を強めることになる。これら二点の理由により、レイト税制というシステム自体が、ドックランズの地方自治体を財政的に保護する効果を有していたと言える。

第3項　補助金配分の仕組み

　当時の補助金制度に関して議論の出発点になるのは、先述のように中央政府からの補助金は地方自治体にとってその主要財源であったこと、そして補助金のほとんどが使途の限定されない一般補助金であったことである[11]。この二点は、補助金の獲得が地方自治体にとって重要な課題であり、また補助金配分の仕組みが地方自治体に大きな影響を与えたことを示唆する。そのため本項では、中央政府からの補助金配分の仕組みに焦点を当てる。

　イギリス中央政府による地方自治体への補助金の歴史には、多くの転換点があった。1966 年には、「地方政府法（Local Government Act 1966）」によって、レイト援助補助金（rate support grant）が設立され、補助金の配分方法は新たな時代に入った。地方自治体へのレイト援助補助金の総額は中央政府によって決められるが、問題となるのは、この補助金を地方自治体にどのよ

うに配分するか、という点である。1974年の法改正では、各々の地方自治体への補助金は、住宅用資産レイト軽減補塡要素（domestic element）、財源要素（resources element）、需要要素（needs element）の三つの要素の積み上げによって算出されることとなった。住宅用資産レイト軽減補塡要素とは、住宅に賦課されるレイトを一般的に軽減させるために中央政府から与えられる要素である。財源要素とは、財源の乏しい自治体に対して、全国基準まで補助金を与える要素である。そして需要要素は、地方自治体ごとの行政コストの差を補塡する要素である。その後、1980年の地方政府・計画・土地法によって、財源要素と需要要素が一本化されて包括補助金（Block Grant）へと変更された。ただし、ジョン・グリーンウッド（John Greenwood）とデヴィッド・ウィルソン（David Wilson）によれば、包括補助金制度導入の目的は、やはり地方自治体間の財政力格差の是正なので、基本的な枠組みは変化していない（Greenwood and Wilson［1984］126-127；高橋［1978］第5章；高寄［1995］165-177）。

　この仕組みにおいて、本書が注目したい点は二つある。一つ目は、財源要素も需要要素も共に、人口数での均等割りではなく、財源の乏しさや行政需要の過剰といった地方自治体を悩ませる問題に対処し、地方自治体を救済するように額が決められていたことである。これは、現状において厳しい財政状況にある地方自治体にとって救済的であるのみならず、仮に地方自治体の財政状況が悪化したとしても、地方自治体は、補助金の増額による中央政府による補塡を期待できたことを意味する。つまり、地方自治体の側から言えば、現状においても将来の見込みにおいても、財政援助が厚かったと言えるのである。

　二つ目は、地方自治体の側から補助金を増額させる手段が存在していたことである。すなわち、財源要素については、地方自治体の徴税努力を引き出すため、地方自治体が「レイト税率を引き上げれば、それに応じて交付金も増額され」る計算式が導入された。また、需要要素についても、支出実績が考慮されることになった。地方自治体が多く支出するほど、行政需要が大きいと見なされるために、「地方自治体が歳出をふやせば、交付金も増えると

いう財源保障補塡機能」が採用されたのであった[12]。したがって、この配分の仕組みは、地方自治体の「財政膨張をひき起こしやすいシステムを内蔵していた」と評価されている（高橋［1978］216-218；高寄［1995］152）。これに対して、地方自治体の支出を抑制しようとしたサッチャー首相は、1980年に地方政府・計画・土地法を制定した。同法は、環境省が各地方自治体へ支出水準（Grant Related Expenditure Assessment）を通達し、その水準を超過した地方自治体に対しては超過分の補助率を下げるという仕組みを導入した（Greenwood and Wilson［1984］156）。ただし、補助率が低下するとは言え、超過支出額についても補助金が割り当てられることには変わりない（高寄［1995］175）。補助金配分の仕組みにおける、以上の二つの点は、地方自治体に厚い財政援助を与える機能を果たしていたと評価される。

　さらに、ドックランズ地区に特殊な要因として、広域自治体であるGLCが持つ財政調整機能も挙げられる[13]。GLC内の特別区においては、レイトが歳入に占める割合は38％に過ぎないのに対して、GLCは歳入の75％がレイトによるものである（高橋［1978］223）。したがって、ロンドンの豊かな地区から徴税し、必要性が高い地区に行政サーヴィスを提供することで、GLCの存在自体が、ドックランズのように財政的に厳しい区に対して援助を与える効果をもたらしていた。

　地方自治体の歳入において、中央政府からの補助金は大きな割合を占めていた。そして、本項で整理してきたように、この補助金は財政能力に乏しい地方自治体に有利なように配分されていたため、前期には中央政府から地方自治体への財政援助が厚かったと言える。

第4項　権限行使に対する強い統制

　イギリスの地方自治体の権限について論じる際に、まず触れなければならない点は、地方自治体の独特の法的性格とそこから生じる「ウルトラ・ヴァイアス（ultra vires）」の法理である。J・A・チャンドラー（J. A. Chandler）は、この点について次のように述べている。「イギリスの地方政府は、議会の法律によって存在している。その構造、機能、資金、そして地方自治体におけ

る〔各種〕プロセスの多くは、法律によって決められている。したがって地方議会は、法律によって正統化された行為しか行えない。地方自治体がこの枠組みから外れる行為を行った場合、当該地方自治体は、裁判所によって、ウルトラ・ヴァイアスに当たる行為をしていると判断され、法律違反の行為を中止するように指示される」(Chandler [1991] 1)。

　この簡潔な叙述からわかるように、イギリス地方自治体は、中央の議会によって設立されるものであり、またその権限は法律で許可されたものに限られている。地方自治体に許された政策領域は、社会政策を中心とする以下の五分野である。すなわち、①消防や警察などの防災、②高速道路や都市計画などの環境、③教育や住宅などの対人サーヴィス、④博物館や劇場などの社会・レクリエーション、⑤市場や商店に関する市場取引である（Greenwood and Wilson [1984] 115-116）。イギリス地方自治体の権限が社会政策のみに制約されていたことは、地方自治体の歳出構造にも現れている。すなわち、地方自治体の経常支出の3分の1以上が教育分野への支出であり、資本支出の半分以上が住宅分野への支出であった（高橋 [1978] 105）。

　他方で、経済政策あるいは開発政策については、地方自治体は、広告など間接的な権限しか認められていなかった。「地方自治体は、大規模開発については、〔中央政府に〕信用されていなかった」(Chandler [1991] 50-51) ため、戦後のニュータウンの造成など、直接的な地域経済開発は、中央政府や私的セクターによって行われていた（高寄 [1995] 34-40, 217-218）。このように、イギリスの地方自治体の権限は、特に経済政策において、厳しく制限されていた。

　もちろん、地方自治体には政策選択の余地が全く存在しなかったという理解や、地方自治体間に政策の差異が全くなかったという理解もまた一面的である。地方自治体には、政策選択の余地が、わずかながら認められていた。制度的に言えば、1972年の地方政府法（Local Government Act 1972）の第137条によって、地方自治体には、レイト一ポンドあたり2ペンスを自由に使える権限が与えられた。また、特定の地方自治体にのみ適用される法律（Private Acts）もあり、地方自治体間の差異をもたらしていた。実態的にも、

地方自治体の政策には、地方自治体間で大きな差異が存在することが指摘されている（Greenwood and Wilson [1984] 116-117, chap. 7-8）。しかし、これら制度も中央政府の法律によって定められていることには変わりはないし、また、実際には2ペンスの資金も効果的に利用されておらず、個別法もあまり活用されているわけではないと評価されていた（Chandler [1991] 33-34；高寄 [1995] 217-218；自治体国際化協会 [2006] 8）。したがって、前期イギリスの地方自治体は、その権限について中央政府から強い統制を受けていたと理解するのがやはり妥当である。

　本節では、前期の制度・環境について整理・検討し、特にドックランズ地区においては、「中央政府による地方自治体への介入が強い」ものであったことを示してきた[14]。まとめると、その論拠は以下の五点である。①レイト払い戻し制度による、財政力が弱い地方自治体への配慮があったこと、②域外移転をしようとしなかった公営企業の存在と、仮に域外脱出しても税収の減少が大きな懸念とならないレイト税制という制度を与えられていたこと、③補助金配分において、財政力が弱い地方自治体に大きな配慮がなされていたこと、④地方自治体が歳出を増やすほど補助金も増額されたこと、⑤地方自治体の権限行使に対して、法律が強い統制を課していたことである。これらの点により、前期は、財政援助も厚く、権限に対する統制も強い、「中央政府による地方自治体への介入が強い」という制度・環境と理解される。

第2節　旧住民の生活を守ろうとする地方自治体

　本節では、前期における地方自治体の政策選択が、経済成長的側面を相対的に軽視し、生活保障的側面を重視したものであったことを示す。本書の想定によれば、地方自治体は、中央政府から厚い財政援助を期待できることから経済成長的側面の再生にはあまり関心を払わなくなる。また、特に経済政策に関する権限に対する統制も強いために、地方自治体が採りうる政策はそもそも限定される。逆に、生活保障的側面については、中央政府から手厚い財政援助を受領しうるため、地方自治体は、財源問題をあまり気にすること

なく、これを重視すると考えられる。

　以下、第1項では、分析素材である『ロンドン・ドックランズ戦略計画』の概要を紹介しておく。第2項では、前期地方自治体が、経済成長的側面の再生をあまり重視していなかったことを示す。最後に第3項では、逆に生活保障的側面については、高い関心が払われていたことを論じる。

第1項　『ロンドン・ドックランズ戦略計画』

　本書は、前期の地方自治体の政策選択を分析する主な素材として、『ロンドン・ドックランズ戦略計画（以下、LDSPと略記)』を用いる。LDSPとは、1974年から1976年にかけて「ドックランズ合同委員会（Docklands Joint Committee. 通称：DJC)」によって作成されたドックランズ再開発計画である。LDSPが策定された時期はLDDCの設立よりも5年ほど前のことである。しかし、本章と第4章で示すように、前期には地方自治体や地域住民は、LDDCへの対抗案としてLDSPを支持していた。そのためLDSPは、前期の地方自治体の政策選択の分析素材として最適である。

　LDSP策定に至る歴史的経緯を簡単に紹介しておこう。1960年代からドックが相次いで閉鎖され、1960年代後半には、再開発の必要性が認識され始めた。1971年に環境省と保守党支配下のGLCが、民間コンサルタント会社のトラバース・モルガン社（Travers Morgan）に再開発案の作成を委託した。案の作成には中央政府の官僚、GLC、広義のドックランズ地区の五つの特別区（サザク区、ニューハム区、タワー・ハムレッツ区、ルイシャム区（Lewisham）、グリニッジ区（Greenwich))）の代表者が入っていたが、地元政治家や地域住民の参加はなかった。モルガン社は、いくつかの再開発案を提出したが、既存の労働集約型産業中心の社会構造を変える案を強く支持した。モルガン社による案の作成過程においては、地域住民との公的協議もなされたが、地域住民は、地元ニーズよりも商業開発を優先したとモルガン社を批判した。結果的には、オイルショックによる財政赤字の深刻化と、1973年に労働党がGLCの政権を獲得したことによってモルガン社の計画は頓挫してしまった。続いて、1972年地方政府法（Local Government Act 1972）によってドックラ

ンズ合同委員会が設立された。この委員会は、GLC、特別区、ロンドン港湾庁、地元住民団体を束ねるドックランズ・フォーラム（Docklands Forum）から組織されていた。このドックランズ合同委員会が1974年から1976年にかけて策定した計画がLDSPである（Brownill [1993] 21-26）。

LDSPは、多くの先行研究によって取り上げられてきた。第1章で整理したように、ドックランズ再開発の先行研究は、地方自治体の選好が生活保障的側面重視型の再開発であると論じてきたが、その論拠の一つとしてLDSPが扱われてきたためである。本節も、これらの先行研究と同じく、LDSPが経済成長的側面よりも既存の住民の生活環境を維持・向上させる生活保障的側面を重視していたことを明らかにする予定である。しかし、本節の狙いは、それに止まらない。本節では、さらに、以下の二つのことを明らかにする。

一つ目は、LDSPの経済成長的側面の再生構想が、実行可能性等においては問題を孕んでいたことの提示である。先行研究は、LDSPが、住民の伝統的な生活スタイルを維持しようとする計画であったことをもって、LDSP全体についても肯定的である。それに対して、本節は、LDSPの経済成長的側面の弱さも明らかにすることで、LDSPに対する肯定的な評価を相対化することを狙っている。

二つ目は、本書の問題関心に照らすと、より重要なことであるが、LDSPの生活保障的側面の重視に説明を与えることである。すなわち、可変的都市間競争論の想定に基づきつつ、前期地方自治体が経済成長的側面よりも生活保障的側面を重視しえたのは、中央政府からの財戦援助が厚く、そしてそのために都市間競争の圧力が顕在化しなかったことが原因である。

このLDSPは、図表・補遺含めて全115ページにわたる、野心的な再開発計画であった。また本文が、12章編成ということからもわかるように、かなり詳細なものでもある。12の章は、①衰退の原因の分析・現状分析、②再開発の全体像、③土地・人口・不確実性問題の三つの総論、④経済と雇用、⑤交通、⑥住宅、⑦商店およびコミュニティセンター、⑧教育・保健・福祉・レクリエーション・コミュニティ、⑨オープンスペース・河川、⑩保全・環境の七つの各論、そして⑪財政・再開発時期区分、⑫施工方法の二つの技術

的な章からなっている。これらタイトルだけを見ると、直感的には、例えば、「④経済と雇用」などが経済成長的側面に、「⑧教育・保健・福祉・レクリエーション・コミュニティ」などが生活保障的側面にそれぞれ該当すると思われる。しかし本節では、このようなタイトルごとの項目に即して分析するのではなく、あくまで、経済成長的側面と生活保障的側面という本書の問題関心に沿って分析する。LDSP の項目ごとの内容は、相互に絡み合っていることと、LDSP の各項目は、両側面を含んだ内容を有していることがその理由である[15]。

第2項　実現可能性に疑問のある経済面での再生計画

本項では、LDSP の経済成長的側面の再生計画を長期的計画・中期的手法・短期的手段の三つに分けて分析する。高い失業率に現れているように、ドックランズ地区の経済衰退は当時大きな問題であり、経済成長的側面の再生は喫緊の課題であった。しかしながら、前期地方自治体の経済成長的側面の再生計画は、計画の方向性や実効方法について、三つの問題点を含んでいた。それは、長期的計画自体が孕む困難さ、衰退原因の分析と中期的手法との間の齟齬、そして短期的手段の実現可能性が乏しいことである。

LDSP は、ドックランズの経済成長的側面の再生計画を示す前に、なぜドックランズの経済は衰退してしまったのかについて分析を行っている。それによると、従来型の「工業（industry）」[16]での雇用喪失が原因である。すなわち、手工業・港湾業・公営企業・交通産業といった、かつての港湾産業およびそこから派生する各種の労働集約型産業の雇用喪失が、他の産業や他の地域と比較して極めて多いことが衰退の原因である（LDSP para. 1.8）。さらに、この雇用衰退は、一時的なものとは見なされていない。そうではなく、LDSP は、「東ロンドンの失業は経済構造の変化によるものである」であり、「東ロンドンにおける将来の経済は、工業の衰退と、オフィス・ベースのサーヴィス業の勃興という現在の潮流と切り離されえない」として、不可逆的な経済構造の変化に衰退原因を求めている（LDSP para. 1.13, para. 2.16）。それゆえに、工業の衰退は今後も継続すると予測されている。具体的には、

1973 年において東ロンドン全体で 14 万 8000 ある工業の雇用は、1980 年代前半には 5 万 5000 ～ 11 万 8000 まで減少することが予測されている（LDSP Table 4A）。工業にかわって、今後発展が見込まれるのは、専門職などホワイトカラー層の「オフィス・ベースのサーヴィス業」である（LDSP para. 2.16）。具体的には、1980 年代前半までに、東ロンドンでは、オフィス・ベースのサーヴィス業は、公務員とあわせて 1 万 4000 の新規雇用を生むと見込まれている（LDSP Table 4A）。このように LDSP は、工業の衰退とオフィス・ベースのサーヴィス業の興隆という不可逆的な経済構造の変化を指摘している。

　LDSP の長期的計画は、このような経済構造の変化に歯止めをかけることを狙っていた。すなわち、オフィス・ベースの産業ではなく、工業での雇用回復・拡大を目指したのである。LDSP は、雇用数の目標を 1969 年に策定された『大ロンドン開発計画（Greater London Development Plan）』において示された人口目標から算出している。『大ロンドン開発計画』は、当時 115 万の人口を有する東ロンドンの五つの特別区が、110 万の人口に落ち着く見込みを立てていた。この人口目標から算出すると、ドックランズ地区は、10 万～ 12 万の人口を有するものと計算されていた（LDSP Table 3J）。しかし当時のドックランズは、著しい人口減少傾向のために、1975 年時点でドックランズの人口は 5 万 6000 であり、しかも放っておくと減少はさらに続くものとみられていた（LDSP para. 3.21, Table 3J）。そこで LDSP は、人口と雇用の増加を図ることになった。具体的には、東ロンドン全体の 110 万の人口を支えるためには、58 万の雇用が必要であるが、1980 年代前半には、工業の雇用喪失によって、雇用数全体では 50 万 4000 ～ 56 万 7000 になると予測されている。したがって、最大で 7 万 6000 の新規雇用が必要である。そして LDSP は、衰退している工業で、この新規雇用を満たそうとする計画を立てた（LDSP para. 4.7-4.9）。

　見通しの暗さと同時に執念に彩られた工業とは対照的だったのが、オフィス・ベースの産業である。オフィス・ベースの産業には、雇用の自然増加が見込まれていたばかりか、「レイトによる財政収入を強固なものにして、ドックランズ合同委員会内の地方自治体におけるドックランズ再開発の財政的

負担を軽減する」という意義が与えられていた（LDSP para. 11.8）。しかし、LDSP はオフィス・ベースの産業に対して、極めて冷淡であった[17]。それは以下の三点から読み取れる。第一に、LDSP は、基本的にはストラトフォード（Stratford）などのドックランズ外で、すでにオフィスがある程度存在する所での追加建設を示唆している。したがって第二に、後述するように、工業に対しては土地の調達や資金の補助など、積極的な公的介入を予定しているのに対して、オフィス・ベースの産業に対しては特に言及していない。第三に、ドックランズ再開発に求められる民間投資についても、工業が4億ポンドに達するのに対して、オフィス・ベースの産業は5000万ポンド以下と、少なく見積もっている（LDSP para. 11.7）。オフィス・ベースの産業が拒否された理由は明らかである。LDSP は、「雇用ベースにおいて、急激な変化に対する、東ロンドンのあまりに素早い対応がもたらすであろう、社会的混乱は受け入れがたい」と述べている（LDSP para. 2.16）。つまり、地方自治体による経済成長的側面の再生計画には、生活保障的側面優先の論理が入り込んだ。その結果、LDSP の経済成長的側面の長期的再生計画は、LDSP 自身が予測した長期的な経済構造の変化に抗おうとするものであり、その実行にそもそも困難さを抱えていた。

　困難さを抱えていた LDSP の経済成長的側面の長期的再生計画は、さらなる問題も有していた。それは、やはり経済成長的側面の再生計画への生活保障的側面優先の論理の介入に起因する。LDSP は、東ロンドン全体で新たに必要とされる工業雇用数に、「望ましい労働環境」という変数を投入し、ドックランズが新たに生みだしうる工業雇用数を算出している。具体的には、今のドックランズの労働環境が過密状況にあることが指摘され、一エーカーあたり40〜50人の労働環境が望ましいとされる（LDSP para. 4.11）。この計算に基づくと、7万6000の新たな雇用のためには、工業用地が1500〜1900エーカー必要となる。しかし、ドックランズにはこれだけの土地がないため、2万6200から3万2750の雇用分の土地を生み出すのが限界である、と述べられている（LDSP para. 4.12）。7万6000というもともとの数値と、新たな数値のギャップをどう埋めるかについては、LDSP は特に述べていない。

経済成長的側面についての LDSP の長期的計画は、計画の段階から破綻していると評価されてもやむをえないものであった。

　次に「工業」産業の雇用回復・拡大をどのように達成するか、という中期的手法の論点にうつろう。ここまで述べてきたように、LDSP は、自然減少が見込まれる「工業」産業での雇用回復・拡大を目標としているので、その手法は、自然減少の原因に対処するものでなければならないはずである。しかし、LDSP の中期的手法は、経済状況に関する自らの分析を踏まえておらず、原因の分析と齟齬をきたしている。すなわち LDSP は、「工業」産業での雇用回復・拡大を達成する手段として、自然減少の原因には挙げられていなかった土地政策と交通政策を重視していたのである。

　まずは、土地政策について分析しよう。LDSP はできる限りの工業用地を確保しようとしていた。具体的には、既存のドックのうち、使用の見込みが大きいアルバート・ドック（Royal Albert Dock）とジョージV世ドック（King George V Dock）以外をすべて埋め立て、さらに、倉庫および将来の保有地として使われているブリティッシュ・ガス公社保有の土地も再開発に利用することを計画している（LDSP para. 3.11-3.13, 3.18）。

　続いて交通政策である。開発が交通政策の必要性をもたらすのではなく、先に交通政策を行うことで開発を呼ぶという論理によって、交通政策には高い優先度が与えられている（LDSP para. 5.12）。ただし、自家用車はすでに増えすぎており、道路拡張は旧住民の生活に一層の悪影響を与えてしまうため、LDSP は、公共交通政策の促進を特に強調している（LDSP para. 2.22, 2.27）。具体的には、ドックランズを東西に貫通し、ロンドン中心部との接続を高める地下鉄新線の建設[18]・地下鉄イースト・ロンドン線（East London）の改良と延伸・近距離バスの増発が、細かい数値まで詳細に計画されている（LDSP para. 5.19-5.20）。公共交通によって促進され、また逆に、公共交通をより使い勝手のよいものにするという点で、公共交通政策と併せて重視されているのが、工業エリア建設計画である。これは、工業を単に誘致するのではなく、工業エリアにまとめて誘導するという計画である。工業エリアは、既存企業の存在、道路および鉄道交通の便、そして他の用途への転用の難しさの三点

を考慮して、グリニッジ半島（Greenwich Peninsula）、ポプラー（Poplar）、東ベクトン（East Beckton）に指定されている（LDSP para. 4.14）。地下鉄新線は、これら工業エリアをすべて通るように計画されており、交通政策に与えられた経済成長への期待は大きい（LDSP Figure 5A）。

しかしながら、ここで想起したいのは、LDSP 自身による経済衰退の原因分析である。すなわち、LDSP は長期的な経済構造の変化に、「工業」産業の衰退原因を見出していたのであり、土地の不足や交通機関の不備を原因としていたのではない。したがって、LDSP の中期的手法は、経済衰退の原因の分析と齟齬がある。この齟齬が発生した理由は、「工業」重視という長期的計画に求められる。すなわち、「工業」での雇用回復・拡大を前提とする以上、「工業」に土地を割り当て、地方自治体の権限で可能な交通政策を整備することが最大限可能な政策であった。しかし、LDSP が大きな期待をかけた土地政策・交通政策の二つには、期待されていた効果の観点から言えば、疑問を持たざるをえない[19]。

最後に短期的手段についての論点を検討しよう。短期的手段とは、土地政策と交通政策の二つの中期的手法を行う手段であり、地方自治体が経済成長的側面の再生のために最初に採るべき手段のことでもある。LDSP の試算では、土地に2億2700万ポンド・住宅に2億8600万ポンド・道路に2億8200万ポンド・新型鉄道に1億8500万ポンド・地下鉄新線に1億4000万～1億7000万ポンド・オープンスペースに1100万ポンド・教育と保健に2900万ポンド・基本インフラに1億1180万ポンド、総計約13億ポンドが再開発に必要である（LDSP para. 5.6, Table 11B）。LDSP は、この巨額の資金の調達手段として、中央政府に特別な補助金を求めた。

しかし中央政府は、1975年8月に公表した白書のなかで、「ドックランズでの開発には、交通、住宅、その他目的のための政府財政援助の一般的形態が適合的であろう。政府は、これらを越える支援の特別形態は一切用意していない」と述べており、ドックランズ再開発に対する中央政府からの財政援助を明確に否定していた（LDSP para. 11.10）。この中央政府の通達に対し、ドックランズ合同委員会は、四つの理由を挙げて、政府からの特別な補助金

を求め続けた。

　すなわち第一に、ドックランズへの公金投資、特に道路建設への投資は、ドックランズのみならず、ロンドン全体、さらには南東経済地域全体の利益にもなること（Docklands Joint Committee［1976a］3；LDSP para. 11.12）。第二に、そもそも、ドックランズに対する政府の補助金は少なすぎること（LDSP para. 11.14）。第三に、「必要資金は国レヴェルでみれば決して大きいものではない」こと。そして最後に、「政府の経済予測に基づけば、ドックランズへの投資額の漸増が可能になる」ことである（LDSP para. 11.13-11.14）。

　しかし、これらの理由は、いずれも十分な説得力を有していたとは言い難い。すなわち、第一の理由については、ドックランズ合同委員会は、ドックランズ再開発が地元利益に即してなされるべきと繰り返し主張していたため、逆に個別ドックランズへの投資がなぜ広域地域全体の利益となるのかについての説明が必要となってしまう。しかし、この点については、交通インフラの整備は全体の利益になると一般的な理由が述べられているのみである。この理由はドックランズのみに該当するわけではない。第二から第四の理由についても、数量的な根拠はほとんど示されてはいない。要するに、ドックランズ合同委員会による政府への補助金の要求は、根拠に欠ける一方的なものであったと言わざるをえない。そのため、ドックランズ合同委員会と協調してLDSPの策定にあたった住民団体である「合同ドックランズ行動グループ（Joint Docklands Action Group）」は、LDSPへの第一の懸念として、その実行における資金の不足を挙げている（Docklands Joint Committee［1976a］8）。事実、LDSP策定からLDDC設立までの5年間に、中央政府から地方自治体に十分な補助金は与えられず、LDSPの計画は頓挫している（Whitehouse［2000］206-207）[20]。

　LDSPの経済成長的側面の再生計画に関する問題点は、1980年代にも引き継がれた。それは、『北サザク計画（North Southwark Plan)』に表れている。この計画は、サザク区が1983-84年にLDDCへの対抗手段の一環として、LDDCの管轄地域を主な対象として作成した再開発計画である。そこで、続いて、『北サザク計画』について同様の分析を加えたい。

第3章　旧住民に寄り添う地方自治体、経済に専念するLDDC

　『北サザク計画』は、「北サザク地域の開発は地域住民のニーズに合致しなければならない」と述べ、LDSPの実現を主張した。経済成長的側面に関して言えば、公共交通機関の重視と費用への論及の欠如という二つの特徴は、LDSPとほぼ同様である。LDSPからさらに先鋭化された論点は、反オフィス政策であった。LDSPでは、オフィスには、地域の経済発展に貢献するという積極的な意味も与えられていたが、『北サザク計画』においては、積極的な意味は完全に消え、否定的な意味だけが与えられることになった。否定的な意味とは、以下の四つである。第一に、すでに必要以上のオフィスが建設されているか建設許可がおりていること、第二に、オフィスは、旧住民向けの雇用をもたらさないこと、第三に、近辺の住宅の日当たりを妨げ、生気のない（soulless）環境を作ってしまうこと、第四に、投機を誘発し地価を上昇させてしまい、工業や住宅用の土地を奪ってしまうことである。この四つ理由を挙げて、『北サザク計画』は、オフィスを地域住民の利益にならない存在であると断定する。そのため、以下のように、オフィス建設は事実上全て禁止されたのであった（Southwark Council [1983-1984]）。

・第一政策：〔テムズ川〕南岸の広いエリアでは、オフィス建設は許可されない。

・第二政策：バーモンジー（Berdmonsey）の川辺とサリー・ドックス（Surrey Docks）では、オフィス建設は許可されない。

・第三政策：第一・第二政策に含まれる地域では、まだ建設されていないオフィスの建設許可は更新されない。

・第四政策：第一・第二政策に含まれない地域では、以下の例外を除き、オフィス建設は許可されない。

（ⅰ）既存のオフィススペースの現代化と再開発

（ⅱ）工業・倉庫業・貯蔵業に付随的で、かつ、それらの適正な機能に不可欠であるオフィス

・第五政策：サザク区は、未賃貸のオフィスのフロアスペースの活用を促す。

『北サザク計画』の反経済成長的側面に関する、もう一つの論拠は、経済成長的側面の再生という意味が与えられた項目がそもそも存在しないことである。同計画は、人口減少と住宅不足・雇用・オフィス（上述）・公共交通・小売業・レクリエーション・LDDC との関係の七つの項目からなる。住宅問題においては、地元住民向けの公営住宅が具体的な課題として述べられており、その公営住宅には、庭付きという質の高さと低家賃という条件が付けられている。また雇用問題においては、投機の発生への懸念、労組との協調、工業の復興、そして社会的弱者の雇用の確保が具体的な課題として挙げられている（Southwark Council [1983-1984]）。やはり、『北サザク計画』においても、生活保障的側面が重視されていたのである。

第3項　野心的な生活面での再生計画

前項では、LDSP の経済成長的側面の再生計画に、旧住民用の雇用確保という生活保障的側面の論理が入り込んでいったことを示した。本項では、前期地方自治体が生活保障的側面を重視したことを、以下の四点に基づいて改めて論証する。

第一に、1973 年に出された再開発に関するサザク区の「優先順位」である。第二に、再開発計画の策定過程において、広範な住民参加を認めることで、旧住民の意向を重視したことである。第三に、LDSP における雇用政策、住宅政策、商業施設政策と教育行政政策の四つの政策分野である。第四に、『北サザク計画』である。

1973 年の、サザク区の再開発の「優先順位」から見ていこう。後に LDSP に引き継がれることになる、サリー・ドックス再開発について、サザク区は1973 年に、以下の順で再開発計画の優先順位とすると発表した（Southwark Council [1973] 1）。

①地域全体に再度活力をもたらしうる発展を生じさせるもの
②多様な雇用機会

③公営または低家賃の民間住宅
④水辺のほぼすべてを、水辺のレクリエーション施設にすること
⑤道路・鉄道の連絡の抜本的な改善。特に、ロンドン中心部との高速度の
　公共交通機関によるリンク

　抽象的な①を除いた②以下では、雇用・住宅・レクリエーション・公共交通の順で政策が並ぶ。それぞれの政策をどのように実行していくかについては特に示されていないし、雇用や公共交通は経済成長的側面の一環としても捉えられうる。しかし、当時の住民を悩ませていた雇用不足と住宅不足に高い優先順位が与えられていることは見過ごせない。逆に明らかに経済成長的側面の再生と考えられる項目は挙げられていない。したがってこの優先順位は、前期地方自治体が、生活保障的側面を重視していたことを示すものとして解釈されうる。

　生活保障的側面重視という地方自治体のこうした姿勢は、地方自治体に、広範な住民参加を経て、再開発計画を作成させた。先に紹介した1973年の発表の中で、サザク区は、以下のように述べる（強調点は、原文では大文字またはイタリック）（Southwark Council [1973] 1）。

　　我々〔＝サザク区議員たち〕は、あなた方〔＝サザク区の住民たち〕の意見が、完全に考慮に入れられるようにしたいため、現在我々は、あなた方の意見を欲している……。この論点は、単純な「イエス・ノー」で答えるには、あまりに大きくまた重要すぎる。この〔参加〕形式は、あなた方に諸見解を表明する機会を与えるが、より多くのスペースが必要だと感じるかもしれない。そこで、あなた方は、手紙を書くことができる……。

　この文章に見られるように、サザク区は、再開発計画作成に住民参加を単に認めただけでなく、住民参加を強く促し、またその意見を反映させると宣言している。

　実際、LDSPの作成過程においても、地方自治体を中心に構成されるドッ

クランズ合同委員会は、住民参加に大きな配慮を示した。ドックランズ合同委員会が自ら紹介するところによれば、LDSPは、「単に住民の声を聞くのではなく、完全な住民参加を経て」、2年近い歳月をかけて策定された。その効果として、LDSPは、その内容とも相まって、住民からは極めて高く評価された。すなわち、25万人のうち、70％以上がドックランズ合同委員会の努力を高く評価し、LDSPに肯定的な評価を下していた（LDSP intro. 4）。こうした住民からの高い評価は、ドックランズ合同委員会や地方自治体が、失業や住宅不足などのインナー・シティ問題に苦しむ住民の意見を積極的に取り入れようとした成果であると言える。

　このLDSPの生活保障的側面の再生計画は、入念に設計されていた。生活保障的側面においても、計画の基盤は、ドックランズ全体で10万～12万という目標人口数である。生活保障的側面において最も重視されている政策は、この人口数を支えるだけの雇用政策と住宅政策である。雇用政策については、前項ですでに明らかにした。すなわち、産業政策の主な狙いは、経済成長ではなく、旧住民の雇用の確保となっていた。

　LDSPの住宅政策は次のようなものであった。まず、人口目標数から必要住宅数が算出される。LDSPによると、当時ドックランズには、1万9000戸の住宅があった。このうち、2000戸は、老朽化のために解体されるべきものである[21]。こうした解体分も含め、LDSPは、新規に2万3000戸の住宅が必要であると算出する（LDSP para. 6.2-6.3, Table 6C）。続いてLDSPは、算出したこの住宅数に、一エーカーあたり70～100戸の密度基準を投入し、必要な土地面積を算出している。それによると、新たに再開発用地となる2700エーカーのうち、1015エーカーが住宅に充てられる必要がある。最終的にはドックランズの全面積の5500エーカーのうち、1520エーカーが住宅地となる（LDSP para. 6.7-6.11）。LDSPは、住宅の大幅な量的拡大を基本的な計画としていたのであった。

　この大規模な住宅拡大政策の内容を詳しく見ていこう。取り組むべきとされた問題は三点である。第一に、量的問題である。当時ドックランズは公営賃貸住宅の割合が極めて高かった。それでも、私営賃貸住宅が低質であるた

め、公営賃貸住宅の希望者が多く、供給不足が続いていた。そこでLDSPは、再開発の各段階で、住民が同意できるレヴェルの質の住宅を「最大数」作るとし、公営住宅中心路線を維持していた（LDSP para. 2.40）。またLDSPは、旧住民・地元被雇用者・公務員に公営賃貸住宅を優先的に割り当てる方針を打ち出し、旧住民に大きな配慮を払っていた（LDSP para. 6.29）。

　第二に、質的問題である。当時は、住宅の老朽化や、核家族が増加したにもかかわらず、既存住宅は大家族用であるという不適合状態にある「不適合住宅」の増加といった問題が存在した。そこで、LDSPは、「住民が同意できるレヴェルの質」の住宅を最大数作ることを目指した（LDSP para. 2.40）。具体的には、一エーカーあたり70〜100戸という、ゆとりある密度と、一戸あたりの居住部屋数をかなり細かく設定して計画を立てた（LDSP para. 6.7, 6.16）。

　第三に、所有形態問題である。当時のドックランズは、公営賃貸住宅の割合が非常に高かった。だが、住民の購買力は低く、持ち家住宅路線に方向転換することは非常に難しい（LDSP para. 2.37）。そこでLDSPは、地方自治体と居住者の共同保有形態（middle tenure）を提言している。LDSPによれば、共同保有形態は、地方自治体に柔軟な対応を取る権限を保持させつつ、居住者に一定の自律性を与えるメリットを有する（LDSP para. 6.22-6.24）。最終的には、30〜40％の住宅が共同保有形態になるものと期待・予測されている（LDSP Table 6E）。住宅政策にも、旧住民への生活保障的側面を強く見出すことができるのである。

　雇用と住宅以外の諸政策においても、目標人口数という計画基盤と、生活保障的側面の強さがLDSPの特徴である。例として、商業施設政策と教育行政政策を取り上げよう。この二つの政策領域で目指されている都市像は、コミュニティに必要な設備が隣接し合って利便性が高く、また公共交通との連絡が密である都市である[22]。LDSPは、こうした都市を目指すべき理由を主に二点挙げている。第一に、人口目標と比較して、土地が手狭であるため、施設の複合的使用が必要であること。第二に、自家用車を持たない住民に配慮し、公共交通によるアクセス可能性を高めることである（LDSP section 7, section 8）[23]。LDSPは、自らの母体である地方自治体に、LDSPの目標人口

数と都市像を参考にして具体的かつ詳細な都市計画を作成するように求めている[24]。

　以上のように、前期地方自治体は生活保障的側面の再生に向けて詳細な計画を立て、意欲を見せていた。しかし LDSP は、これらの事業に必要な、多大な費用の調達手段については何も語ってはいない。前項で論じた経済成長的側面と同じく、地方自治体は、再開発の費用には、注意を払っていたとは言えないのである。また、生活保障的側面の再生に力を入れると、将来の行政費用も増加する可能性が高いが、地方自治体はこの点についても特に将来像を示していない。可変的都市間競争論の想定によれば、地方自治体が費用について関心が低かった理由は、前期の制度・環境に由来する。すなわち、生活保障的側面の再生費用と人口増加による追加費用を、中央政府に依存しうる制度・環境であったことが、地方自治体が行政費用に無関心になりえた理由であると考えられる。そうであるからこそ、次章で述べるように中央政府が補助金を減額したり分配システムを変更したりして、補助金の自動的増額が期待できなくなると、地方自治体は補助金の増額を強く求めてゆくし、この試みが失敗に終わると、第5章以下で述べるように、地方自治体の再開発案自体が変化することになる。

　LDSP における、この手厚く詳細な生活保障的側面の再生計画は、1983-84 年の『北サザク計画』に継承された。ここでサザク区が強調したことは、「コミュニティのニーズ」であった。この計画では、「コミュニティのニーズ」とは、公営住宅、工業、オープンスペース、社会的施設の四つとして定義された。そして『北サザク計画』は、「川辺とドックランズにおける土地は、コミュニティのニーズに合致する用途に割り当てられる」と宣言し、「LDSP では、開発土地は、コミュニティのニーズに密接に関連する土地利用に割り当てられていた」と称賛する。そのため、「北サザク計画は、……LDSP の効果的な実行を目指す」ことを重視したのである。このように、1983 年においても、サザク区は、生活保障的側面の再生を重視していた。そして、やはり LDSP と同じく、『北サザク計画』も、その生活保障的側面の再生に必要な費用の調達先については、全く語らないのであった（Southwark Council［1983-1984］）。

　複数の資料の分析を通じて本項が明らかにしてきたことは、以下の二点である。第一に、前期地方自治体が、生活保障的側面重視型の再開発を計画したことである。特に、旧住民に対する雇用と住宅については、詳細な計画を立てており、強い意欲が認められる。第二に、しかし地方自治体は、再開発に必要な費用と、将来の行政費用の増加についてはあまり関心を払っていない。本書のモデルに基づけば、前期の制度・環境がこの原因である。すなわち、地方自治体は、補助金の自動的増額を期待しうると制度を解釈したため、費用の問題を切り離して、生活保障的側面の再生に強い関心を置き、詳細な再生計画を作成することが可能だったのである。

第3節　経済成長に専念する LDDC

　本節では、前期 LDDC の政策選択が経済成長的側面重視型のドックランズ再開発であったことを示す。第1項では、このことを LDDC が残した資料を用いて計量的に示す。ただし、こうした計量的データの分析のみでは不十分である。なぜなら、本書の狙いの一つは、LDDC の政策選択が何によって影響されるのかを明らかにすることだからである。この問いに対して、本節第2項と第3項では、前期における中央政府による地方自治体への強い介入が、LDDC を経済成長的側面重視へと導いたことを明らかにする。第2項では、前期 LDDC がどのような手段によって経済成長を達成しようとしたのかという論点について取り組む。その結論を先取りすると、LDDC は、民間企業と歩調を合わせた迅速性の確保を重視した。そのために、民間企業の妨げになりかねない住民参加は、軽視されることになった。第3項では、前期 LDDC の生活保障的側面へのこうした冷淡な態度、そしてそれを可能にした論理を明らかにする。

第1項　LDDC の経済成長重視傾向

　本項では、LDDC の年次報告書の構成と LDDC の収入・支出構造という二

つのデータを用いて、前期 LDDC が経済成長的側面を重視したことを明らか
にする。

（1） LDDC の年次報告書の構成

まず、LDDC の年次報告書の構成についての分析・考察から始めたい。こ
こでは、年次報告書の構成を分析することで、LDDC の政策選択を総体的に
解明することを目的としている。この分析手法として、本項では、「テキス
トデータ分析」を参考にする。これは、アクターが語った内容において、あ
る単語の出現割合や他の単語との組み合わせを量的に集計することで、彼ら
の選好や争点構造を解明する分析手法である[25]。

テキストデータ分析の長所の一つとして、精度の高さと把握の総体性が挙
げられる（稲増他 [2008] 41）。例えば、インタヴューによる分析は、聞き手
による誘導や、当事者の記憶の喪失、自己弁護などが発生するおそれがあり、
過去の政策選択を誤解してしまう可能性がある。また、一次資料を読み解い
ていく分析では、観察者の先入観が分析を恣意的なものにしてしまうおそれ
もある。それに対して、テキストデータ分析は、自発的な発言を量的に扱う
ため、高い精度でイデオロギーや争点構造を総体的に解明することができる。

テキストデータ分析の発想に基づき、本項は、年次報告書の内容を十種類
の項目に分割して、その登場順と紙幅割合に注目する（LDDC [annual a]）。
年次報告書は、その時々において、LDDC が強調したい成果や方針を外部に
アピールするものである。それゆえ、重視している項目やアピールしたい項
目ほど先に記述され、また紙幅割合も多く割かれると考えられる。そこで本
項は、LDDC が言及した項目の登場順と紙幅割合について、それぞれ量的に
集計する。本項で取り上げる項目は、以下の十種類である。すなわち、「ビ
ジネス・投資・開発（business, invest, development）」、「レジャー・観光・旅
行（leisure, sightseeing, travel）」、「土 地（land）」、「交 通（transport, road,
STOL, DLR）」、「雇用（job）」、「小売（retail）」、「コミュニティ（community）」、
「教育・職業訓練（education, training）」、「住宅（house）」、「景観・環境（his-
torical building, environment）」である[26]。これらについて、報告書における
登場順と紙幅割合を年ごとに集計する。LDDC の政策選択は、登場順の早さ

第 3 章　旧住民に寄り添う地方自治体、経済に専念する LDDC

と紙幅割合の多さに現れると考えられる。

　作業は、以下の七点に従って行った。①基本的には、報告書内の『本年の
レヴュー』を分析対象とし、そのなかの項目タイトルに沿って登場順と紙幅
数を算出した。周辺の関連項目へ言及する場合があるが、大きく外れない限
りは、タイトルに沿って分類した。大きく外れる場合、内容に即して紙幅を
分割した。②内容が混在していて分割が困難な場合、登場順については同時
に登場したとみなし、紙幅は紙幅数を該当する項目で除した。③同一報告書
で同じ項目が二回以上登場する場合、登場順は先に登場したものを扱い、紙
幅は合算したものを用いた。④紙幅数は目算である。⑤グラフや数表、写真
などの文章以外の情報については、明らかに当該項目に関係すると考えられ
るものは紙幅に算入し、そうでないものは除外した。⑥各地区や各プロジェ
クトの紹介は、各地区の事情を強く反映しており、LDDC の政策選択の解明
という本書の関心に応えるものではないため、算入しなかった。⑦ 1984-85
年から 1988-89 年までと 1993-94 年の 6 年分については、『本年のレヴュー』
以外を分析素材にした。1984-85 と 1988-89 年は「議長談話」を用いた。
1984-85 年は、『本年のレヴュー』が地区ごとに編集されていたためであり、
1988-89 年は『本年のレヴュー』が存在しなかったためである。1985-86 年、
1986-87 年、1987-88 年については、『議長談話および会計報告』と、『一般
報告』の二部から年次報告書が構成されており、『一般報告』を用いた。な
お、『一般報告』は、項目を立てていないため、文章の内容を読解して分類
した。1993-94 年は、「事務局長レポート」を用いた。この年は、『本年のレ
ヴュー』が存在しなかったためである。

　ただし、年によって登場しない項目があったり、報告書の紙幅総数が異な
ったりするので、このままでは通時的な比較・検討ができない。そこで、通
時的な比較・検討を行うために、以下の二つの加工作業を施した。①登場順
については、登場順が早い上位 1/3 に 3 点を、中位 1/3 に 2 点を、下位 1/3
に 1 点をそれぞれ付与した。登場項目が 3 の倍数ではない年は、中位の 2 点
が付与される項目数が最大になるようにした。例えば、「土地」、「雇用」、
「住宅」、「交通」、「コミュニティ」という五つの項目がこの順番で登場した

【図表 3-3　LDDC の年次報告書における登場順の採点】

年	ビジネス・投資・開発	レジャー・観光・旅行	土地	交通	雇用	小売	コミュニティ	教育・職業訓練	住宅	景観・環境
1981-82	3		3	1	3		1		2	2
1982-83	3		3	2	3	1	1		2	2
1983-84	3		2	2			1		2	
1984-85	1			3			1	2	3	2
1985-86				2	2		1	2	2	
1986-87				3		1	3	2	2	1
1987-88	3	1		2	1		3	1	2	
1988-89	3			1	2			2	3	1
1989-90	3			3		1	2	2	1	2
1990-91	3	1		3			2	2	2	1
1991-92	3	1		3	2		1	2	2	
1992-93		2		3		2	1		3	1
1993-94	3	2		3		2	1	1	2	2
1994-95	2	1		2	3		1	2	2	
1995-96	2	2		1		2	2	3	3	1
1996-97	3	1		2			2	2	3	1
1997-98	2	1		2			3	2	1	3

出典）筆者作成。

ならば、「土地」に３点が、「雇用」と「住宅」と「交通」に２点が、「コミュニティ」に１点がそれぞれ割り当てられる。②紙幅については、『本年のレヴュー』など、分析対象としている文書全体に占める割合を算出した。その結果、図表 3-3 と図表 3-4 のデータが得られた。

　図表 3-3 と図表 3-4 からは、「土地」、「住宅」、「ビジネス・投資・開発」の三項目が、前期には重視されていることがわかる。「土地」の整備はすべての再開発の前提であるためか、最初の３年間のみに登場している。「住宅」は、これが公営住宅を指すのか販売住宅を指すのか、この分析だけではわかりかねるが、当時の論点の大きさを示していると言えよう。最後に、「ビジネス・投資・開発」の強調は、前期 LDDC の政策選択が、経済成長的側面重

【図表3-4　LDDCの年次報告書における紙幅割合】

(単位：%)

年	ビジネス・投資・開発	レジャー・観光・旅行	土地	交通	雇用	小売	コミュニティ	教育・職業訓練	住宅	景観・環境
1981-82	13		9	9	13		9		35	13
1982-83	31		8	19	8	4	8		15	8
1983-84	28		10	10			31		21	
1984-85	38			8			15	15	15	8
1985-86	45			18	10		5	5	18	
1986-87				69		3	9	6	11	3
1987-88	13	10		32	6		19	6	13	
1988-89	44			22	6			6	11	11
1989-90	20			20		10	10	20	10	10
1990-91	29	7		29			7	14	7	7
1991-92	21	11		39	5		11	5	11	
1992-93		10		27		13	23		20	7
1993-94	7	14		14		7	7	7	21	21
1994-95	14	7		14	7		14	18	7	18
1995-96	21	11		11		7	14	21	7	7
1996-97	25	7		18			14	7	18	11
1997-98	22	22		11			6	17	6	17

出典）筆者作成。

視型の再開発であったことを明確に示している。逆に、後期と比べると、「コミュニティ」と「教育・職業訓練」の二項目が低水準あるいは不安定であることも指摘される。これは、前期LDDCが生活保障的側面の再生にあまり熱心ではなかったことを示している。

　さらに、やや厳密さを欠くものの、これらの十項目を、経済成長的側面的意味が強い項目と生活保障的側面的意味が強い項目に二分して、大まかな傾向を捉えてみたい。LDDCが、それぞれの項目に与えた意味は、かなり一貫していたため、この分析手法は、LDDCの政策選択を総体的に把握する一助となるだろう。

　経済成長的側面に含まれるのは、「ビジネス・投資・開発」、「レジャー・

【図表3-5 LDDCの年次報告書における登場順順位得点平均】

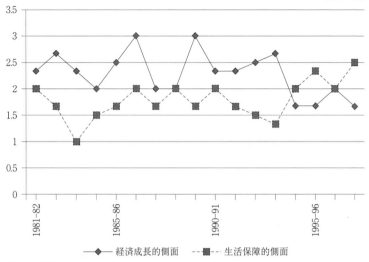

(単位：%)

出典）筆者作成。

観光・旅行」、「土地」、「交通」の四項目である。その理由は以下の通りである。「ビジネス・投資・開発」は、その名の通り、ドックランズの経済的再生を達成する手段として意味づけられていること、「レジャー・観光・旅行」の項目は、それ自体が投資であるし、そもそも外部からの来訪者を呼び込むことが主目的であるということ、「土地」は、すべての再開発の基本ではあるが、古いドックを整理し、新企業を立地させるという文脈に乗せられていること、「交通」は、地域住民の生活の足としても使われるが、主には、ドックランズと他の経済的中心との連結手段として語られていることである。

生活保障的側面に含まれるのは、「雇用」、「小売」、「コミュニティ」、「教育・職業訓練」の四項目である。その理由は以下の通りである。「雇用」は、相対的に高いドックランズの失業率への対応策としての意味が与えられていること、「小売」は、LDDCの報告書においては、地域住民の生活水準の向上の一環として語られていること、「コミュニティ」は、地域住民の生活の質の向上という政策課題が第一義的な目的であること、「教育・職業訓練」

【図表 3-6　LDDC の年次報告書における紙幅割合平均】

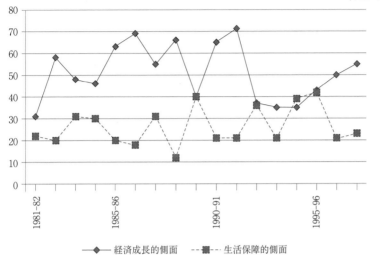

出典）筆者作成。

では、地域住民がこの政策の受益者として語られていることである。

「住宅」と「景観・環境」の二つの項目は、いずれの側面にも含めなかった。これらの項目は、経済と生活のどちらにその一義性を置いているのかについて、年を超えて共通性を見出せなかったためである。一般的に言っても、「住宅」は旧住民も新規住民も購入するであろうし、良い「景観・環境」は旧住民の生活の質も向上させるし、外部に向けてのアピールにもなる。そのため、この二項目はどちらにも含めなかった。

この作業の結果、図表 3-5 と図表 3-6 のグラフが作成される。これら二つのグラフからは、ほぼ共通した傾向を読み取ることができる。すなわち LDDC は、前期には経済成長的側面に強く傾斜していたことと、1980 年代末を境として、後期には生活保障的側面も重視するようになったことである。

（2）　LDDC の収入・支出構造[27]

続いて、LDDC の収入・支出構造について検討する。この狙いは二点ある。第一に、LDDC の収入構造を明らかにすることで、LDDC は何に「負う」組

織なのかを財政の面から明らかにすることである。第二に、支出構造から、LDDC の政策選択を明らかにすることである。

　ここでは、全年度分の『年次報告書および会計報告書（Annual Report and Accounts ／ Annual Report and Financial Statements)』における、「連結損益計算書（consolidated income and expenditure account)」とその「内訳ノート（notes)」を分析素材とする。LDDC は、会計方法を二回変更した以外は、概ね一貫した形式で連結損益計算書を『年次報告書』に掲載している。そこで、これを通時的に分析することで、LDDC の政策選択とその変化を明らかにすることができる。なお、収入・支出構造を整理する際に用いた手法とその詳細なデータについては、本章末の補論を参照されたい。

　まず、収入について分析する。第一に指摘されることは、LDDC 設立の1981 年度から 1980 年代末まで、ほぼすべての年度において、LDDC は、その収入の大部分を中央政府からの補助金に依存していることである。収入の多くを中央政府に負っている以上、財政的に見ても、やはり LDDC は中央政府の組織的な政策選択を反映していると言ってよいだろう。

　第二には、中央政府からの補助金額はほぼ一貫して増額され続けていることである。特に、1980 年代末に、中央政府からの補助金は飛躍的に増額された。LDDC 設立直後には 5000 万ポンド前後であった補助金は、徐々に上昇していき、1980 年代末には 1 億ポンドを突破し、1990-91 年には 3 億ポンドに達している。もちろん、インフレの影響を差し引く必要はあるが、国立会計検査院（National Audit Office）によるインフレ修正済みの計算でも、この増加傾向は確認できる（National Audit Office [2007]）。このことは、中央政府がドックランズ再開発に主体的に関与していったことを意味する。言い換えれば、中央政府は、市場原理に基づく再開発という LDDC 設立時の原則から徐々に乖離していったのである。この点については、第 5 章・第 6 章で詳しく分析する。

　次に、支出総額を見てみると、LDDC の支出額が徐々に増えていったこと、特に 1980 年代末に飛躍的に増額したことを指摘しうる。先の収入の分析と合わせて考察すると、中央政府からの補助金が拡大すれば、LDDC の活動も

活発化するという理解が得られる。

　続いて、支出の内容を分析していこう。支出内容については、以下の二点を読み取ることができる。第一に、前期には「環境改善＋土地浄化」をはじめとする、経済成長的側面への支出が多かったことである。具体的には、1987-88年度まで、「環境改善＋土地浄化」への支出割合は、常に10％を上回っていた。土地整備は、新規企業誘致の前提である。それゆえ、前期LDDCは、財政的にも経済成長の側面を重視していたと言える。第二に、前期においては、「コミュニティ支援」と「住宅」への支出は、額も割合も大きくない。また、全く支出されない年もあるなど、非常に不安定な位置づけであった。このことは、前期LDDCが生活保障的側面の再開発に消極的であったこと、および行ったとしても計画的ではなかったことを意味する。以上の二点から、前期LDDCは、経済成長的側面へ多くそして安定的に支出していたことおよび、それとは逆に、生活保障的側面への支出は少なく、不安定であったことが明らかとなった。

　年次報告書の構成と収入・支出構造の計量的な分析は、前期LDDCの政策選択が、経済成長的側面重視型の再開発であったことを示している。しかし、本項の分析は、一定の傾向を明らかにするにとどまり、この政策選択がなぜ形成されたかについては明らかにできていない。そこで、次項と次々項では、前期LDDCの再開発計画をより詳細に分析することで、この問いに答えていくことにしたい。

第２項　都市計画の緩和による経済成長戦略

　前期LDDCの政策選択が経済成長重視型の再開発であったことを踏まえ、本項では、「前期LDDCは、どのような手段によって経済成長を達成しようとしたのか」という問いに取り組む。これは、前期LDDCのユニークさが都市再開発の目的や将来像ではなく手段に見出されるからであり、またこの問いへの答えが、なぜ前期LDDCは生活保障的側面を相対的に軽視したのか、という次項の問いに対する重大な手掛かりになるからである。ただし、手段に関する問いに答えるためには、そもそもLDDCがどのようなドックランズ

経済構造を将来像としていたのかが明らかにされねばならない。そこでまず、LDDCによる経済の将来的再生像を、「再生（regeneration）」概念に込められた意味を検討することを通じて、明らかにする。

　設立から撤収までの間、「再生」がLDDCのドックランズ再開発のキーワードであった。LDDC初代議長のナイジェル・ブロークス（Nigel Broackes）は、中央政府がLDDCを設立した目的を、ドックランズの「再生」であると理解していた。その具体的な意味としては、下記の五つが挙げられている。第一に、ドックランズの非常に多様なコミュニティが、いかに関心や魅力にあふれているかをロンドン内外のより多くの人々に認識してもらうために、ドックランズ全体をプロモーションしていくこと。第二に、既存の企業が利益を上げ、希望に満ちながら成長しうるように、彼らのニーズを理解し、援助すること。第三に、より強固な経済的基盤をもたらし、住民により多くの雇用を提供しうる新しい産業に投資するような、新しい企業や個人を惹きつけること。第四に、ロンドンの一地区として、さらに多くの小売店を提供すること。第五に、以上の四つの目的のために、土地を収集し、浄化し、売却すること。この五つの目的を達成するために、LDDCは「工業、商業、住宅、より良い公共交通や全般的な都市インフラを含む社会的提供を促進する」組織であると位置づけられている（LDDC [1982a] 1）。このように、1982年に提示された「再生」の定義には、広告、既存産業の保護、新規産業の振興、小売の充実、そして土地整備という非常に多岐にわたる意味が込められていた[28]。換言すれば、再開発の方向性や目的が明確ではなかったのである[29]。

　このように前期LDDCの「再生」概念が多義的であり、具体的な方向性が不明確であったことについては、反発の回避というLDDCの戦略が考えられる。すなわち前期においては、経済成長を重視するLDDCと、生活保障的側面の再生を求める地方自治体および地域住民の間で激しい対立が生じた。そこでLDDCは、反発を回避するために、経済成長的側面の重視をぼかしたというものである。だが、この説には限界がある。というのも、LDDCは、特に初期において地方自治体および地方自治体の再開発の進め方を強く批判しており、反発を恐れていたとは思えないからである。LDDCによる地方自治

第 3 章　旧住民に寄り添う地方自治体、経済に専念する LDDC

体批判の内容は、地方自治体は住民が望んでいることを理解していない、不毛な政治的扇動を行っている、再開発の実行能力を欠いている、LDSP の作成に時間をかけ過ぎたという四点である（LDDC [1982a] 19, 27；[1983a] 7；[1984a] 9, 47）。このように、LDDC は地方自治体への対抗的姿勢を強調していたため、前期 LDDC が、自らへの反発を回避するためにリップサービスを行っていたとは考えにくい。

　しかし、LDDC は地方自治体について、あくまでも、イデオロギーや進め方に批判を集中させたのである。LDSP の計画内容が批判されたのではない。これは、LDDC および LDDC に「再生」という課題を与えた中央政府は、当時、長期的なドックランズの経済構造についての明確な将来像を描いていたわけではないことを示している [30]。ブロークス議長の理解の通り、設立直後の LDDC は、ドックランズの将来像については、多義的かつ曖昧なイメージを持つにすぎなかったというのが、本書が提示する説である。この説は、先行研究による前期 LDDC の解釈とは大きく異なる。いくつかの先行研究は、LDDC は、その設立当初からドックランズの世界都市化を目指したと述べている（Brownill [1993] 54；Hollamby [1990] 11；Lee [1992]）。しかし、これらの先行研究による説を支持するような、世界都市や世界都市における情報通信業や金融管理業への言及は、設立当初には見られない。したがって本書は、LDDC がドックランズの世界都市化を明確化させたのは、LDDC の設立当初ではなく、1980 年代末のことであるとの立場をとる。

　多義的・曖昧な長期的経済構造の将来像を持つにとどまった前期 LDDC が強調したのは、土地整備の迅速な着手であった。この迅速性（speed ／ fast）こそが、前期 LDDC の最大のキーワードである。というのも、LDSP と対照的であるとして、そして自らの特長として、前期 LDDC が打ち出したのが迅速性だったからである。前節で明らかにしたように、LDSP も土地政策、具体的には「工業」用地と公営住宅用の土地の確保に熱心であった。LDDC は、LDSP のこの政策に対して、迅速性の観点から批判した。具体的には、他の公的団体からの土地の取得の失敗、ロンドン港湾庁からの協力の不十分さ、LDSP を実行に移すだけの資金力の欠如、この三つの迅速性の欠如が LDDC

93

から問題視された。LDDC は、「したがって、土地の確保の問題と不十分な資金が、公表された提案〔＝LDSP〕の早期かつ迅速な実行を妨げてしまった」と LDSP を批判的に総括している（LDDC［1997c］"The Docklands Joint Committee"）。LDSP への批判を踏まえ、前期 LDDC は、内容ではなく迅速性を、LDSP とは異なる LDDC の再開発手法の特長に据えていくことになる。

　前期 LDDC は、この迅速性がドックランズの経済成長を達成する鍵である、と主張した。その論理は次の通りである。巨額の公的資金を投入することで経済成長を達成する時代はすでに過ぎ去っており、こんにち LDDC は、利用可能な開発の機会を最大限活用することで経済成長を達成する手段を採るべきである。そのため LDDC は、民間セクターによってなされる投資を促進しなければならない（LDDC［1982a］8）。その際に求められることは、「民間セクターの極めて早いタイムテーブル」に追いつくことである（LDDC［1982a］19）。したがって LDDC は、典型的には LDSP のようなこれまでのやり方と異なり、「開発プロセス前のペースのスピードアップを図ること」が自らの役割であると認識する。前期 LDDC は、こうした迅速性をキーワードにした経済成長戦略を描いていた（LDDC［1982a］27）。

　この迅速性の原則が、都市計画規制の緩和という方針を導くことになった。都市計画規制を緩和し、民間企業の自由度を高めるという方針は、将来像が不明確であったとしても着手可能だからである。そこで、前期 LDDC は、将来像は保留したまま、迅速性という都市再開発の手段を目的へと転化させ、これを重視したのであった。この方針は、将来の人口目標数から都市像を構想し、そしてそれを図面に描いた LDSP とは対照的である。そしてこれは、マスター・プランの否定、公有地強制帰属権の活用、そしてエンタープライズ・ゾーン（Enterprise Zone）の指定という三つに具体化された。順に論じていきたい。

　第一は、マスター・プランの否定である。LDDC によれば、LDSP のようにマスター・プランを作成することには、経済成長を達成するうえで二つの問題があった。一つ目は、柔軟さの欠如である。伝統的なマスター・プラン作成は、「硬直的で、トップダウン型で、事前決定型の計画である」ため、

第3章　旧住民に寄り添う地方自治体、経済に専念するLDDC

投資を呼び込み、人々のビジョン、能力、企業家精神をドックランズに取り込むことに失敗してきた（LDDC［1986c］12）。もう一つは、作成に時間がかかることである。「それ〔＝マスター・プラン作成にともなうヒアリング〕は、関係団体すべてのコストとなるし、ドックランズ再生のプロセスをいとも簡単に遅らせてしまうことになりえてしまう」と批判的に指摘されている（LDDC［1983a］5）。当時の中央政府もマスター・プランの作成に対して否定的であった。この点について後年のLDDCは、「LDSPの失敗から間もないために、マスター・プラン〔という手法〕は特に政府から信用されなかった」と記している（LDDC［1997c］"The London Docklands Development Corporation"）。LDDCは、マスター・プランを作成するのではなく、より個別的で柔軟な方法を採用した。それは、人口が多いサリー・ドックス地区を除いて、マスター・プランを作成しないことであった[31]。

　二つ目は、公有地強制帰属権の活用である。1980年地方政府・計画・土地法の第141条によって、LDDCには公有地を強制的に帰属させる権限が与えられていた。LDDCは、初年度から公有地強制帰属権を活用し、ロンドン港湾庁やGLC、ロンドンの各特別区から合計646エーカーの土地を帰属させた。この土地収用の素早い動きについて、LDDC自身は、「ドックランズ合同委員会と異なり……〔LDDCの〕公有地強制帰属権によって、ドックランズは既に利益を享受している」と強調した（LDDC［1982a］6）。

　迅速性を確保する三つ目の手段は、エンタープライズ・ゾーンの指定である。エンタープライズ・ゾーンとは、1980年に法制化された都市計画の特例である。これは、地方自治体やLDDCなど都市計画権限を有する機関が申請し、環境大臣が設置を決定する。エンタープライズ・ゾーン内では、新規企業は、減税など多くの特典を享受する。特に大きい特典は、計画制度の簡略化である。すなわち、計画に合致する開発であれば、個別の計画許可が不必要であり、開発の迅速化が可能になる（Thornley［1993］chap. 9；成田［1983］415）。ドックランズでは、1982年4月に、ドックランズ中心部に位置するアイル・オブ・ドッグズ（Isle of Dogs）にエンタープライズ・ゾーンが設置された。LDDCは、「エンタープライズ・ゾーンのより非規制的な計

95

画レジームによって、エンタープライズ・ゾーンは、現代社会では急速に時代遅れになってしまいがちな、工業・製造業用地に対するオフィス用地のペダンティックな割合ではなく、ビジネス利用に関心を払っている」と解説している（LDDC［1983a］11；［1982a］11）。このように、LDDC は、エンタープライズ・ゾーンが、迅速な措置を必要とする民間企業の活動を助け、経済成長をもたらすと期待した。

　本項では前期 LDDC の経済成長的側面について分析してきた。LDDC による経済成長的側面の将来構想は、多義的で曖昧だった。そのため前期 LDDC は、計画の内容ではなく、迅速性という手段を自らの特長に据えた。この迅速性が民間企業の活動を活発にして、ドックランズの経済成長を達成すると考えられていたのである。

第3項　地方自治体責任論

　本項では、前項の知見を踏まえつつ、「なぜ前期 LDDC は経済成長的側面に比べ生活保障的側面を軽視したのか」という問いに取り組む。

　この問いへの答えは重層的である。最底部にある答えは、中央政府と LDDC は「地方自治体責任論」と呼ぶべきアイディアを有していたことである。これは、生活保障的側面の再生に関する責任は、LDDC ではなく地方自治体によって負われると考えていたことを指す。

　地方自治体責任論の論拠は、以下の通りである。まず、環境省をはじめとする中央政府について述べると、前期の中央政府は LDDC にそもそも生活保障的側面の再生を命じていなかった。中央政府は、LDDC が非経済的（uneconomic）な事業スキームに資金を出すことを法的に許していなかったし、コミュニティ支援のための予算も、LDDC の総支出の1%以下に限定していた（LDDC［1982a］14；［1984a］27）。こうした法制上の制約のため LDDC は、煩雑な手続きをとらねばならないこともあった。例えば、LDDC が地方自治体の公営賃貸住宅の修繕を行う場合、いったん地方自治体から買い取り、LDDC が修繕した後に、地方自治体に売るという手順を踏まねばならなかった（LDDC［1983a］16）。こうした制約に対して、現場の LDDC は、中央政府

に権限の拡大を求めていった（LDDC［1982a］14）。LDDCの要請を受けて、中央政府は徐々にLDDCが生活保障的側面に対して支出することを認めていった（LDDC［1984a］38）。しかしながら、LDDCの権限が、生活保障的側面への再生に対して大幅に拡大されるのは1980年代末のことである[32]。前期においては、LDDCの生活保障的側面での活動は、中央政府によって法的に厳しく制限されていたのである。

　次にLDDC自身の言説を取り上げよう。LDDCが地方自治体責任論の立場を採っていたことについては、三つの論拠を示すことができる。一つ目は、当時のLDDCの言説である。前期LDDCは、生活保障的側面においては、再生に対して直接介入するのではなく、地方自治体やコミュニティ組織への支援という「裏方」の立場を表明している（LDDC［1983a］26-27など）。二つ目は、LDDC自身による後年の述懐である。最終報告書において、LDDCは、「1980年代初期には、LDDCはコミュニティの役割を最低限しか果たさなかった」と端的に認めている。その理由は、「旧住民の……ニーズは、地方自治体やそのほかの責任ある諸組織によって果たされるべきであった」ということである（LDDC［1998d］"Introduction"）。三つ目は、LDDCの職員の証言である。元幹部のイネス氏は、「地元住民に対して、生活の便宜を図ることは、第一義的には、地方自治体の責任であった」と述べる。なぜなら、地方自治体には、その責任を果たすための補助金と権限が与えられている。それゆえ、LDDCは生活保障的側面についての再生は自らの管轄外であると考えていた[33]。

　以上のように、前期においては、中央政府もLDDCも、生活保障的側面の再生は地方自治体の責任であると考えていた。

　もっとも、前期LDDCが、生活保障的側面に対して、全く無関心であったというわけでもない。前項でも確認したように、「再生」概念のなかには、既存企業の保護を通じての雇用の拡大や、小売業の充実による住民の生活の便の向上といった、旧住民の生活保障的側面への配慮が含まれていた。またそれ以外にも、「LDDCは地元企業に職を与えたいと切望している」（LDDC［1982b］2）、「そもそも、それ〔＝持ち家住宅〕は、もし住宅所有者になりた

ければ、多くの旧住民に、ドックランズに家を購入する機会を与えるものである。現状では、彼らは郊外かさらに遠くに移住させられるしかない」（LDDC［1982a］17）といったLDDCの言説が確認できる。このように、前期LDDCは、産業政策や住宅政策においても、既存企業と旧住民にそれなりの配慮を示している。

　しかしながら、経済成長的側面の再生と比べると、前期LDDCが生活保障的側面の再生を重視しなかったことは、これまで論じてきた通りである。経済成長的側面の重視と生活保障的側面へのそれなりの配慮を両立させるために、次に提示される論理が、「スピン・オフ効果（spin-off）」であった。スピン・オフ効果とは、トリクルダウン効果と同義と言える。すなわち、新しい企業・ビジネスが繁栄すれば、地元経済全体に良い影響を与え、地元雇用を生み、住民の購買力を増大させ、そして住民の生活水準も上がるという論理である（LDDC［1982a］8）。このように、スピン・オフ効果理論は、経済成長的側面の再生が、続いて生活保障的側面の再生を自動的にもたらすと想定する。それゆえ、スピン・オフ効果論は、前期LDDCが、言説においても実際の活動においても、経済成長的側面を優先させることを正当化させることになった。

　前期LDDCの経済成長的側面の優先という方針が、生活保障的側面の再生に課した制約を明らかにするうえで重要となってくるのが、前期LDDCのキーワードである迅速性である。前項で明らかにしたように、前期LDDCは、経済成長的側面の再生を、迅速性の重視、具体的には都市計画の緩和を通じて達成しようとしていた。したがって前期LDDCは、経済成長的側面の再生の迅速性を妨げるような生活保障的側面の再生に対しては、とりわけ慎重であった。ここでは、三つの論点からこのことを示す。

　迅速な再開発が生活保障的側面の再生を抑止したことを示す、一つ目の論点は、住民の意見聴取である。ドックランズ合同委員会が、住民や関連組織の意見を極力取り入れ、彼らの理解を得ながらLDSPを作成したのとは対照的に、LDDCは、住民の意思決定への参加に否定的であった。それは二つの点から明らかである。一点目に、「LDDCは、説明し、意見聴取し、議論す

る用意を常にしている」と述べるにとどめていることである（LDDC［1983a］26）。すなわちLDDCは、情報公開の重要性を強調するものの、決定権についてはあくまでLDDCが保持するという立場をとり、住民の意思決定への参加は否定している（Arnstein［1969］）。二点目に、LDDCは、意見聴取・協議の範囲も、資金援助の配分問題に限定していた（LDDC［1983b］3）。逆に、経済成長的側面を含んだ、総合的な再開発の方向性については、住民の意見聴取すら認めなかった。このように、前期LDDCは、住民からの要求を取り入れることに対して消極的であった。LDDCは、この理由について、次のように述べている。「査察官や政府の決定の前に公的な意見聴取が明らかに必要であるような、複雑で議論の余地のある論点も存在するであろうが、公的協議とは関係者全員のコストとなるし、ドックランズの再生プロセスをいとも簡単に遅らせてしまいうるものである」、「人間とは、全く同じ視点や信念を持っているということはほぼありえないのであるから、協議とは合意の不在に直面した時に、いとも簡単に不行為の言い訳となってしまう」（LDDC［1983a］5, 26）。前期LDDCにとって、住民参加や意見聴取は、迅速性を脅かす行為として警戒されるものであった。

　二つ目に、前期LDDCが、経済成長的側面の迅速な再開発のために、一度生活保障的側面の後退を選択したことである。これは、新規企業の設立と交通インフラのために、既成住宅の一部取り壊されたことや、既存企業が移転されたことを指している（LDDC［1984a］31；［1998e］"Deals with Newham and Tower Hamlets"）。LDDCは後年、以下のように再生のためには一度旧住民の生活を破壊せざるをえなかったと述べている。「LDDCへの法制上の指示は、……ドックランズの物質的、経済的、社会的再生を達成することであった。この目的の達成は、新しいドックランズを建設するためのブルドーザー・トラック・掘削機・コンクリートミキサーが持ち込まれたことにより、住民の生活の破壊（disrupt）をもたらさざるをえなかった」（LDDC［1998d］"Getting on with Local People"）。やはり、この論点からも、前期LDDCが迅速性のために旧住民の生活保障的側面を犠牲にしたことがわかる。

　三つ目の論点は、前期LDDCによる、スピン・オフ効果への期待の強調で

ある。スピン・オフ効果は、経済成長的側面に比べて、生活保障的側面の再生が遅くなることを正当化する。スピン・オフ効果は、そもそも、まず経済成長的側面の再生、次に生活保障的側面の再生という順序を想定しているからである。それゆえ LDDC は、企業の進出に代表される経済成長的側面の再生が早い段階で進んでいることを誇りつつ（LDDC [1983a] "Jobs and Investment" など）、生活保障的側面の再生が遅れることはやむをえないと主張している。設立直後の雇用と住宅のスキームについての LDDC の弁解がこのことを如実に示している。LDDC は、初年度において、すでにいくつかの地区で開発が始まり、雇用や住宅が増加する見込みであると誇った。しかし、ただちに「これらの利益や活動にもかかわらず、いくつかのスキームが、人々や生活と共に始動し始める前には、何年か必要であることは強調されねばならない。そして、LDDC は行いうるところすべてで、プロセスの迅速化を試みてはいるものの、都市の建設者にとって忍耐は基本的本質である」と留保されている（LDDC [1982a] 13）。この留保は、生活保障的側面の再生が遅れることについての LDDC の弁解である。三つの論点から明らかにしてきたように、再開発における迅速性が、生活保障的側面の停滞を招いた直接の理由であった。

　本項でも引用してきたように、前期 LDDC は生活保障的側面の再生に慎重な言説をいくつも発表している。前期 LDDC が生活保障的側面の再生を軽視したことについては、重層的な三つの解答が提示される。第一に、地方自治体責任論である。しかし、LDDC は生活保障的側面の再生に全く無関心であったわけではない。第二に、そこで採用された論理がスピン・オフ効果である。これは経済成長的側面の再生が優先されることを正当化する。第三に、したがって、経済成長的側面の迅速な再生を妨げるような生活保障的側面の再生は、特に厳しく制約されたのである。

補論　LDDC の収入・支出についての補足[34]

　LDDC の収入・支出についての整理方法を以下に記載しておく。

①基本的には、連結損益計算書の分類に沿って分類する。

②報告書は、当該年度に加えて、過去数年分の概略を載せていることが一般的である。過去の概略と、当該年度の内訳には矛盾が存在する場合もある。これは、項目の扱いの変更などの会計方法の軽微な変更および、「対開発資産供給」の金利変更、ミスの修正などによると思われる。しかし、こうした項目の統一の追求はあまりに手に余るうえに、なにより金額が僅かであるため、ここでは、当該年度の報告書に基づいている。

③収入における補助金（grant-in-aid）について説明しておく。連結損益計算書の歳入項目は、「補助金決算額（total grant released）」に基づいて作成されているが、この項目は、「補助金受領額（granted receivable in year）」から算出した。1987-88 年までは一部を繰り越しており、「補助金受領額」と「補助金決算額」に差異がある。1987-88 年にそれまでの繰越金を使い切っており、それ以降は、受領した補助金をその年度内に使い切っている。

④支出の大項目について説明しておく。「歳入プロジェクト（revenue projects）」とは、LDDC が、地元組織やコミュニティ組織に援助として渡した金額である。また「公的資産（public assets）」とは、インフラ整備や建設プロジェクトに使われた金額である。「対開発資産供給（provision against development assets）」とは、当該年度に事業を起こし、次年度に支払いを行う会計処理に必要な支出である。マイナスとなることもある。「その他（other）」は、「減価償却費（depreciation）」「組織運営費（other operating charges）」「土地売却事務手数料（cost of property disposal）」などを含んでいる。また、利子収支や税金の支払いについては除外した。

⑤ 1985-86 年までの初期 LDDC が用いていた「投資プロジェクト（investment projects）」の大項目について説明しておく。初期 LDDC は、「歳入プロジェクト」と「公的資産」の大項目を用いず、「投資プロジェクト」という大項目を用いていた。「投資プロジェクト」の支出の内訳は、小項目の分類に従って振り分けていく。「投資プロジェクト」における、「合計（total）」「環境改善＋土地浄化（environment improvements and land reclamation）」「交通（road and transport）」「コミュニティ支援（community support）」の各項目

については、「歳入プロジェクト」と「公的資産」の双方に項目が存在するが、「公的資産」のほうに整理して記載する。

⑥資料が欠損しているか記載がない場合に、「減算を用いて考えても、支出額が0と言いきれない」箇所は空欄にした。また、⑤で説明した、「投資プロジェクト」の大項目を使用していた時期においては、「歳入プロジェクト」における、「合計」「環境改善＋土地浄化」「交通」「コミュニティ支援」の項目は空欄とした。

⑦やむをえず、特殊な処理をした項目もある。第一に、1991-92年には、「対開発資産供給」が別項目に収納されているが、他の年には「連結損益計算書」に記載されているので、拾い上げてきた。第二に、1986-87年の「公的資産」にはその内訳が記載されていないため、後述する表においては、空欄で示してある。第三に、1987-88年の「公的資産」の「合計」は、ノートと「連結損益計算書」とで異なる。だが、その理由は不明なので、「総計（total）」には後者を、小項目については前者を用いた。第四に、1988-89年の「歳入プロジェクト」は、資料の欠損のため、1989-90年のノートに記載されている額を記入した。

⑧1981-82年については、会計方法が特殊であるので、用いた整理手法を明らかにしておく。まず、収入について説明しておく。「補助金」については、ノートに記載されているので、それを用いた。次に、支出について説明しておく。「公的資産」の「合計」には、「広告（publicity and promotion）」以外の「歳入プロジェクト」の小項目と、「公的資産」の各小項目の合計を記載した。また、「地方自治体への支払い（payments to local authorities）」と「その他補助金（other grants）」は合計して、「公的資産」の「コミュニティ支援」の項目に記載した。「支払い費用（payroll cost）」と「委員会役員の報酬」は、合計して、「人件費（staff cost）」の大項目に記載した。

⑨1982-83年についても、会計方法が特殊であるので、用いた整理手法を明らかにしておく。まず、収入について説明しておく。この年の報告書には、土地売却の純利益——土地売却額マイナス事務手数料——が記載されているが、他の年との比較考察のために、それは用いない。「土地販売額（proceeds

第 3 章　旧住民に寄り添う地方自治体、経済に専念する LDDC

【図表 3-7　LDDC の収入】

（単位：1000 ポンド）

年	収入					
	補助金受領額	土地販売額	賃貸収入	ＤＬＲ収入	都市計画収入＋雑収入	収入合計
1981-82	33,531	950	252	0	7	34,740
1982-83	41,810	1,698	252	0	68	43,828
1983-84	66,480	3,555	594	0	84	70,713
1984-85	52,896	4,775	1,017	0	107	58,795
1985-86	60,322	10,031	805	0	184	71,342
1986-87	58,451	37,602	822	0	1,281	98,156
1987-88	127,785	63,962	337	0	919	193,003
1988-89	105,729	115,148	442	0	431	221,750
1989-90	245,599	24,312	615	0	524	271,050
1990-91	315,944	26,719	388	0	767	343,818
1991-92	240,441	11,467	502	0	1,161	253,571
1992-93	182,534	17,404	595	3,687	623	204,843
1993-94	82,186	6,412	459	4,605	720	94,382
1994-95	99,878	6,961	721	6,774	1,258	115,592
1995-96	106,396	10,365	804	9,363	1,099	128,027
1996-97	105,359	33,752	693	12,065	1,391	153,260
1997-98	83,378	108,538	262	15,127	441	207,746

出典）LDDC［annual a］より筆者作成。

from property disposal)」の項目には「その年の資産処分からの収入（income from property disposed of the year)」と「追加：以前、歳入報告から書きもらした合計（add: amounts previously written off to revenue account)」の合計を記載している。次に、支出について説明しておく。第一に、「投資プロジェクト」の項目に、他の年にはない、「人件費（project staff and support costs)」が含まれているので、これは除外した。第二に、「広告（publicity and promotion)」は別項目に立てられているが、後年は「歳入プロジェクト」に入るため、当該項目に記載した。ただし、「広告」は、「公的資産」の「合計」には算入しなかった。これは、「広告」が「投資プロジェクト」ではなく、別項目に収納されているためである。したがって、「公的資産」の「合計」には、「広告」以外の「歳入プロジェクト」に納められている小項目と、「公的資

【図表 3-8　LDDC の支出】

年	支出								
	歳入プロジェクト								
	合計	環境改善+土地浄化	交通	IUAA補助金	コミュニティ支援	住宅	広告	その他	再分類
1981-82				123		0	961	0	0
1982-83				230		1,062	2,796	0	0
1983-84				204		2,254	0	0	0
1984-85				386		37	0	0	0
1985-86				310		25	0	0	0
1986-87	3,726	0	0	482	3,244	0	0	0	0
1987-88	9,672	0	0	159	5,056	0	0	2,212	2,245
1988-89	10,464	0	0	122	7,661	0	0	2,681	0
1989-90	48,019	0	0	225	9,738	33,305	2,305	3,237	–791
1990-91	46,401	8,839	6,322	226	18,388	10,098	2,335	193	0
1991-92	38,210	6,951	5,925	214	10,278	4,337	2,466	657	7,382
1992-93	22,672	6,472	4,117	40	8,123	1,042	2,582	296	0
1993-94	22,364	10,549	2,198	111	6,113	498	2,558	337	0
1994-95	28,016	12,968	2,152	330	8,463	99	3,937	1,091	–1,024
1995-96	29,359	8,835	2,717	172	12,117	758	3,994	766	0
1996-97	19,804	5,867	366	19	7,969	1,168	4,000	415	0
1997-98	30,827	7,063	2,158	25	15,807	909	4,888	-23	0

出典）LDDC［annual a］より筆者作成。

産」に納められている小項目の合計を記載した。第三に、人件費関連は、この年には、四項目挙げられている。「専門アドヴァイザー（profession advisors)」、「設備・その他管理（accommodation and other administration)」、「プロジェクトスタッフとサポート費用（project staff and support costs)」、「管理人件費（administrative staff cost)」である。その他の年には、前二者は「その他」の大項目に収納されているので、この年についても、前二者は「その他」の大項目に、後二者は、「人件費」に収納した。第四に、「その他」の大項目には、前述した「専門アドヴァイザー」、「設備・その他管理」に加え、

（単位：1000 ポンド）

| 支出 | | | | | | | | | | | |
| 公的資産 | | | | | | | 人件費 | 対開発資産供給 | DLR延伸他 | その他 | 支出合計 |
合計	環境改善＋土地浄化	設備＋サーヴィス	交通	DLR	コミュニティ支援	再分類					
1,859	790	0	63	0	833	0	554	0	0	2,150	5,524
10,877	3,034	3,431	1,497	0	1,623	0	1,420	5,692	0	5,356	26,141
20,205	5,768	3,677	3,214	1,498	3,590	0	1,588	10,132	0	11,300	43,225
30,222	7,182	2,536	443	15,758	3,880	0	2,251	−8,065	0	10,755	35,163
27,417	5,562	3,091	1,882	12,681	3,866	0	2,599	3,508	0	9,826	43,350
41,438							3,349	−9,606	0	8,036	46,943
41,306	22,079	6,445	27,860	4,822	0	0	3,946	21,276	0	100,985	177,185
82,526	13,349	4,523	93,357	5,798	0	−34,501	4,394	−1,789	0	101,715	197,310
165,465	9,593	6,274	113,267	32,920	2,352	1,059	5,809	19,039	0	40,630	278,962
246,641	3,252	1,379	162,823	79,265	255	−333	7,267	6,041	0	37,256	343,606
187,855	2,006	210	127,294	65,727	0	−7,382	7,495	52,138	0	27,035	312,733
115,853	1,000	2,137	111,674	2,692	0	−1,650	19,078	7,753	0	60,075	225,431
21,674	3,246	4,477	16,267	−2,316	0	0	19,503	1,804	0	51,824	117,169
25,977	20,732	34	8,983	−196	0	−3,576	20,463	−3,323	0	59,090	130,223
24,410	14,543	94	9,442	331	0	−1,213	19,355	−1,213	0	57,742	129,653
25,551	9,295	849	14,942	465	0	0	16,826	2,828	11,156	90,005	166,170
58,731	33,875	10,753	14,103	0	0	0	5,549	−854	18	161,406	255,677

「一時的スタッフ支援（temporary staff support）」および、土地販売の事務手数料、その他の額を合計した金額を記載した。

　これらの作業の結果、LDDC の収入・支出は、図表 3-7 と図表 3-8 のように整理される。

注

1）本章の対象をLDDC設立時の1981年ではなく、1974年に遡らせているのは、地方自治体が『ロンドン・ドックランズ戦略計画（LDSP）』の作成に着手したのが1974年だからである。前期の地方自治体は、LDDCに対抗する際にLDSPを根拠としていたため、前期の分析を行う際には、1974年まで含める必要がある。また本書が、1986年で時期を区分しているのは、中央地方関係がこの年に大きな転機を迎え始めたからである。この点の詳しい論証は第5章で行われる。

2）なお、星野泉は、やや異なった数値を出している（星野［1984a］107-108）。高寄と星野の食い違いは、両者が依拠している資料の差によるものと考えられる。だが、地方自治体の低い公的支出割合、そして1980年代にはそれがさらに低くなる傾向という両者の指摘は共通している。本書は、より新しい動向もカヴァーしている高寄の議論を紹介した。

3）本書において、「中央政府からの補助金」とは、特定補助金と一般補助金を合わせたものを指す。

4）1990年から、税制度と財政制度が大きく変更され、会計方法も変更された。第5章で、この制度変更について論じる。ここでは、制度変更前についてのみ示した。

5）1970年代半ばにおいて補助金割合が増加したことは、当時の労働党政権が、「大きな政府」志向であったことに求められるかもしれない。ただし、上昇傾向は1976年度を境に止まっている。この点について北村亘は、アンソニー・クロスランド（Anthony Crosland）環境大臣（当時）が地方自治体への補助金支出に抑制的であったことを指摘している（北村［2001］102）。

6）レイトの仕組みや、レイトに関する論点は、日本においても広く紹介・議論されている。本書もこれらの文献を参考にしている。とりわけ、高橋［1978］；［1990］；高寄［1995］；星野［1984a-c］；［1985］を参考にした。なお、日本におけるこれらレイト研究は、レイトの伸張性と応能性の低さや、再評価の形骸化といった問題を挙げ、レイト税制には批判的な議論が多い。

7）星野は、こうした点をもって、項目ごとの積み上げ（加法）で歳入額が決まる日本の地方税制との対比として、レイト税制を「減法」と表現する（星野［1984a］102-103；［1985］33）。

8）都市間競争論の「母国」とも言えるアメリカにおいて、地方自治体の収入源の半分以上が、域外脱出の懸念の低い財産税（property tax）に基づいていることも指摘しておきたい（Peterson［1981］73）。

9）1981-82年度において、シティと内部区における、非居住用レイトが占めるレイト割合は約74％にも達する（星野［1985］38；高寄［1995］71）。

10）これら国有・公有財産へは形式的には非課税であったが、実質的には、交付金（payments in lieu of rates／contribution in lieu of rates）が税の代わりに課されていた（高橋［1978］117；［1990］275）。

11）例えば1975年においては、補助金総額のうち、特定補助金が12.3％であったのに対して、使途が限定されていない一般補助金が87.7％にのぼる（高橋［1978］197）。

第 3 章　旧住民に寄り添う地方自治体、経済に専念する LDDC

12) なお、地方自治体の資本収入において大半を占めている借入についても、過去の支出実績が加味されている。すなわち、地方自治体の借入は、中央政府によってコントロールされているが、地方自治体ごとの起債許可額の配分を決めるに際しては、過去の実績が 70％の重みを持っていた（高橋 [1978] 268）。

13) なお、GLC はシティと内部区、そして外部区の各特別区を含んでおり、ドックランズは内部区に位置する。

14) もちろん、「強弱」とはなんらかとの比較に基づいて判断されるものである。しかし、本書の目的は、ドックランズ再開発史の変化を説明するものであるから、前期のみを何かと比較することはできない。前期と後期の制度の比較は第 5 章で行う。

15) 本節では、本章第 3 節で行うような、項目ごとの紙幅割合と登場順についての計量的な分析は行わない。その理由は、本文中でも述べたように、両側面がうまく分類されないことと、LDSP が、経済成長の側面を生活保障的側面よりも前に論じている理由について「論理の一貫性」のためとしており、「強調や優先順位を意味すると捉えられてはならない」と断っていることである（LDSP para. 2.7）。

16) LDSP において、「工業」とは、倉庫業・手工業・交通産業と定義されている（LDSP para. 4.1）。これらは、労働力集約型の産業であり、その労働者の多くは、不熟練労働のカテゴリーに属する。

17) ただし、サザク区単体では、1970 年代には、オフィス建設や、それを通じての産業構造の転換にやや積極的な姿勢を見せた。時系列順に三つの事例が確認できる。
　　第一に、1972 年に、サザク区はボーテックス社（Boatex Ltd.）と共同で、サリー・ドックスにマリーナやオフィス、ホテルなどからなる再開発を計画した。しかし、この案は、サザク区の都市計画部局ならびに、借家人組合、労組、教会、住民個人からなる住民団体である「サリー・ドックス行動グループ（Surrey Docks Action Group)」の強い反対によって頓挫した。
　　第二に、ほぼ同時期に、サザク区自身がサリー・ドックスを開発する案も考案された。この案では、サザク区は、大きな利益をもたらすオフィスを建設し、そこから得られる収入によって、公営住宅や社会的サーヴィスを提供する計画を立てた。しかし、この案も立ち消えとなった（Surrey Docks Action Group [1973] 3-4）。
　　第三に、1976 年のサザク区広報では、セリ・グリフィス（Ceri Griffiths）開発部長が、伝統的な雇用や産業は、将来のサザク区の成長のために取って代わられる必要性もあることと、民間開発業者の協力が再開発にとって重要であることを述べた（Southwark Council [1976] 11）。
　　これら三つの例では、当時のサザク区のリーダーであった、オグラディ——彼の政治的立場や行動については、第 4 章で詳しく論じる——や、彼の側近とも言える、グリフィスの影響が強く確認できる。すなわち、彼らは個人レヴェルでは、区の経済発展について比較的積極的であった。しかし、サザク区の他の議員や、区職員、住民団体とは、温度差があった。そのため、オグラディは 1982 年に失脚し、LDDC の幹部に転身することになる。

18) この地下鉄計画は、後に LDDC に引き継がれることになった。そして、地下鉄ジ

107

ュビリー線（Jubilee Line）が延伸されて、一部のルートに違いはあるものの、ほとんどこの計画通りに実現した。

19) 土地政策と交通政策に次いで、重視されていたのが広告政策である。しかしながら、広告政策はLDSPにおいて一段落が割かれているだけであり、具体的内容については何も語られていない。というのは、1972年地方政府法が、地方自治体にこれらの活動を認めていなかったからである。LDSPでは、この権限に関する統制について、「中央政府と話し合うべきである」と主張するにとどめている（LDSP para. 12.8）。ただし、広告政策もやはり原因の分析とは食い違っているため、広告政策に期待をかけたこと自体にも疑問を持たざるをえない。

20) なお、LDSPが頓挫した理由としては、財源不足の他にもドックランズ合同委員会の権限不足が指摘されている。すなわち、ドックランズ合同委員会に土地収用権や都市計画権が欠如していたことが、LDSPが十分な効果を挙げられえなかった原因として指摘されている（Brownill [1993] 23-30；Whitehouse [2000] 206-207）。

21) さらに、4000戸には修繕が必要であり、1300戸には今後15年以内に何らかの処置が必要であるとされており、ドックランズの苦しい住宅環境が明らかにされている（LDSP para. 6.3, Table 6A）。

22) このような都市像は、近年、「コンパクト・シティ」などと呼ばれている。ただし、かなり高い人口予測を吸収するために、再開発完成図のイラストではほぼ全領域が工業地や住宅地として埋め尽くされており、コンパクト・シティとは言い難い計画になっている（LDSP Appendix L）。

23) もう一つの理由は、ブリティッシュ・ガスの土地の利用可能性や港湾業の将来予測がかなり不透明なために、地区ユニット毎に独立した計画が必要であることである（LDSP para. 3.38）。

24) もっとも、住民の「憩いの場」である、オープンスペースは、相対的に軽んじられている。すなわち、オープンスペースには総計444エーカーが割り当てられているが、これは利用可能な土地から、工業と住宅分を差し引いた分の「残り」であり、その数値に積極的な根拠はない（LDSP para. 9.2）。

25) テキストデータ分析の手法は、主に選挙研究で多用されている。日本における近年の研究例として、品田 [2001]；稲増他 [2008]；品田 [2010]；前田・平野 [2015] が挙げられる。これらの研究は、公約や発言における特定の単語の出現割合を、政治家等の選好を示す指標として扱っている。

26) ここで挙げた以外の項目としては、LDDCの組織についての紹介などがある。

27) この点について言うと、LDDC財政に関する先行研究による分析は不十分であったと言わざるをえない。例えば、ブローニルの著作は、1988-89年までのLDDCの収入総額とその内訳を掲載している。だが、それに対して加えられている考察は、「小さな政府というイデオロギーにもかかわらず、実際には政府の支出は大きい」ことと、「土地売却額が年々増加しており、その売却額がLDDCの自由に使える資金を潤す」ということのみである（Brownill [1993] 45-48）。またLDDCの支出の総額と内訳については、データが掲載されているものの、正確な出典が不明である。さらに、支出

の内訳には、土地・交通・マーケティング・インフラ整備という経済成長的側面に大きく支出され、雇用・住宅・コミュニティにはわずかな金額しか割かれていないとの解釈が与えられているに止まっている（Brownill［1993］38-44）。さらに、1993年の第二版で追加された章では、LDDCの収入・支出はフォロー・アップされていない。こうした理由から、ブローニルはLDDCの財政を体系的に分析しているとは言えない。

　フィリップ・オグデン（Philip Ogden）編の『ロンドン・ドックランズ（London Docklands）』はいくつかのテーマからドックランズ再開発を検討した著書だが、すべての章において―― LDDCそのものを対象にした章すら―― LDDCの収入・支出については触れられていない（Ogden ed.［1992］）。

　日本においては、LDDCの支出に言及した研究論文は、管見のかぎり、辻による論文のみである。ここでは、ブローニルを引用し、ブローニルと同じ解釈を与えているにとどまっている（辻［1992］）。

　このようにLDDCの財政は十分検討されてきていない。しかし、収入はLDDCの説明責任の対象を示しているし、支出はLDDC政策選択を示すものであるから、総体的に検討される必要があると筆者は考えている。

28）ブルークス自身も「再生」という目標が多義的であり、方向性が不明確であることを認めている（LDDC［1982a］1）。

29）初期における「再生」という目標の多義性と方向性の不明確さは、住民向けのニュース・リリース（News Release）でも同様に確認される（LDDC［1982b］；［1983b］；［1984b］）。

30）LDDCの最終報告書では、LDDCはドックランズ合同委員会とLDSPに対して、主に住宅分野と産業分野で新しさを打ち出せなかったと批判的に回顧している（LDDC［1997c］"The Docklands Joint Committee"）。だが、1980年代前半においては、LDSPの内容に対する批判的な言説は確認できない。

31）2009年9月にインタヴューを行った、イネス氏の回答による。LDDCによる、サリー・ドックス地区の再開発計画は、例えば、LDDC［1988d］として公開・配布された。

32）この点は第5章で論じられる。

33）2009年9月にインタヴューを行った、イネス氏の回答による。

34）LDDCの収入・支出の理解については、イネス氏にご教示賜った。ただし、誤りがある場合には、当然ながら筆者が単独ですべての責任を負う。

第4章

激しい対立と LDDC の勝利
── 前期ドックランズ再開発の政治過程

　本章では、前期ドックランズ再開発をめぐる中央政府・LDDC と地方自治体の政治過程を分析し、前期末の時点での中間評価を行う。まず第1節で政治過程を論じる。前章において前期地方自治体の政策選択は生活保障的側面重視型の再開発であり、前期中央政府・LDDC の政策選択は経済成長的側面重視型の再開発であるということを明らかにした。

　本章は、こうした両者の政策選択の相違が、激しい対抗的関係をもたらした様を描き出す。両者は、全面対決へと突き進んでいったが、最終的には権限を有する LDDC が都市再開発の主導権を握ることができた。LDDC による再開発の中間評価を行うのが、第2節での課題である。1980 年代半ばという時代が LDDC に幸運と世界都市建設という新たな課題をもたらしたことが示される。

第1節　地方自治体と LDDC の全面対決[1]

　本節では、中央政府・LDDC と地方自治体による政治過程を分析するが、分析の主な対象とする地方自治体は、サザク区である。LDDC の管轄は、サザク区、タワー・ハムレッツ区、ニューハム区の三つの地方自治体にまたがっていた。そのなかで本節がサザク区を取り上げる理由は、変化の幅が大きかったからである。すなわちサザク区は、前期には三つの区のなかで最も強硬に反 LDDC 姿勢を打ち出すが、1980 年代末以降の後期には、他の二つの区と同じ程度とまでは言えないが、LDDC と協調的関係を形成した[2]。本書は政策選択の可変性を理論的な主題としているため、サザク区を取り上げ、

111

その変化の説明を試みる[3]。

　本節は、三つのトピックから、中央政府・LDDCと地方自治体の対抗的関係を明らかにする。第1項ではサザク区によるLDDCの「無視」、第2項ではサリー・ドックス再開発をめぐる攻防、そして第3項ではレイト・キャッピング導入・GLC廃止という、この時代のもう一つの論争をそれぞれ扱う。

第1項　サザク区によるLDDCの「無視」

　サザク区では、長らく労働党が与党であり、1981年当時の与党（労働党）議員リーダーはジョン・オグラディ（John O'Grady）であった。オグラディ自身はLDDC設立に反対ではあったが、LDDCが設立されると協調路線を選択し、後にLDDCの委員会に加わっていった（SLP 82/7/9, 86/1/3）。ドックランズ地区にあるバーモンジー選出の下院議員は、労働党所属のボブ・メリッシュ（Bob Mellish）であり、彼はLDDCの副議長に就任した。彼らの個人的なつながりは強く、後にメリッシュが下院議員を引退するに際しては、オグラディを後継者として推している（SLP 83/2/1）。LDDCの設立当初は、サザク区にはLDDCに協調的なリーダーが存在していたのである。

　しかしながら、サザク区全体ではLDDCに強く反発する労働党左派が優勢であった。LDDCは地元のサザク区に利益をもたらさない、というのが彼らの主張であった。1981年9月に、LDDCによる初めての公聴会が開催された際には、サザク区議員らはGLC議員とともに徹底抗戦の構えを見せる。彼らは、LDDCに対して、住宅と雇用、民主主義の観点から批判を浴びせた。論戦の最前線に立った、バーモンジー選出のGLC議員である、ジョージ・ニコールセン（George Nicholsen）は、LDDCを「巨大な官僚的商業銀行（great bureaucratic merchant bank）」と非難し、他方で自らは地域住民の意思によって選出されていることを強調した。ニコールセンの言うところによれば、LDDCは三つの点で、地元利益にならないような商業主義的傾向を有していたために問題であった。すなわち彼は、LDDCの販売住宅路線に対しては地元住民の購買力の不足を、雇用の点では、LDDCが歓迎するオフィス・ベースの産業と長年労働集約型産業に従事していたサザク区住民との齟齬の

112

問題を、再開発の決定の方法では地元民主主義の欠如の問題を、それぞれ攻撃した（SLP 81/10/2）。

「地元利益（local interest）」の観点からの、LDDC への反発は、地方自治体のみならず、サザク区社会全体で盛り上がりをみせていた。例えば、以下の四つの団体が LDDC に強く反発していた。一つ目に、「ドックランズで民主主義を回復させるキャンペーン（Campaign to Restore Democracy in Docklands）」は LDDC に対して決定への参加を求めていた（SLP 81/10/30）。二つ目に、市民団体を束ねている、「ドックランズ・フォーラム」は、LDDC を「地元利益を無視している」と批判していた（SLP 83/4/8）。三つ目に、「ドックランズコミュニティ支援助言団体（Docklands Community Support Steering Group）」は LDDC 設立に伴い、中央政府からの補助金が減ったことを批判し、地元利益のための補助金の拡大を求めていった（SLP 83/10/3）。四つ目に、自治体職組も「巨額な公的投資のみが縮小するドックランズ経済を救える」と主張して、地方自治体の支出拡大と LDDC の廃止を訴えた（SLP 82/11/5）。

サザク区における反 LDDC の動きは、1982 年 5 月の地方議会選挙を境にさらに加速した。この選挙では、メリッシュに近い労働党の右派議員が労働党から除名されるという混乱があった。メリッシュは、除名された候補者を支持し、労働党には投票しないように呼びかけた（SLP 82/4/16）。しかし、結果は労働党の勝利に終わり、サザク区のリーダーは、オグラディから、左派のアラン・デイヴィス（Alan Davis）へと移った。デイヴィスは、「地元利益」を掲げて、1981 年に支出カットと公営住宅の家賃引き上げに反対した経歴の持ち主であった（SLP 82/5/11）。この 1982 年の選挙を契機に、サザク区は、LDDC への対抗姿勢を強めていく。

選挙を経て、自らを「地元利益」の体現者と自任するサザク区議会は、中央政府および LDDC への攻撃を強めていく。1982 年 7 月には、デイヴィスが、「反民主的に自治体の声を抑え込む手段にすぎない」と主張して、サザク区は、LDDC から割り当てられたヴォランタリー・セクターへの補助金 17 万ポンドの受け取りを拒否する（SLP 82/7/9）。

同じ 1982 年の 6 月から 7 月にかけて、ついにサザク区は、LDDC を「無

視」することを決定した。「〔LDDC は〕サザク区の人々には利益をもたらさ
ない」というのが、その理由であった。「無視」とは、LDDC からの招聘・
連絡官（liaison officer）の設置・LDDC からの都市計画の協議をすべて拒否
すること、および、デイヴィスが特別に許可しない限り、サザク区職員は
LDDC との接触を禁じられたことを意味する（SLP 82/7/27）。

　次第に強くなっていくサザク区の反 LDDC の姿勢が、『北サザク計画』策
定問題を引き起こすことになった。これは、サザク区と LDDC がついに全面
対決を迎えた事例である。まず、『北サザク計画』問題の概要を時系列的に
説明しておく。『北サザク計画』は、サザク区北部の都市計画であり、一部
は LDDC の管轄区域と重複していた。1982 年 5 月の地方選挙以前は、サザ
ク区リーダーが、LDDC に対して比較的穏健な姿勢を示すオグラディだった
こともあってか、サザク区と LDDC の関係は、それほど悪いものではなかっ
た。しかし、選挙後は、デイヴィスが LDDC を「無視」したため、サザク区
は LDDC に協議することなく、単独で『北サザク計画』の策定作業に取り組
んだのである。1983 年 6 月にサザク区は計画のドラフト（原案）を公表したが、
事前に LDDC に相談することもなかった。LDDC は、サザク区に非公式な協
議を申し入れるが、拒否された。同年 12 月に、サザク区は、計画のデポジ
ット（地方自治体の最終案）を公表した。デポジットの内容はドラフトからほ
とんど変化していなかった。翌 1984 年の年初に公式な意見聴取期間が設け
られ、2 月に LDDC は、同計画に否定的な意見書を提出する。そして、同年
9 月から 11 月にかけて、インスペクター（都市計画原案とそれへの反対意見に
対して、中立の立場から判断する審問官。詳しくは、中井・村木［1998］第 4-5
章を参照のこと）によって判定が下された（Southwark Council［1983-1984]）。

　サザク区のドラフトとデポジット、LDDC の意見書に基づき、具体的な論
争点を見ていこう。論争点は多いが、四つにまとめられうる。

　一つ目の論争点は、この都市計画そのものに関する法的根拠である。サザ
ク区によれば、『北サザク計画』は、法定の地域計画（Local Plan）である。
同計画は、『大ロンドン開発計画』の加筆版ドラフトに、サザク区の都市計
画を一致させるために必要な計画であり、また、加筆作業を促す計画でもあ

114

る。それに対し、LDDC は、加筆版『大ロンドン開発計画』は、まだドラフトの段階であり、それに地域計画を一致させることは法的に認められていないこと、そして地域計画によって加筆作業を促すことにも法的根拠はないことを挙げ、サザク区は、そもそも『北サザク計画』を策定することはできないと反論した。

　二つ目の論争点は、地方自治体と LDDC の職責の分担はいかなるものであるべきか、という問題である。サザク区によれば、LDDC が設立されたとしても、それは開発をコントロールする機関であり、都市計画を策定する権限は、引き続きサザク区にある。また、開発の具体的なコントロールは、広い視野に基づく都市計画に従わなければならない。そのため、サザク区が策定する『北サザク計画』は、LDDC よりも法的にも上位に位置する。それに対して LDDC は、議会は LDDC にドックランズ再開発の権限を付与したため、LDDC の意向を無視することは、妥当ではないと反論した。

　三つ目の論争点は、計画の内容の原則である。サザク区は、旧住民に向けた生活保障的側面の再生を、『北サザク計画』の唯一の目的とした。そのために、工業の雇用拡大と公営住宅の拡大を目指した。他方で LDDC によれば、サザク区のこの原則は、あまりに硬直的すぎるために、三つの問題を抱えていた。すなわち、既存および将来の住民の雇用と住宅を制限してしまうこと、内的矛盾——例えば、工業の復興とトラック利用の原則禁止——を抱えていること、そして北サザク地区以外のより広い地域も、同地区の再開発に利害関係を持つにもかかわらず、サザク地区はこのことを理解していない、という問題である。

　四つ目の論争点は、個々の地区の具体的な再開発計画である。LDDC が具体的な反対意見を述べた地区は 17 地区にも及ぶ。これらの反対意見は、サザク区の計画が客観的に見て相応しくないことや、LDDC がすでに立案した計画と齟齬があることが理由とされていた（Southwark Council [1983-1984]）。

　このような激しい応酬の後、1984 年秋にインスペクターが判定を下すことになった。インスペクターは、双方の主張を踏まえ、サザク区（およびサザク区に同調する多くの住民団体）と LDDC の対立とは、地域民主主義と「議会

の意思（wishes of Parliament）」の対立という問題に行きつくと判断した。これは極めて政治的な問題である。加えて、今回のように都市計画策定機関（サザク区）と開発コントロール機関（LDDC）が異なることは異例のことであることも挙げて、サザク区とLDDCに今回の混乱の責任を振り分けることは、自らの職責ではないとして、インスペクターは、本質的な判断を避けた。そのため、かろうじて下されたインスペクターの判断は、サザク区は強硬な反LDDC姿勢を和らげるべきだというものにとどまった。具体的には、『北サザク計画』における、LDDCへの誹謗・中傷は削除されるべきだ、という一文にとどまった（Southwark Council [1983-1984]）。一介のインスペクターにとって、サザク区とLDDCの対立は大きすぎる問題であって、根本的な解決をもたらすことができなかったのである。

　このようなインスペクターの勧めにもかかわらず、本節でこの先論じていくように、サザク区は、LDDCへの対抗的な姿勢を和らげることがなかった。サザク区とLDDCの関係が根本的に改善されるのは、中央地方関係が大きく変化した後の1988年頃のことである。それまでのおよそ4年間、サザク区と中央政府・LDDCの激しい対立は続くことになる。

第2項　サリー・ドックス再開発をめぐる攻防

　具体的なレヴェルでは、サザク区とLDDCは、サリー・ドックス地区の再開発をめぐって激しく対立した。サリー・ドックスは、サザク区とLDDCの管轄が重なった、バーモンジーとロザーハイゼ（Rotherhithe）の二つの地区の通称であり、その名の通り、ドックが多い地区であった。前期には、サリー・ドックス再開発をめぐって、サザク区とLDDCは四つの局面で対立した。リザンダー社（Lysander）問題、ロザーハイゼのダウンタウン（Downtown）買取拒否問題、グリーンランド・ドック（Greenland Dock）移転問題、チェリー・ガーデン・ピア（Cherry Garden Pier）開発問題である。

　第一の、リザンダー社問題とは、サリー・ドックスの再開発を一手に担う会社として1981年に選出されたリザンダー社が、再開発から排除された事件である（SLP 82/11/26）。リザンダー社の計画は、最初に住宅、工業を建設

し、次いでオフィス、工場、商店、スポーツセンター、カンファレンスセンターを順次整備することで、合計8000の雇用を生む予定のものであった（SLP 82/12/7, 83/3/31）。この計画を、1982年11月にサザク区とGLCが拒否した。その理由として、サザク区は「計画スキームへの地方自治体の管理権の喪失」と「リザンダー社が途中で撤退する危険性」を、GLCは「財政上の懸念」をそれぞれ挙げている（SLP 82/11/30）。代案として、サザク区は650戸の住宅と三つの工業センターを建設する計画を立案している（SLP 82/12/7）。メリッシュの後任でバーモンジー選出の下院議員となったサイモン・ヒューズ（Simon Hughes）は自由党・社会民主党選挙連合（Liberal Social Democratic Party Alliance）に所属する政治家であったが[4]、「オフィスやホテル、カンファレンスホール、高級住宅は必要ない」として、党派を超えてサザク区とGLCに同調した（SLP 83/3/31）。

　このサザク区とGLCの決定に対して、LDDC議長のブロークスはもちろんのこと、メリッシュやオグラディもいら立ちを爆発させた。メリッシュは「このばかげた地方自治体の計画は決して進捗しない。党派に関係なく、どの政府もサザク区には金を渡さない」と痛烈に批判した（SLP 82/11/30）。LDDCは、自らがサリー・ドックスの再開発を進めることを選択し、メリッシュを通じて、LDDCが直接再開発を進めることを環境省に求めた（SLP 82/11/30, 82/12/10）。環境省はこの要求に応じ、サリー・ドックスの130エーカーの土地をLDDCに帰属させた（SLP 83/3/31）。しかしながら、1983年4月にLDDCもリザンダー社の計画を否決する。もっとも、その理由はサザク区やGLCの拒否理由とは異なり、経済成長を意識したものであった。すなわち、オグラディによれば、「迅速に再開発を進めるには、土地を細分化し、複数のディベロッパーにやらせたほうが良い」というのが決定の理由であった。新たな計画は、サリー・ドックスを、近くのグリーンランド・ドックとサウス・ドック（South Dock）と同時に再開発するというものであった。具体的には、サリー・ドックスには900戸の住宅、17エーカー以上の工業、商店、オフィスを整備し、グリーンランド・ドックとサウス・ドックには合わせて1279戸の住宅、オフィス、工業、水上ボート、商店、配送センター

を整備するという計画が立てられた（SLP 83/4/29）。

　第二の、ダウンタウン買取拒否問題とは、1982年の秋から始まった、サザク区とLDDCの直接対決である。そもそも、オグラディがサザク区のリーダーであった時期に、サザク区が、ロザーハイゼのダウンタウンの公営住宅をいったんLDDCに売却し、LDDCが修繕を行った後に、540戸を1600万ポンドでサザク区が買い戻す約束が、サザク区とLDDCの間で交わされていた。しかしながら、リーダーがデイヴィスに交代した後の1982年10月に、「リザンダー社からの資金の受け取りが首尾よくいかなかった」として、サザク区が一方的にこれを破棄した。オグラディのみならずダウンタウン借家人組合もこの破棄に対して、批判を浴びせた（SLP 82/10/22）。サザク区の住宅委員長であったトニー・リッチー（Tony Ritchie）は、デザインの問題があるので、現物を見ずに購入することはできない、と再反論した（SLP 82/12/10）。

　本項ですでに述べた通り、LDDCは、サリー・ドックス開発に動き出していた。LDDCは、この買取拒否問題を解決すべく、借家人組合と相談の場を設けた。その結果、ダウンタウン借家人はサリー・ドックスの110戸の新住宅へ移動することを決定した（SLP 83/4/29）。後日LDDCは、この買取拒否問題こそ、タワー・ハムレッツ区やニューハム区に比べて、サザク区の再開発がとりわけ遅れている原因だとして、サザク区を強く批判することになる（SLP 83/8/12）。

　第三の問題は、グリーンランド・ドックの再開発である。LDDCは、このドックの再開発の表明に伴い、LDDCが費用を補填して、グリーンランド・ドックの900の雇用を持つ40社の既存企業を移転させる計画を立案した。サザク区は、この計画に対抗し、グリーンランド・ドック近隣にあるサウス・ドックを中心に、軽工業産業地域を建設する計画を発表した。しかし、当時の環境大臣、パトリック・ジェンキン（Patrick Jenkin）が、サザク区の計画に対する公聴会開催を否決したために、LDDCの計画が通ることになった（SLP 83/2/18, 84/3/16）。

　第四に、LDDCはテムズ川岸のチェリー・ガーデン・ピアに再開発計画を立てていた。それは、当地に247戸の高級住宅を建設しようというものであ

った。だが LDDC は、1984 年末にサザク区との協議を設け、その結果、実行を延期することを決定した。一方、当のサザク区は、100 戸以上の庭付き公営住宅を建設する計画を温めており、貧困な住民や住宅ニーズがある住民に優先的に配分すると表明していた（SLP 84/12/14）。協議の結果、サザク区はスワン・ロード（Swan Road）の管理権を LDDC に譲渡し、また公営住宅の建設費を上げる条件を飲むことと引き換えに、LDDC は、160 戸の公営住宅の建設に合意した（SLP 86/1/7）。

　本項での事例分析も、地方自治体の政策選択が生活保障的側面重視型の再開発であり、LDDC のそれが経済成長的側面重視型の再開発であることを示している。そしてまた両者の対立は、公的権限によって決着が下されていることも読み取れる。すなわち、中央政府が LDDC に都市開発権限を授け、LDDC の要請に応えているために、LDDC の計画が正統化されたのである。

第 3 項　レイト・キャッピング導入と GLC 廃止問題

　本項では、レイト・キャッピング導入と、GLC 廃止の二つの政治的争点について、その政治過程を分析する。レイト・キャッピングとは、中央政府がレイト税率の上限を定め、これを超過した地方自治体に対して補助金を削減するという制裁的な制度である。GLC 廃止問題は、ロンドンの広域行政を担っていた GLC を解体し、基礎自治体である特別区や合同委員会、その他の団体に業務を配分するというものである。

　ドックランズ再開発を分析対象とする本書が、あえてこの二つの問題を扱う理由は二つある。第一に、都市再開発という個別領域を超えて、両者の政策選択を示すことである。レイト・キャッピングと GLC 廃止問題の二つは、中央政府と地方自治体の間での政府機能の分担をめぐる争点であったとも理解できる。この二つの政治的争点については、すでに数多くの研究が提示されている。これらの諸研究において、有力な見解となっているのが、この二つの争点を保守党と労働党の間の党派対立として捉える理解である。例えば北村公彦は、イギリスでの諸研究をレヴューし、この二つの政治的争点を党派対立として整理している。彼によれば、レイト・キャッピングを受ける地

方自治体のほぼすべてが労働党支配であり、サッチャーは、労働党への攻撃の一環としてレイト・キャッピングを導入した。また、GLC は都市社会主義の「旗艦」であったため、サッチャーは GLC の解体を目指した（北村公彦[1993] 221-226）。このように、従来の研究では、サッチャーの保守党と地方の労働党との対立という捉え方が数多く提示されてきた。確かに、「政府の規模」をめぐって、小さいほどよいと主張するサッチャー首相と、大きいほどよいと主張するサザク区などの地方自治体との間には、理念上の対立が存在した（Thatcher [1993] chap. 23；SLP 82/11/5）。したがって、レイト・キャッピング問題と GLC 廃止問題を、保守党と労働党の間の党派対立と捉えることは妥当であると考えられる。しかし、この二つの問題においては、望ましい政府の規模のみならず、地方自治体はどのような政府機能を果たすべきなのか、という点も争われた。地方自治体の政府機能をめぐるこの論点は、地方自治体が、ドックランズ再開発にどのように関わっていくことができるのか、そしてどのように関わるべきなのか、という論点を言い換えたものであるとも言えよう[5]。

　第二に、これらの争点は、レイト・キャッピングの導入と GLC の廃止という帰結を迎えたが、この帰結は、後期ドックランズ再開発において、中央政府・LDDC と地方自治体それぞれの政策選択を変化させたことである。詳しくは次章で論じるが、レイト・キャッピングの導入と GLC 廃止によって、ドックランズ地区の地方自治体は、1980 年代末以降の後期には、前期以上の財政赤字に苦しめられ、そして新たな行政運営を求められることになった。したがって、後期地方自治体は、自らの政策選択を変化させることになる。これらの二つの理由のために、本項では、中央地方関係の観点から、レイト・キャッピング導入と GLC 廃止の二つの政治的争点を分析する。

　労働党政権期の 1976 年に早くも中央政府は、補助金の削減を打ち出し、地方自治体を支出削減へと誘導しようとしていた（北村[2001] 102）。また、サッチャー率いる保守党が政権をとると、中央政府は補助金の削減をさらに本格化させた。補助金の削減は、とりわけ、ドックランズ地区のようにあまり豊かではない地域の地方自治体に対しては、大きな影響を及ぼしかねない。

ただし、当時のサザク区は、オグラディ率いる労働党右派によって支配されており、彼らはしぶしぶ支出削減を受け入れた（SLP 83/5/20）。しかし、1982 年の選挙の結果、サザク区の新たなリーダーとなったデイヴィスらは、これ以上の支出削減は受け入れられないと主張した。そこで、サザク区らの地方自治体はレイトの増額によって不足分を補うことで、中央政府からの圧力に対抗した。地方自治体のこうした対抗策を抑え、さらなる支出削減を達成させるために、中央政府は、レイト・キャッピングを規定する 1984 年のレイト法（Rate Act 1984）と、GLC を廃止する 1985 年の地方政府法（Local Government Act 1985）の成立を目指した。

　この二つの法案成立を目指す中央政府の動きに対して、サザク区は 1984 年から激しい抵抗を示す。どちらの事例においても、サザク区は、地元ニーズの充足を反対の理由に掲げ、GLC や他の労働党支配のロンドン特別区自治体と共闘した。以下ではまず、レイト・キャッピング問題について、中央政府と地方自治体の対抗的関係が先鋭化した後の政治過程を詳細に分析する。

　当時のサザク区は毎年約 1 億ポンドを支出しており、すでに支出上限違反で 1860 万ポンドもの補助金を削減されていた。しかし、1984 年度もサザク区は、中央政府の指示を無視し、レイトを 15% 上昇させた（SLP 84/2/24）。1984 年 6 月にレイト法が成立し、1985 年度から導入予定であったレイト・キャッピングについても、法律を無視すると態度を硬化させた。反レイト法のキャンペーンリーダーである、サザク区議員のスティーヴ・マーシリング（Steve Marsling）は、「〔中央政府の〕官僚は、我々のニーズについて何もわかっていない」と批判する。彼にとって、レイト・キャッピングとは、「インナー・シティから金を回収しようとしている」法律にすぎないものであった（SLP 84/2/3）。

　1985 年度予算作成が迫った 1984 年の夏に、中央政府と地方自治体の対立的状況はより深刻なものとなった。サザク区は、GLC および、同じく労働党が支配する近隣のランベス区（Lambeth）とルイシャム区と歩調を合わせた[6]。サザク区は、「インナー・ロンドンには、片親、障害者、老人、子供が多い……〔それゆえ、財政支出の〕カットは弱者切り捨てになってしまう」と、

社会政策に対する財政援助の必要性を繰り返し主張した（SLP 84/7/27）。そこで、サザク区やランベス区は、次年度のレイトを一切徴税しないという脅迫的手法をとることを決定した。レイト課税の重要性を中央政府に知らしめるとともに、中央政府が折れて、地方自治体を破産から救ってくれるのではないか、と期待したのである（SLP 84/6/29, 84/7/27）。ただし、裁判所が徴税拒否を違法と判断した場合、自治体議員たちは、個別に追徴金の支払いと公職追放の刑罰を受けるため、レイト徴税拒否は自治体議員たちにとっても危険性が極めて高い選択であった（SLP 84/11/2）[7]。

　中央政府と地方自治体は、ともに一歩も退かない構えを見せる。ランベス区のリーダーであり、反レイト法の旗手でもあったテッド・ナイト（Ted Knight）は、「こうした事態を招いたのは環境省であると主張することによって、裁判でも勝つ見込みがある」と語った。他方で、環境省は「これらの自治体は都市問題ではなく、政治に傾倒している。インナー・シティを再興するためにレイトを下げ、ビジネスを呼び戻す必要がある」と主張し、地方自治体が従わなかった場合は「法に任せる」と応酬した（SLP 84/11/16）。1984年の後半は、このように、中央政府と地方自治体の間で激しい応酬が繰り広げられた。

　1984年12月に中央政府は、レイト法を根拠に、ランベス区、ルイシャム区、サザク区、GLCなどにレイトの削減を正式に命じる。サザク区は25%ものレイト削減を言い渡された。これを受けてGLCでは、まず保守党が、ついで労働党穏健派が、最後に市長自身が中央政府の指示を守ることを表明したために、GLCは反レイト・キャッピング同盟から脱落した（SLP 85/3/12）。他方で、三区は「レイトはこの3年間で倍額になっており、これ以上の増額はしない」とするものの、「中央政府が盗んだ補助金を返却すれば、39%のレイト削減ができる」と主張し、今回の政治的混乱の責任は中央政府にあること、インナー・ロンドンには補助金の増額が必要であるとの従来の立場を崩さなかった（SLP 84/12/14）。

　実際、レイト法が施行された1985年4月には、サザク区はレイトを徴収しないことで対抗した（SLP 85/4/23）。しかしながら、裁判での不利が伝え

られると、サザク区は一転してレイトの徴収を決定し、中央政府の指示に従った[8]。

中央地方関係の観点からのレイト・キャッピングをめぐる政治過程の分析の結果、以下の三点が明らかとなる。第一に、安易に一般化はできないが、サザク区やGLCをはじめとする地方自治体は、社会的弱者保護の理由を掲げ、財政支出拡大の必要性を主張した。第二に、中央政府は、党派にかかわらず社会政策を重視する地方自治体に一貫して否定的な立場を貫いた。このことは、中央政府が、地方自治体の行う社会政策に対して関心をあまり払っていなかったことを示している。第三に、このように政策選択が異なる二つの政府間の対立は、最終的には中央政府の法的権力によって解決された。すなわち、中央政府が一方的に勝利を収めた。このことは、イギリスの地方自治体が、中央政府の法律によって一方的に介入されるほど、法的に弱い立場に置かれていることを改めて示している。

続いてGLC廃止問題について分析する。1980年代半ばのGLCは年間で約9億5000万ポンドを使い、2万1000人を雇用している巨大な地方自治体であった（SLP 84/3/20）。当時のGLC市長は、ケン・リヴィングストン（Ken Livingstone）である。リヴィングストンは、「レッド・ケン」と呼ばれるように、行政サーヴィスの拡大を主張する、労働党左派に属する政治家であった（松本・加藤［2000］39-45）。彼を中心に、GLCの労働党議員、労働党が支配するサザク区などの特別区が、GLC廃止に強く反対した。その理由は、GLCが廃止されると、今の行政サーヴィスの水準が維持できない、というものであった（SLP 83/10/4, 84/3/9）。それに対して、ワンズワース区（Wandsworth）のリーダーで、保守党議員のポール・ベレスフォード（Paul Beresford）は、GLCを廃止すると、「むしろ黒字になる。GLC〔が廃止されることによる、GLC自身〕の試算は、支出上限を守ればもらえる、政府の補助金を無視している」と応酬し、中央政府を擁護した（SLP 84/3/13）。

リヴィングストンやサザク区らの廃止反対派と、ジェンキン環境大臣やワンズワース区らの廃止推進派の対立は平行線をたどる。一方でリヴィングストンは、GLCの活動を自賛した。GLCは、住宅を建て、雇用を守り、雇用

【図表 4-1　GLC 廃止をめぐる賛否分布】

	労働党	保守党
中央政府	廃止に消極的賛成	廃止を主導
GLC	廃止に反対	廃止に反対
GLC 下の特別区	廃止に反対	廃止に賛成

出典）筆者作成。

を提供してきたこと、GLC のレイト増税は政府からの補助金が２億ポンドも削減されたためであって、本質的には無駄のない組織であること、廃止は GLC 選挙の結果を待って民意を問うてから行うべきことなどが主張された。また、GLC の保守党議員も、党派の垣根を越えて、GLC 廃止への反対を表明した。彼らの反対根拠は、GLC の廃止は行政サーヴィスの細分化を引き起こしかねないこと、GLC に替わる単一委員会は肥大化する恐れがあることであった。他方でベレスフォードとジェンキンは、GLC は不必要であるばかりか、区によってよりよく、より安く運営されるので、サーヴィスを削減することなく、組織の再編によって 10% の経費節約、合計で３億 7000 万ポンドが節約可能であること、1983 年の議会選挙で保守党のみならず、労働党と自由党・社会民主党選挙連合も GLC 廃止を公約としたことで、もはや民意は示されたことを理由に挙げて、GLC 廃止を主張した（SLP 84/3/30, 84/6/29）。GLC 廃止をめぐる賛否分布は、図表 4-1 のようになっている。この図が示すように、GLC 廃止問題は、単なる党派対立として整理されえない、政府間対立を含んだ問題であった。

　こうした議論の応酬と並行して、GLC は、1984 年の夏から秋にかけて、資産処分凍結措置直前に特別区や市民団体への資産配分、民意を問うための挑発的辞任と再選挙、レイト・キャッピング導入反対と合同でのストライキやデモといった抵抗を示した。しかし、こうした抵抗も、中央政府の翻意には至らなかった（SLP 84/7/27, 84/7/31, 84/11/9）。

　リヴィングストンは、GLC を廃止すると、退職手当、行政の変更、ネットワーク調整により、むしろ５年間で２億 2300 万ポンドの負担増になると最後まで主張した。また、GLC の保守党リーダーであったアラン・グリーング

ロス（Alan Greengross）も、世界最大級の首都であるロンドンには公選政府が必要であると主張し、GLC廃止に反対の立場を崩さなかった。こうした反対にもかかわらず、結局、環境省は、GLCを廃止することで年間1億ポンドの節約が可能になるという従来の主張を繰り返し、GLC廃止法案を成立させた（SLP 84/11/30）。

GLC廃止問題においても、レイト・キャッピング導入問題と同様の勢力配置・主張の応酬・帰結が観察される。すなわち、中央政府と地方自治体の対立、財政抑制の必要性と社会政策拡充の必要性の応酬、平行線を辿る議論と地方自治体によるデモとストライキ、そして法的権限に基づく中央政府の勝利である。加えて、GLC廃止問題では、GLCの保守党議員が、同じ政党に所属するにもかかわらず、中央政府への反対を明確に表明したことが特徴的である。それゆえ、GLC廃止問題は、中央政府と地方自治体の対抗的な関係が一層明瞭となった事例である。

第2節　経済面に偏った前期再開発

経済成長的側面と生活保障的側面の相克のなかで、前期LDDCはどのようなドックランズを作り出してきたのか。本節では、前期LDDCによる再開発の成果について分析する。第1項では、前期LDDCの狙い通り、ドックランズ再開発は、経済成長的側面において、確かに成果をあげたことを示す。第2項では、なかでも、当時勃興しつつあった情報通信産業と金融管理産業がドックランズに進出していったことを示す。第3項では、前期ドックランズ再開発が、生活保障的側面については十分な成果をあげられなかったことを示す。本節は、これら三点によって、前期ドックランズ再開発が経済成長的側面に傾斜したものであったことを明らかにする。

第1項　経済成長的側面における実績

まず、前期LDDCが何よりも重視していた民間投資の大きさを確認しておこう。1986年3月までの民間投資総額は、約11億8200万ポンドであった

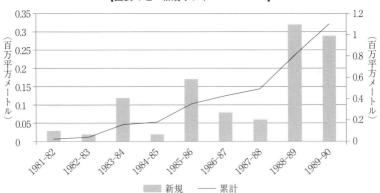

【図表 4-2　新規オフィス・スペース】

注）棒グラフはその年の新規分（目盛りは左側）を、折れ線グラフは累計（目盛りは右側）をそれぞれ示す。
出典）LDDC [1998b] "New Build Commercial and Industrial Floorspace 1981/2-1997/8" より筆者作成。

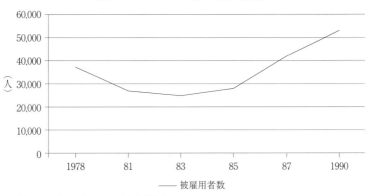

【図表 4-3　LDDC 管轄内の被雇用者数】

出典）LDDC [1998c] Table 1 より筆者作成。

(LDDC [1986a] 7)。LDDC の 1985 年 3 月までの総支出額は、約 1 億 5300 万ポンドであるから、単純計算するとレバレッジ比（Leverage Ratio）——公金支出が民間投資をもたらした額の比率——は約 7.73 となり、かなり高いことがわかる[9]。

前期 LDDC は、このように高いレバレッジ比を「再開発の成果」の指標であると誇っていた。すなわち LDDC は、高いレバレッジ比が、「ドックラン

ズにある各種利点の素晴らしい結びつきを、投資・財産・公的の各セクターがついに認めたことの証拠である」と主張する（LDDC [1986b] 3）。前期LDDCは、迅速性を高め、そして民間企業の自由度を高めることを重視していたため、民間セクターから投資された額の大きさがLDDCの自己評価の高さをもたらした。

　この大きな民間投資のうち、およそ半分にあたる約6億ポンドはオフィスへの投資だった（LDDC [1986a] 7）。その結果、図表4-2と図表4-3で示される経済的成果が生まれた。

　これら民間投資の内訳とその結果から明らかなように、前期の再開発ではオフィス建設が特に進められた。また被雇用者数も、LDDC設立後、いったんは減少したものの、すぐに増加に転じ、1980年代末には、1981年の約1.5倍となった。したがって前期LDDCは、経済成長的側面においては、その目的通り、十分な成果をあげていたと評価することができる。

第2項　情報通信産業と金融管理産業の進出

　前項で明らかにしたように、民間からの投資先は、オフィス建設が中心であった。これは、それまでの労働力集約型産業へではなく、新しい産業への投資であった。これによって、ドックランズの産業構造は、1980年代半ばに大きく変化したのである。雇用数の内訳を見てみると、エネルギー産業や重工業、交通産業は約半減し、逆に、銀行・保険・金融業は1452（1981年）から8643（1987年）へと約6倍に増え、ドックランズで最多雇用を抱える産業へと成長した（LDDC [1987b]；LDDC/RISUL [1989]；Brownill [1993] 93）。LDDCの年次報告書に記載されているものに限っても、図表4-4で示されている通り、前期には、新しい産業に関係する数多くの企業がドックランズに進出してきた。

　図表4-4が示すように、前期のドックランズ再開発の成果は主に、情報通信産業と、情報通信技術を大いに利用する金融管理産業が進出してきたことによる。

　このような産業の進出理由としては、都市計画の緩和というLDDCの方針

【図表 4-4　前期においてドックランズに進出した主な企業】

業種	企業名	オフィス面積 (単位：スクウェアフィート)	場所
放送	Limehouse Studios	90,000	アイル・オブ・ドッグズ
広告	Northern and Shell	17,000	アイル・オブ・ドッグズ
新聞	Guardian	45,000	アイル・オブ・ドッグズ
出版	The Sun ／ News of the World	400,000	ワッピング (Wapping) & ライムハウス (Limehouse)
出版	Daily Telegraph	285,000	アイル・オブ・ドッグズ
通信	British Telecom		ロイヤル・ドックス (Royal Docks)
通信	Mercury		アイル・オブ・ドッグズ
証券	Taylor Woodrow	126,000	ワッピング&ライムハウス
証券			アイル・オブ・ドッグズ他
商業	Wimpy	43,000	アイル・オブ・ドッグズ
小売	ASDA ／ TESCO		サリー・ドックス アイル・オブ・ドッグズ ロイヤル・ドックス

注) 不明部分は空欄とした。
出典) LDDC [1983b] 2；[1984a] 16；[1984c] "Principal Developments and Proposals"；[1985a] 13, 26-28, 34, 40-41, 47；[1985b] 2；[1986c] 25 より筆者作成。

が、幸運なことに当時の経済的需要に応えるものであったことが挙げられる。後の LDDC は、次のように振り返っている。「ドックランズは、こんにちの多くの国際ビジネスに求められている、広いフロアスペースを持つビルを供給することが可能であった。このようなビルは、シティやウェスト・エンド (West End) といったロンドンの歴史的中枢では、絶対に受け入れられなかったであろう」(LDDC [1997d] "Conclusion")。当時、興隆しつつあった情報通信産業や金融管理産業は、伝統的なスタイルのビルではなく、新しいタイプのビルを必要とする。すなわち、ここで挙げられている、広いスペースや通信システムを有するビルである[10]。シティやウェスト・エンドは、建築規制が依然として厳しかったために、こうしたビルを供給することが難しかった。それゆえドックランズに、情報通信産業や金融管理産業が進出してきた[11]。これが LDDC にとって幸運であったというのは、第 3 章で明らかにしたように、設立当初の LDDC は、かかる産業の進出を明確に狙っていたわけではな

第4章　激しい対立とLDDCの勝利

く、多義的かつ曖昧な目標を掲げていたにもかかわらず、当時の経済状況が
ドックランズに情報通信産業や金融管理産業をもたらしたからである。

　前期ドックランズ再開発における、経済成長的側面の再生は、情報通信産
業や金融管理産業の進出によって達成された。これらの産業は、新しい産業
として、後期LDDCの政策選択に大きな影響を及ぼしていくことになる。

第3項　生活保障的側面における停滞と後退

　ここまで本節では、前期ドックランズ再開発が、経済成長的側面において
は、十分な成果をあげたことを示してきた。他方で、前期LDDCは生活保障
的側面にはあまり関心を払っていなかったことは、第3章で明らかにした通
りである。こうしたLDDCの政策選択ゆえに、前期には生活保障的側面の再
生は不十分であった。本項では、生活保障的側面の再生についての、この不
十分さについて論じる。

　まず、ドックランズの失業率は、雇用の増加にもかかわらず、むしろ増加
していることが指摘される。すなわち1981年には、12.6%（ニューハム区）、
12.3%（サザク区）、17.9%（タワー・ハムレッツ区）だった失業率は、1987年
にはそれぞれ、16.2%、18.2%、20.8%へと増加している。この間、ロンド
ン全体の失業率は、8.7%から7.5%へと微減しており、国家的不況などにド
ックランズの失業率増加の原因を求めることはできない（Brownill［1993］99）。
失業率と雇用数の同時増加は、ドックランズに新たに生まれた雇用が、主に
ドックランズ外からの移住者に配分されたことが原因であると指摘されてい
る。つまり、新しく生まれた雇用に就業した者は、もともとその職に就いて
おり、企業のドックランズの移転に伴いドックランズに移住してきたのであ
り、旧住民の多くは、就業できたわけではなかった（Brownill［1993］95-96）。
したがって、前期ドックランズ再開発が、旧住民の職を奪ったとまでは言え
ないにせよ[12]、旧住民に十分な雇用を与えなかったことは明らかである。

　この点について、前期LDDCは相変わらず、スピン・オフ効果への期待を
述べている。すなわち、雇用数が最低となった1984年には、LDDCは、「い
くばくかの雇用減少が続いている」と認めながらも、「旅行業やレジャー」

129

産業が出現しつつあることも指摘し、その雇用は、「自営業や半・不熟練の雇用機会を増大させるであろう」（LDDC [1984a] 7-8）と予測する。それゆえLDDCは、情報通信産業・金融管理産業の進出を念頭に置きつつ、雇用減少の原因は「古い企業が、業務を合理化させているため」であると考え、現時点での雇用減少は、産業構造の転換がうまくいっている証拠であると位置づけている。

　1986年には、LDDCは、雇用の減少を産業構造の転換と一層明確に関連づけ、これを歓迎することになる。次の引用を参照してほしい。「すべての業種のビジネスが発展し、繁栄するにつれ、新しいスタイルと種類の仕事が出現してきている。出現してきた雇用のみならず安定的な雇用についても、大きな多様性が保証されている。そしてそれは、将来について楽観的な予言を与えている。伝統的な職は今やほとんど残っていないが、ドックランズの若者が自らの視野を高め、現存する機会を摑み、LDDCがさらなる再生を行うことを助けるであろう、いくつかの根拠がある」（LDDC [1986b] 2）。このように前期LDDCは、伝統産業における雇用減少を、産業構造の転換という歓迎すべき事態の前触れであると主張した。そのため、前期LDDCは、旧住民に対する直接的な雇用政策を必要と考えていなかったし、ほとんど行わなかった[13]。

　続いて、住宅について検討しよう。当時、ドックランズにおける、住宅不足や品質の低さは大きな問題であった。それがどれほど改善されたのかを検討する。前期の民間投資のうち、およそ3分の1にあたる約4億ポンドが住宅への投資であった（LDDC [1986c] 7）。そして、図表4-5から読み取れるように、前期において、新規住宅数は順調に増加していた。

　しかしながら、住宅への多額の投資や多くの新規住宅は、旧住民の生活の質の向上に寄与するものではなかった。なぜなら、新規住宅の多くは、旧住民の購買能力を大きく超える販売住宅であり、旧住民の多くは、新たな販売住宅を購入できなかったからである。例えば、1983-84年のLDDCの報告書によると、当時、約4000戸の住宅建築が着手されているが、そのうち85%が販売住宅であった。LDDC以前は、14881戸のドックランズ住宅のうち、

130

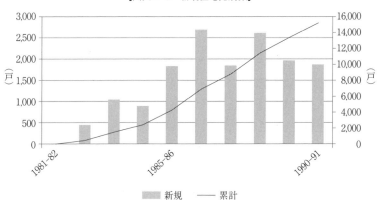

【図表 4-5　新規住宅完成数】

注）棒グラフはその年の新規分（目盛りは左側）を、折れ線グラフは累計（目盛りは右側）をそれぞれ示す。
出典）LDDC [1998f] Table 1 より筆者作成。

持ち家はわずか783戸（約5%）であったことに鑑みると、大きな変化を感じさせるものである。確かにLDDCは、旧住民に一カ月の予約優先権や、低利子・無利子ローンの提供など、旧住民が購入しやすいよう便宜を図った。そしてその結果、大部分が旧住民によって購入された販売住宅スキームもあると、LDDCは強調していた（LDDC [1984a] 24）。

ただし、後年のLDDCは、実は当時のLDDC内部では、旧住民に住宅が十分に提供されていないことへの懸念が存在したことを認めている。そこで、1985年から1986年に住宅政策の再検討が行われた。この再検討は、旧住民は、購買力の低さと限られた選択肢のために、相変わらず質の低い地方自治体の公営住宅に居住し続けなければならない実情があったことを明らかにした。LDDCは、「LDDCの社会住宅プログラムは、旧住民に、住宅階層の向上をもたらすことにあまり効果的ではなかったことが判明した」と端的に認めている（LDDC [1998e] "Housing Policy Review, Shift of Focus"）[14]。この問題の原因としては、前期LDDCが社会住宅に対してあまり積極的でなかったことに加え、再開発が成功を収めたために、地価が高騰したことと、LDDCが地方自治体の都市計画権限や土地、資金といったリソースを吸収していった

ことが指摘されている（LDDC［1998e］"Introduction"；Crilley［1992］63-64；Brownill［1993］78-79）[15]。

　結果として、住宅数は増えたものの、ホームレスと認められた世帯数も増加した。辻によれば、（広い意味での）ドックランズの五つの区において、1981年度には2942世帯であったホームレス世帯数は、1987年度には8355世帯と、3倍近く増加した（辻［1992］52）。したがって、前期ドックランズ再開発は旧住民の抱えていた、住宅不足や低品質といった問題を解決することができなかったと言える。

　以上のように、前期においては、雇用と住宅に代表される生活保障的側面の再生は非常に限定的なものにとどまっていた。そのため、旧住民のドックランズ再開発とLDDCに対する評価も非常に低いものであった。最後に、調査会社マーケット・オピニオン・リサーチ・インターナショナル社（Market & Opinion Research International. 通称：MORI）による調査をもとに、このことを明らかにしておこう[16]。

　まず、LDDCに対する全体的な評価をまとめておこう。「LDDCは、地元住民の観点をどの考慮に入れていると感じるか」という質問に対しては、「ほとんど入れていない／一切入れていない」という否定的意見が、約61%を占め、「とても入れている／それなりに入れている」という肯定的意見（約32%）のおよそ2倍に達する（MORI［1996］4）。また、「LDDCへの信頼」の平均値は＋9%とかろうじてプラスではあるものの、厳しい評価が下されている（MORI［1996］23）。

　住民は、どのような理由でLDDCに厳しい評価を下したのであろうか。1990年の調査で、「この地域で起きた変化〔＝ドックランズ再開発〕から、誰が最も利益を得たと思うか」という質問に対しては、「ドックランズに住み、働く全員」と答えたのが、わずか2%にすぎないのに対し、「ビジネス」（23%）、「流入してきたヤッピー・専門職」（19%）、「土地開発業者」（15%）といった回答が上位に来ている（MORI［1996］51）。これらのグループは、経済成長的側面の再開発の恩恵を直接享受する人々・組織である。また、大きな論点の一つであった、住宅問題についても、「LDDC以前よりも改善され

たか」という質問に対し、「悪化した」と答えた人が37％で、「改善された」と答えた人の27％を上回っている（MORI［1996］58）。これらの調査結果は、前期ドックランズ再開発が経済成長的側面に過度に傾斜したもので、生活保障的側面の再生につながるものではなかったと、住民が評価していたことを示している。

小括　前期ドックランズ再開発とは何だったのか

　ここで、第3章と第4章の議論をまとめておきたい。前期ドックランズ再開発は、まさに「再開発」であった。つまり、昔日の繁栄が時代のなかで色あせていった時、いかに都市として活気を取り戻すかという課題との戦いであった。

　しかし、この戦いの戦略は、地方自治体と中央政府とで大きく異なるものであった。一方で地方自治体は、旧住民の雇用と住宅を守るという選択をした。オフィス業や販売住宅は、旧住民の利益にならないとされ、拒否されたのである。ただし、地方自治体の再開発計画が実行可能かどうか、あるいは実行されたとしても再開発に成功するかどうかについては、疑問を感じさせるものであった。他方で中央政府はLDDCを設立し、LDDCを通じて、異なる選択をした。すなわち、中央政府から指示と権限、財源を得たLDDCは、経済成長的側面重視型の再開発を構想した。将来像は明確ではなかったものの、民間企業の自由度を高めるために迅速性が重視された。具体的には都市計画規制の緩和が進められた。そのため、時間のかかる生活保障的側面の再生は、後回しないしは、一時的な後退の憂き目にあった。

　両者の政策選択の相違は、個別的な再開発においても確認することができる。当地の地方自治体の一つ、サザク区の議員たちは、地域民主主義を掲げ、旧住民の雇用と住宅を維持・拡大すべきと主張することで、LDDCや中央政府に対して激しい抵抗を示した。中央政府・LDDCは、地方自治体からの抵抗に対して妥協することなく、経済成長や緊縮財政という自らの選択を貫いた。

生活保障的側面を重視する地方自治体、経済成長的側面を重視する中央政府・LDDC という両者の政策選択の相違を形成した要因として、中央政府による地方自治体への介入の強さ、そしてそうした状況に対する両者の解釈が重要であることも明らかとなった。地方自治体の議員は、再開発に必要な資源を、中央政府からの補助金に期待していた。そのため、経済成長に関心を払わずとも地域住民からの支持を失うことはなかった。中央政府・LDDC は生活保障的側面の地方自治体責任論に基づき、自らは経済成長に専心することができた。ソーンダースの二重国家論が論じたように、財政援助と権限配分によって、中央政府と地方自治体それぞれの政策選択が形成されたのである。

　政策選択の相違による両者の対立は、妥協や折衷というかたちでは決着しなかった。いずれの局面においても、両者ともに一歩も引かなかったためである。両者の対立は平行線をたどり、最終的には中央政府が有する公的な権限によって解決されざるをえなかった。すなわち、都市再開発においては必要な権限を与えられた LDDC が再開発を主導した。レイト・キャッピングと GLC 廃止問題においても、議会の権限行使というかたちで決着した。

　LDDC による前期ドックランズ再開発は、情報通信産業と金融管理産業のドックランズへの進出をもたらした。前期 LDDC は、こうした産業の進出を想定していたわけではなかったが、都市計画規制の緩和が新しいタイプのビルを必要とする情報通信産業と金融管理産業に好まれたのである。次章の内容を先取りすると、こうした新しい産業の進出がきっかけとなり、1980 年代末に LDDC の役目、そしてドックランズの課題は、都市再開発から世界都市建設へと展開していくのである。また、1980 年代末とは、新しいこの課題に直面した LDDC と地方自治体それぞれの政策選択に大きな影響を及ぼす中央地方関係も大きく変化した時代でもあった。後期ドックランズ再開発の幕開けである。

第 4 章　激しい対立と LDDC の勝利

注
1）なお、誤解のないように断りを一点述べておく。懸念される誤解とは、可変的都市
　間競争論の「独立変数」である中央地方関係と、同理論の「従属変数」の一つである
　中央政府と地方自治体の政治的関係は同じではないか、と捉えられることである。し
　かし、前者は財政援助と権限に対する統制を指しており、後者はある政策（本書では
　都市（再）開発政策）における中央政府と地方自治体の対抗的／協調的関係を指して
　おり、別のことを意味している。第 3 章第 1 節で述べたことは前者であり、本章第 1
　節で論じることは、後者についてである。
2）後期サザク区が、タワー・ハムレッツ区とニューハム区ほどには LDDC と協調的関
　係とならなかったことは、サザク区のみが文書形式で LDDC と協定を締結しなかった
　ことを主に念頭においている。これは第 6 章で論じられる。
3）本節では、分析素材として、主に地元新聞であるサウス・ロンドン新聞（South
　London Press. 以下、SLP と略記）を用いる。SLP は、週二回継続的に刊行されており、
　通時的分析のうえで特に有効であると思われることと、SLP が、サザク区を含む南ロ
　ンドンのニュースに特化した新聞であることが、本節の主たる素材として相応しい理
　由である。
4）1982 年 11 月にメリッシュが下院議員を辞任し、翌年 2 月に補欠選挙が行われた。
　オグラディが「真のバーモンジー労働党（Real Bermondsey Labour）」という政党を
　結成し、出馬するなど、労働党の混乱は続いていた。労働党の混乱・分裂から漁夫の
　利をえる形で、自由党・社会民主党選挙連合のヒューズが当選していた（SLP 83/2/1,
　83/2/11）。
5）レイト・キャッピング導入と GLC 廃止の二つの政治的争点を、党派対立と捉える
　か、中央地方関係から捉えるかという問題は、どちらの「言い分」を採用するか、と
　いう点とも関わる。つまり、レイト・キャッピングを受ける地方自治体や GLC など
　労働党支配の地方自治体は、これらを労働党に対する、サッチャーによる権力の不当
　行使とみなすのに対して、保守党支配の中央政府は、財政の適正化を主張する。つま
　り、後者の言い分に従えば、レイト・キャッピングの対象となる地方自治体や GLC
　は、たまたま労働党支配であったにすぎないということになる。
6）1984 年夏に、サザク区リーダーは、デイヴィスから前住宅委員長のリッチーへと
　交代したが、レイト・キャッピングに強く反対するという点で、彼らの主張の間に大
　きな差異はない（SLP 84/7/27）。
7）実際、反レイト法の急先鋒であったランベス区でも、この刑罰を恐れ、労働党議員
　の辞職が相次いだ（SLP 84/11/2）。
8）ランベス区は最後までレイトを徴収せず、裁判によって議員の公職追放と追徴金が
　言い渡された（北村公彦［1993］225）。
9）ここで「単純」というのはインフレの影響を加味していないためである。もっとも、
　1985 年 12 月の環境省の発表でもレバレッジ比は 1:6 であり、本書の計算より若干低
　いものの、やはり高い（LDDC［1986c］1）。
10）元 LDDC 職員のテッド・ホランビー（Ted Hollamby）も、新技術を用いる、新し

135

い産業に必要なビルがドックランズに建設された原因は、緩い都市計画であったと述べている（Hollamby [1990] 11）。

11) なお、1980年代後半には、ドックランズとの都市間競争の圧力のために、シティも経済成長的側面を重視するように変化する。後期の地方自治体間の都市間競争の論点には、第6章で取り組む。

12) 第3章におけるLDSPの分析でも明らかにしたように、製造業をはじめとする既存の労働集約型産業の雇用は、徐々に減少することが予測されていた。

13) もっとも、旧住民への職業訓練の必要性が、全く触れられていないわけではない（LDDC [1984a] 8など）。だが、前期には職業訓練への言及は多くなかったし、体系的でもなかった。実際の支出額も、第3章で明らかにしたように、多くはなかった。

14) 社会住宅（affordable house／social house）とは、低廉な販売住宅のことである。LDDCは、社会住宅を、4万ポンド以下の住宅と定義していた。

15) 1985年3月までに、ドックランズの地価は、1981年から約4倍に上昇した（Church [1992] 47）。また、1985年3月までにLDDCは、1347エーカー（ドックランズ全体の約25%）の土地を帰属させていた（LDDC [1985a] 53）。

16) この調査は、LDDCの委託を受けて1988年に開始されたが、初期の調査項目はあまり多くなかった。そのため、本書では、1988年と調査項目が拡大した1990年の調査結果を、前期末における住民からの評価と捉える。

第5章

LDDCに接近する地方自治体、大きく旋回するLDDC
──後期ドックランズ再開発の政策選択

　1980年代末に、中央地方関係は大きく変化した。中央政府による地方自治体への介入が全体的に弱くなったのである。可変的都市間競争論の想定に従えば、この変化によって、地方自治体の政策選択は経済成長的側面重視型の再開発となり、中央政府・LDDCのそれは生活保障的側面重視型の再開発となるはずである。実際、後期における両者の政策選択は、前期から変化した。本書は、この点をもって、1980年代末をドックランズ再開発の転機とみなす。そのうえで、この変化を説明し、後期の政策選択を実証的に明らかにするのが本章の課題である。具体的な分析期間は、1987年からLDDCが撤収した1998年である。

　本章は、以下の構成からなる。まず第1節では、1980年代末に、中央政府による地方自治体への介入が弱くなったという制度変化を示す。第2節では、地方自治体が生活保障的側面の再生から「撤退」し、経済成長的側面重視型の再開発へと政策選択を変化させたことを論じる。第3節では、後期LDDCの政策選択を明らかにすることおよび、この政策選択を理論的に把握することに取り組む。

第1節　中央政府による介入の弱化

　本節は、1980年代末に中央政府による地方自治体への介入が弱くなったことを論じる。それは、サッチャー政権のもとで、財政援助と権限に対する統制の両方の点で生じた。本節では、この二点に焦点をあてる。第1項では、前期と同じく後期についても地方自治体の歳入構造を概観する。続く第2項では、1980年代末に中央政府からの財政援助が、ドックランズのように行

政需要が大きいものの自主財源に乏しい地方自治体には、徐々に厳しいものになっていったことを示す。第3項では、地方自治体の創意工夫と自己責任の名のもとに、自主的な行政活動が容認されていったことを論じる。これは、中央政府による地方自治体の権限に対する統制が弱くなったことを意味する。

第1項　財政制度の大きな変化

まず、地方自治体の歳入構造の全体像を示しておこう。第3章と同じ方法で、1980年代後半以降の地方自治体の歳入を整理すると図表5-1のようになる。

自主課税財源と補助金のそれぞれの割合を、前期を含めて通史的に示すと、図表5-2のようになる。

このグラフから、後期における地方自治体の歳入について、次の二点が明

【図表5-1　地方自治体の歳入総額とその内訳】

（単位：100万ポンド）

年	歳入総額	資本収入	うち補助金	経常収入	うち自主課税財源	うちNDR	うち補助金	補助金合計
1985-86	45,098	7,008	401	38,090	13,768		16,385	16,786
1986-87	49,873	7,559	373	42,314	14,821		18,832	19,205
1987-88	52,735	8,062	334	44,673	15,786		19,614	19,948
1988-89	57,874	9,971	304	47,903	17,736		20,322	20,626
1989-90	61,732	10,113	483	51,619	18,943		21,379	21,862
1990-91	43,251	7,400	907	35,851	12,251	10,429	12,927	13,834
1991-92	46,578	7,106	1,041	39,472	8,533	12,408	18,620	19,661
1992-93	49,188	7,168	1,210	42,020	9,521	12,306	20,968	22,178
1993-94	49,694	8,188	1,279	41,506	8,912	11,584	21,685	22,964
1994-95	50,682	7,080	1,176	43,602	9,239	10,692	23,679	24,855
1995-96	51,819	6,992	1,484	44,827	9,777	11,361	23,335	24,819
1996-97	53,355	6,823	1,388	46,532	10,461	12,743	23,003	24,391
1997-98	54,095	6,839	1,262	47,256	11,241	12,034	23,840	25,102

注）対象地域は、1989年度まではイングランドとウェールズ。それ以降は全英。
　　ただし、スコットランドと北アイルランドの財政は大きくないので、比較する際には大きな問題とはならないと考えられる。
出典）Central Statistical Office／Office for National Statistics［annual］より筆者作成。

第 5 章　LDDC に接近する地方自治体、大きく旋回する LDDC

【図表 5-2　地方自治体の歳入総額に占める自主課税財源の割合と補助金の割合】

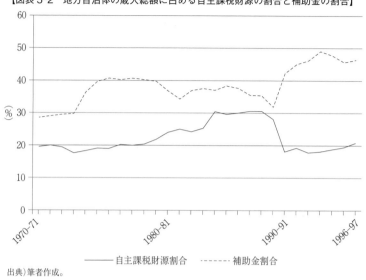

出典）筆者作成。

らかとなる。第一に、1980 年代後半には、それまで上昇を続けていた自主課税財源の割合が頭打ちとなったことである。第二に、1990 年度に、自主課税財源の割合は大幅に低下し、かわって補助金の割合が増加したことである。この二つの変化は共に、地方税制と中央政府からの補助金配分方法の変更によるものである。この二つの制度変化は、行政需要が大きいものの自主財源に乏しい地方自治体には、財政援助の削減を意味するものであった。

第 2 項　財政援助の段階的削減

　1980 年代後半から 1990 年度までの一連の制度変化は、行政需要が大きいものの自主財源に乏しい地方自治体、特にドックランズ地区のロンドン特別区の財政を圧迫するものであった。まず、レイト・キャッピングの導入と GLC の廃止の影響から論じる。レイト・キャッピングの導入をめぐる政治的対立・決着については、前章ですでに説明した。すなわち地方自治体、とりわけインナー・シティを抱える地方自治体は、旧住民のニーズを満たすためには、大きな財政が必要であるとの理由を挙げ、レイトが高額になるのはや

むをえないと主張した。それに対して中央政府は、インナー・シティにビジネスを呼び戻すためには、レイトは低くなければならないと主張した。この対立では、1985 年 4 月に、司法が中央政府の主張を認めることで、中央政府の主張が通った。

さて、このようにレイト・キャッピングが導入されたことで、1980 年代後半には、地方自治体の歳入に占める、自主課税財源の割合が頭打ちになった。これは、地方自治体の財政に二つの大きな影響を与えた。一点目は、中央政府からの補助金の実質的な削減である。第 3 章で論じたように、低所得世帯には、中央政府が 90% 負担する、レイト払い戻し制度があった。したがって地方自治体が、高額のレイト税率を課す場合、それは、中央政府からの補助金が増えることを意味した。それゆえ、レイト・キャッピングの導入は、中央政府から地域社会に与えられる補助金が実質的に減額されることを意味する。

二点目は、図表 5-1 で示されているように、地方自治体の財政規模が抑制されたことである。もっとも当初、地方自治体は、「創造的会計操作（creative accountability）」を用いることで支出を拡大・維持しようとした。創造的会計操作とは、「収入を確保するための不動産・土地の売却、債務の繰延、購入代金の繰延、リース方式の活用など」である（高寄 [1995] 50）。しかし、創造的会計操作は、一時的な効果を持つものでしかない。したがって、例えばサザク区では、1987 年 10 月に、リーダーのアン・マシューズ（Ann Matthews）の指示のもと、支出の抑制を余儀なくされた（SLP 87/10/2）。

GLC 廃止をめぐる政治的対立・決着についても、前章で説明した通りである。すなわち、中央政府が廃止を主導、GLC は廃止に反対、地方自治体レヴェルでは、保守党支配の特別区が廃止に賛成・労働党支配の特別区が廃止に反対であった。議論は平行線を辿ったが、最終的には中央政府が 1985 年に、地方政府法を可決することで、1986 年 3 月に GLC は廃止された。

GLC は、その財源の多くをレイトに頼っていたため、その存在自体が、ロンドン内部で財政調整機能を果たすものであった。GLC が廃止された後は、その権限は、各特別区などへ配分されることになった。したがって、GLC の

第5章　LDDCに接近する地方自治体、大きく旋回するLDDC

廃止は、ドックランズ地区のように豊かではない特別区にとっては、自治体財政を逼迫することになった。

　以上のように、1980年代後半には、レイト・キャッピングの導入とGLCの廃止が、行政需要が大きいものの自主財源に乏しい地方自治体、特にロンドン特別区の財政を圧迫した。しかしサッチャー率いる中央政府は、この二つの制度変化では不十分であると考え、さらなる改革を目指した。

　この動きは、1988年地方財政法（Local Government Financial Act 1988）に結実した。そこで次に、同法の影響について考察したい。1990年4月に施行された、1988年法は、地方税制と、中央政府からの補助金配分方法を大きく変更し、地方自治体の財政をさらに圧迫するものであった。

　まず、中央政府が、1988年法を制定した意図について確認しておこう。1986年に公表された緑書である、『地方自治体への支払い（Paying for Local Government）』は、地方自治体改革を提唱した。同緑書の「基本的な視角は、極めて徹底した「〔地方自治体の〕財政責任」の追究にある……。すなわち、地域の住民の負担と責任にもとづいてその自治体の支出の水準や内容を決定する」ということである（高橋［1990］315；北村裕明［1993］80-82）。このように、同緑書は、地方自治体の財政責任が失われていることに対して批判を投げかけている。

　サッチャー首相自身も、当時の地方税制に対して、地方自治体の財政責任を失わせるものであるという強い不満感を表明している。彼女は、その理由を三つ挙げる。それは、世帯主以外の住民は納税義務を負わないこと、地方自治体の自主課税財源であるレイトは、「人間は〔地方自治体から〕逃亡できるが、家屋や工場は逃亡できない」ため、地方自治体の財政規律を損ねていること、そして、地方税の徴収も不徹底で、約3分の1の有権者は、納税義務があるにもかかわらず、完納していなかったことである。サッチャー首相は、こうした地方税制の特徴によって、「多くの人々にとって、地方議会の放漫財政を心配する直接の理由などなかった。〔地方自治体においては、〕こうした責任の欠如が、果てしなく続く放漫財政の陰に隠れていた」と、地方税制を批判した（Thatcher［1993］644-646＝（下）237-239）。緑書やサッチ

141

ャー首相の言葉に現れているように、中央政府は、地方税財政の抜本的な改革を行うことで、地方自治体の財政規律を強めようとしたのである。

1988年法は、レイトにかわるコミュニティ・チャージ（Community Charge）の導入、非居住用レイトの譲与税化、実支出要素の補助金配分計算方法からの分離の三つの内容を有していた。それらの効果は次のように示される。

第一に、同法は、イギリス地方自治体の唯一の自主財源を、固定資産税であるレイトから、人頭税であるコミュニティ・チャージへと変更した。コミュニティ・チャージは、人頭税ゆえに逆進性の強い税であり、また実質的な課税対象者も増加させる。当初サッチャー首相は、コミュニティ・チャージのこうした特徴が、「人々に地方財政の真のコストをわからせ」、それゆえ、「自治体に効率と支出抑制を求める圧力が最大限に働く」ために、「自治体の〔財政〕責任を強化する」と考えていた（Thatcher [1993] 651, 648 =（下）246, 243）。したがって、コミュニティ・チャージの課税予定額が、想定されていたものよりもかなり高いことが判明すると、中央政府は低所得住民に対する救済措置を導入してでも、コミュニティ・チャージの導入を通そうとした（高寄 [1995] 96-107）[1]。サッチャー首相は、ただちに支出額を抑えるよりも、まずは地方自治体の財政責任を強化し、財政的自律性をもたらすであろう税制を導入することが重要だと考えていたと推察される。

第二に、非居住用レイトが譲与税化された。これが、1990年度から地方自治体の自主課税割合を大幅に下げ、逆に補助金割合を上げた原因である。レイト税制において、産業用地に賦課される非居住用レイトは、居住用レイトと同様に地方自治体の自主課税対象であった。サッチャー首相は、このことを問題視していた。なぜなら、企業には地方自治体の選挙権がないにもかかわらず、課税されるからであり、また非居住用レイトが高額になる傾向もあったからである（Thatcher [1993] 645-646 =（下）239）。そこで1988年法は、非居住用レイトを、国が税率を定めて徴収して地方自治体に再配分する譲与税とした。それゆえ1990年度から、自主課税財源の割合が下落し、補助金の割合が上昇したのである。

第5章　LDDC に接近する地方自治体、大きく旋回する LDDC

　非居住用レイトの譲与税化について、本書の問題関心から特筆すべきは、非居住用レイトが、人口数のみに基づいて地方自治体に再配分されるという機械的な計算方法である（高寄［1995］17）。つまり、地方自治体の財政力や抱えている行政需要は考慮されない。これは、ドックランズ地区のように、財政力に比べて行政需要が大きい地方自治体にとって、歳入の減少を意味する。また、人口数に基づく再配分計算方法は、将来、特殊な行政需要が増大しても補助金が増額されないことも意味する。したがって、地方自治体にとって、非居住用レイトの譲与税化は、将来、行政需要が大きくなった場合においても、補助金が増額される道が断たれたことをも意味する。

　第三に、中央政府による地方自治体への補助金が改革され、新たに「歳入援助補助金（Revenue Support Grant）」となった。高寄は、この歳入援助補助金の意義について次のように述べる。「最も大きな変化は「補助金関連支出額は年度当初に確定され、かつ現実の支出によって変化しない。支出の増加減少による費用・恩恵は直接コミュニティ・チャージ支払者に転嫁されるようになった」……。要するに実際の支出の上下によって RSG〔＝歳入援助補助金〕の援助額は変動しないことになった。そのため支出水準によって得をする団体も損をする団体もなくなり、その変動はモロに住民のみにかぶさるようになったのである」（高寄［1995］155）。それ以前の 1974 年法においては、地方自治体が支出を増やすほど、それだけ行政需要が高いと判断され、補助金が増額されていた。それに対して、1988 年法は、中央政府が定める標準支出推計額（Standard Spending Assessments）のみを計算要素とし、地方自治体の実支出を計算から除外したのである（Greenwood *et al.*［2002］104）。したがって、実支出の計算方法からの除外によって、非居住用レイトの譲与税化と同様に、地方自治体が、補助金の増額を働きかける道筋は消滅することになった。

　本項で論じてきた一連の制度変化は、「中央政府による地方自治体への強い介入」の条件の一つである、厚い財政援助という状況の根本的見直しを意味するものであった。

143

第３項 「責任ある自治体」の強制

　本書の可変的都市間競争論は、中央政府による地方自治体への財政援助の手厚さ以外にも、権限に対する統制の強さが存在すれば、中央政府の政策選択は経済政策（経済成長的側面）に、地方自治体のそれは社会政策（生活保障的側面）になると考える。なぜなら、地方自治体の政策が標準化されて、地方自治体に経済成長をめぐる相互競争という圧力が働く余地がないからである。第３章で明らかにしたように、実際のところ、1980年代前半までは、イギリスの地方自治体は、中央政府からの手厚い財政援助を享受していたのみならず、中央政府から権限行使に対する強い統制を受けていた。それに対して、本項で明らかにするように、1980年代末以降は、むしろ地方自治体の責任が強化されることになった。これは、制度的には、地方自治体の権限に対する統制の弱化と言える。

　こうした議論は、一見すると意外に思われるかもしれない。というのも、1980年代後半には、むしろ地方自治体の行政能力は低下したというのが通説的見解だからである。例えば、グリーンウッドらは、次のように記述している。「保守党政府の継続のもと、1979-97年は、広い領域（例えば、財政、強制競争入札、教育、住宅）における、明らかな介入主義的戦略を経験した。支配（control）は達成困難だと明らかになったものの、介入は現実のものとなった。その目的は、公選の地方自治体を弱め、バイパスし、消費者を強化するというものであった」（Greenwood *et al.* [2002] 134）。彼らは、サッチャー政権と続くメイジャー政権が、地方自治体の能力を弱め、バイパスするために地方自治体への介入を強めたと指摘しているのである。

　日本における研究も同様に、サッチャー政権後期の地方自治体の行政能力低下を指摘している。一例を挙げると、武川正吾は、前項で指摘した一連の新しい財政制度の特徴の一つとして、「自主財源の比率が大きく低下し、以前にも増して、地方政府に対する中央政府の統制が強まった」ことを指摘している（武川 [1992] 74-75）。以上のように、サッチャー・メイジャー両保守党政権期においては、地方自治体の行政能力は低下したというのが通説的見

第5章　LDDCに接近する地方自治体、大きく旋回するLDDC

解である。したがって、1980年代末にイギリス地方自治体の権限行使に対
する中央政府からの統制は、むしろ強まったのではないかと思われるかもし
れない。

　しかし、上記の見解は、財政援助の弱化に代表される制度変更の地方自治
体に対する影響について述べたものである。つまり、ここで紹介した諸研究
は、地方自治体への財政援助の弱化という制度変化の結果として、イギリス
地方自治体が、特に生活保障的側面への支出抑制を余儀なくされたことを指
摘している。それに対して、本節では、後期におけるLDDCと地方自治体そ
れぞれの政策選択を分析する準備段階として、「独立変数」である制度その
ものを整理することを目的としている。本項では、本節のこの課題の一部と
して、中央政府による地方自治体の政策選択に対する統制の法的制度に焦点
を当てる。要するに、上で紹介した見解は、制度効果の帰結について述べた
ものであり、本項では、法的制度そのものについて論じる。よって、上記諸
研究と本項とでは議論の対象が異なる。

　もっとも、当時のイギリスの地方自治体の権限が制限列挙方式であること
に変わりはない。すなわち地方自治体は、法律で授権された範囲内の権限し
か行使できず、それを越えた行為は違法とされる（ウルトラ・ヴァイアスの法
理）。しかし、1980年代末には、地方自治体の権限を拡大するような制度改
革および制度運用の変更が行われた。

　この点については、「責任ある（responsible）地方自治体」というサッチャ
ー首相の理念が参考になる。前項で論じたように、彼女によれば、公的セク
ターが大きいことは問題であるが、その主な原因は地方自治体の歳出が大き
いことであり、そしてさらにこの原因は、地方自治体と多くの有権者が、
「地方財政の真のコスト」を自覚していないことに求められる。この連鎖を
断ち切るために、サッチャー首相は、地方自治体と有権者の「責任」を高め
ることが望ましいと考えた。彼女は、地方自治体と有権者が、自らの責任に
おいて行政サーヴィスを選択すべきという理念を持っていた。逆に言えば、
財政的「責任」さえ果たされていれば、地方自治体がいかなる行政サーヴィ
スを供給するか、それをどのように調達するかは地方自治体の選択に委ねら

145

れる。これらの点、特に後者の点は、すべての地方自治体が、画一的なサーヴィスを直接供給するという伝統的な方式を否定する。むしろ、この考えは、民営化に代表される新しい方式の積極的な導入を支持する。すなわち、「ここでの地方政府は、自分が直接サービスを供給するのではなく他の組織体にサービスを供給させるために契約を行うに過ぎない」のである（宇都宮 [1990] 95）。

　したがって、サッチャー政権は、財政的には地方自治体への締め付けを強くする一方で、地方自治体が市場原理に従って行政サーヴィスを選択することは望ましいと考え、地方自治体の権限に対する法的統制を弱めた[2]。地方自治体の主要な政府機能である住宅政策が、この典型的な例である。基礎自治体が住宅の建設と維持の権限を放棄することが認められたのである（Chandler [1991] 43）。この例のように、サッチャー首相は、地方自治体の社会政策に対する政府機能を完全に否定したわけではなかったが、地方自治体と有権者の「責任」において社会政策を供給すべきだという方針を採った。そのため、部分的であれ、地方自治体は社会政策の供給から「撤退」することも、法制上は可能になった。このように、1980 年代末のサッチャー政権後期においては、中央政府による地方自治体の権限に対する統制は弱くなった。

　地方自治体の権限に対する統制の弱化は、経済政策においても見られた。チャンドラーは、いくつかの留保を置きながらも、中央政府は、1980 年代を通じて、地方自治体の経済活動を徐々に認めていったことを指摘している（Chandler [1991] 51-53）。それゆえ、1980 年代末の地方自治体は、社会政策のみを担当する組織ではなくなった。イギリス地方自治体は、「包括的・戦略的経営」とも呼ばれる、経済政策も行う総合的な公的組織へと大きく転換したのである（自治体国際化協会 [2006] 25）。

　さらに、ロンドン内部には特殊事情が加わる。1986 年に、ロンドンの基礎自治体である特別区は、多くの法的権限を得た。GLC の廃止によって、GLC の権限の多くが特別区に割り当てられたためである。なかでも特筆すべきは、特別区が都市計画を作成しうるようになった点である。1986 年以前は、GLC が大まかな都市計画を作成し、特別区である地方自治体はその範囲内で都市計画を策定していた。それとは対照的に、GLC 廃止後は、特別区が総合

146

開発計画（Unitary Development Plan）を作成することになった。そもそも、イギリスの都市計画は拘束力が強く、都市計画を基準に、開発申請に許可／不許可が下される（Adams [1994] 156；中井・村木 [1998]；中井 [2004] 第2章）。したがって特別区の地方自治体は、自らの判断に基づいて都市計画を策定し、開発許可権を行使して、自らの将来像を決定することが可能になった[3]。サザク区をはじめとするロンドン特別区は、自らの将来を決める実質的な権限を受け取ったのである。

　地方自治体の責任と選択の拡大という考えは、制限列挙方式の見直しの契機ももたらした。この動きは、後年実を結び、2000年の地方政府法（Local Government Act 2000）をもたらした。同法は、地方自治体に、地域の社会的・経済的・環境的福祉の向上を促進させる一般的権限を認めた（Greenwood *et al.* [2002] 103）。地方自治体に一般的権限を認めることは、地方自治体の権限を法律の範囲内に限定していたそれまでの制限列挙方式からの大きな転換である。1980年代末は、地方自治体の権限を拡大する動きが高まった時期であった。

　本節では、前期から後期への制度変化を確認し、財政と権限の両面において、1980年代末には「中央政府による地方自治体への介入が弱い」方向に動いたことを明らかにした[4]。まとめると、その論拠は以下の六点である。①レイト・キャッピング導入による地方自治体財政の脆弱化、②GLC廃止によるロンドン特別区の負担の増加、③コミュニティ・チャージの導入による地域住民の負担増と「責任」意識の前面化、④非居住用レイトの譲与税化による実質的な税収減、⑤実支出要素の補助金配分計算方法からの分離によって、地方自治体から中央政府に補助金の増額を求める道筋の消滅、⑥そして、地方自治体の権限に対する統制の弱化である。

　以上の一連の制度変化は、アクターの解釈に媒介され、それぞれの政策選択に変化をもたらすと考えられる。すなわち、中央政府による地方自治体への介入が弱い場合には、経済成長をめぐる地方自治体間の競争や財政破綻への恐れが顕在化してくるため、地方自治体の政策選択は生活保障的側面重視型の再開発ではなく、経済成長的側面重視型の再開発となると考えられる。

逆に、中央政府・LDDC は、地方自治体に生活保障的側面の再生を期待できなくなるため、政策選択は生活保障的側面重視型の再開発となると考えられる。次節以下では、可変的都市間競争論のこうした想定を指針・仮説としながら、後期の地方自治体と LDDC それぞれの政策選択を解明し、前期からの変化を論じる。

第2節　経済成長に傾く地方自治体

　本節では、引き続きサザク区を主な分析対象としつつ、後期の地方自治体の政策選択の変化を示す。可変的都市間競争論は、財政援助の減額と権限への統制の弱化に注目する。これらの制度が、経済成長をめぐる地方自治体間の競争と財政破綻への恐れを顕在化させ、地方自治体の政策選択は経済成長的側面重視型の再開発となると考えられる。

　本節では、サザク区がドックランズ再開発の経済成長的側面を選択していくことと、サザク区が生活保障的側面の再生から「撤退」していくことをそれぞれ論じる。

第1項　岐路に立つサザク区

　まず本項で、1989 年に住民団体によって提出された前期ドックランズ再開発についての調査報告書と、1990 年にまた別の住民団体によって提出されたレポート、そして 1989 年にサザク区によって公刊された LDDC とドックランズ再開発の中間報告書の三つの文書を検討する。この検討作業を行う目的は、以下の二つである。一つ目は、二つの住民団体のレポートを検討することを通じて、1980 年代末においても、多くの旧住民は、生活保障的側面重視型の再開発を望んでおり、前期と変化していないことの確認である。本節においては後期地方自治体の政策選択の変化を論じるが、この原因は住民からの要求の変化ではないことをまず確認しておく。二つ目に、地方自治体の政策選択が変化する契機として、地方自治体が、手厚い財政援助の復活を望めないと認識し始めたことと、LDDC の政策選択に変化の兆しを見出し

第 5 章　LDDC に接近する地方自治体、大きく旋回する LDDC

たことの二点の指摘である。可変的都市間競争論は、アクターの政策選択の変化はアクターによる制度の再解釈とアクター間の相互作用に媒介されると考える。本項では、地方自治体について、このことを実証的に明らかにする。

　まず、住民団体の調査報告書から見ていこう。LDDC を監視する住民団体である、「ドックランズ協議委員会（Docklands Consultative Committee）」は、1989 年に『1980-88 年のサザク区ドックランズ地区における雇用と経済の変化（Employment & Economic Change in Southwark Docklands 1980-88）』という調査報告書を提出した。この調査は、サザク区北部にある LDDC 管轄地区の雇用と経済が、1980 年代を通じて、どのように変化したかを明らかにすることを目的としている。この背景には、「サザク区北部地区における、経済的再生への LDDC の市場主導的（market led）アプローチのインパクトを客観的に検討する」という狙いがあった（Docklands Consultative Committee [1989] 1）。

　この調査によると、1980 年代にこの地区は、第二次産業から第三次産業への転換と、企業数と雇用の半減を経験した。第一に、雇用分布は、製造業が過半数を占めていたものから、銀行・金融・保険が過半数を占めるものへと変化した（Docklands Consultative Committee [1989] figure 3, figure 6）。第二に、企業数は 239 社から 124 社へ、雇用数は 7167 から 3261 へとそれぞれ減少した（Docklands Consultative Committee [1989] 5）[5]。したがってドックランズ協議委員会は、LDDC が掲げる市場主導的戦略が、地域の経済再生に失敗したと批判する。特に、旧住民の雇用が失われていることに強い不満を表明している（Docklands Consultative Committee [1989] 28）。

　もう一つのレポートも、ドックランズの住民団体が引き続き生活保障的側面の再生を求めていたことを示している。ドックランズ地区における住民団体を束ねるドックランズ・フォーラムは、ドックランズ再開発の関係者からの寄稿を継続的に公刊していた。そのうちの一つにおいて、当時のドックランズ・フォーラム議長、ロン・フィリップス（Ron Phillips）は、次のような序文を記載している。「再生プロセスにおける、旧来のドックランズに存在していた、全般的状況や、伝統的スキル、あるいは長く続いたコミュニティ

149

などの役割は、この地区の再生の中心的争点である。……ドックランズは地域を越えた重要性を有しているのであると、LDDCと中央政府によってしばしば言われている」（Calvocoressi［1990］1）。フィリップスによるこの序文は、生活保障的側面についての不十分性について直接批判を投げかけているわけではないものの、旧住民の生活が、出現しつつあるドックランズの新しい経済構造とうまく調和していないことを、懸念と共に指摘していると言えよう。

　以上の検討により、旧住民の多くは、前期から引き続き、経済成長的側面よりも生活保障的側面の再生を望んでいたということが明らかとなった[6]。サザク区は、ドックランズ協議委員会による『1980-88年のサザク区ドックランズ地区における雇用と経済の変化』を特に重視したようである。というのもサザク区は、この調査報告書に基づき、1989年に、前期ドックランズ再開発についての中間報告書を提出したからである。そこで続いて、この中間報告書を検討し、地方自治体の政策選択の変化のきっかけについて論じたい。

　サザク区は、1989年に『破られた約束（Broken Promises)』と題された中間報告書を作成・公開した。同報告書は、経済成長的側面については、確かに、一定の前進があったことを認めている。例えば、見込みを含めて新規住宅が8000戸供給されることや、各種小売店が充実したことを紹介している（Southwark Council［1989］7-8）。しかし、この報告書は、前期LDDCによって旧住民の生活保障的側面がむしろ悪化したことを強く批判している。その根拠とされたのが、『1980-88年のサザク区ドックランズ地区における雇用と経済の変化』であった。この調査報告を根拠として、サザク区は以下のようにLDDCを批判する。LDDCが設立されたとき、「LDDCは、地方自治体の都市計画を尊重する、旧住民を参加させる、賃貸住宅を建設し、地域雇用を生む、楽しめるような新しい環境を創設すると約束した」が、これらはすべて破られ、旧住民は再開発の恩恵を享受しえなかったばかりか住宅と雇用を失った、ということである。それに対して、サザク区は、「継続的にLDDCの活動と方法を批判しており、地域住民の味方である」と自認する（Southwark Council［1989］1）。このように、1989年においても、サザク区は、

LDDC による前期ドックランズ再開発について、生活保障的側面を犠牲にした経済成長的側面偏重型であると批判的に捉えていた。

しかしながら、この報告書においては、サザク区の態度の変化の萌芽も二つ確認することもできる。

第一に、サザク区が、LDDC が生活保障的側面を重視するように変化し始めたと指摘し、それを好意的に受け止めたことである。サザク区によれば、LDDC は 1980 年代末に、次のような変化を見せた。社会住宅の建設を改めて進めると宣言したこと、住宅修繕プログラムに資金提供をしたこと、そして LDDC がサザク区の意見も尊重するようになったことなどである。こうした点を踏まえ、サザク区は、「低廉な賃貸住宅に対する、LDDC のこれまでの活動は、明らかに貧弱なものである。しかしながら、将来の希望の微光は存在する」と述べる（Southwark Council [1989] 28-29）。

第二に、財政危機が深刻化したサザク区が、生活保障的側面の再生に必要な資金を LDDC に求めるようになったことである。『破られた約束』の中で、サザク区は、「地域のニーズと問題に取り組むための地方自治体自身の能力は、資源へのアクセスが消滅してしまったために、弱くなってしまった。そこで地方自治体は、外部のエージェンシー〔= LDDC〕から財政援助を手に入れる努力も強く進めている」と述べている（Southwark Council [1989] 27）。第 3 章で論じたように、1980 年代初期には、サザク区は LDDC を「無視」していた。サザク区は、LDDC との接触を拒否し、経済成長的側面重視型の LDDC の再開発計画への対抗策として、生活保障的側面重視型の再開発計画を、単独で立てていた。こうした前期とは対照的に、1980 年代末を転換点として、後期サザク区は LDDC に資金提供を求めていくのである。

『破られた約束』の検討によって、二つのことが指摘できる。第一に、1980 年代末のサザク区は、中央政府の言う「財政的責任」という考え方を概ね受容したことである。前期においても自治体財政は大きな問題であったが、前期には、地方自治体は中央政府に 1970 年代型の手厚い財政援助の復活を攻撃的に主張していた。それが敗北に終わった後の 1980 年代末には、サザク区は中央政府の枠内で財政運営をしていくしかないことを受け入れた

のである。第二に、過渡期におけるサザク区は、LDDC に対して、前期の再開発が、生活保障的側面の軽視に終わってしまったと批判を投げかけ続ける一方で、LDDC が生活保障的側面も重視し始めたことを感じ取り、この変化を好意的に受け入れた。その結果、サザク区は、生活保障的側面の再生に必要な行政費用を LDDC に要求するようになった。この二つの媒介を契機に、サザク区の政策選択が変化していくことになる。

次項以下では、分析対象と分析素材を広げつつ、後期サザク区が、生活保障的側面よりも経済成長的側面を重視するように変化していったことを論じていく。

第2項　世界都市化の容認

1980 年代末に、地方自治体の政策選択は変化した。前期の LDSP や『北サザク計画』に代表されるような生活保障的側面重視型の再開発ではなく、経済成長的側面重視型の再開発が選択されたのである。サザク区を事例として、このことを論証するのが本項の課題である。

まず、長期的計画において、サザク区がオフィス・ベースの産業を受容するように変化したことを明らかにする。サザク区が最初にオフィス・ベースの産業を受容したのは、レイト・キャッピングが導入されてから 2 年後の、1987 年 4 月のことであった。サザク区は、もともと 200 戸の公営住宅を建設する予定であった区有地を、オフィスと高級住宅の建設を計画するディベロッパーに 1400 万ポンドで売却した。この売却に対しては、住民団体はもちろんのこと、地方自治体内部でも、「旧住民の利益にならないのではないか」と反対意見も上がった。しかしながら、土地売却による収入によって、地方自治体の財政が健全化されるとの理由に基づき、売却を決定した（SLP 87/4/10）。翌 1988 年 9 月にも同じ構図が繰り返された。サザク区は、公営住宅用の土地をミッドランド銀行に 900 万ポンドで売却し、小切手処理会社を設立することに合意した。この計画を進めたのは、サザク区議会の都市計画副委員長を務めていたニック・スノウ（Nick Snow）だった。彼は、前期においては反 LDDC の議員の一人として、公営住宅路線を掲げていたが、後期に

なって立場を変えた。彼は、「理想では、我々はこの場所に〔公営〕住宅を作りたい。だが我々は、公営住宅提供に対する中央政府からの敵対的姿勢に直面している。住宅建設はもはや現実的ではない」、また「区の財政関係者は、我々が手にする売却資金に満足している」と売却理由を説明した（SLP 88/9/2）。このように、サザク区の経済成長的側面に対する最初の変化は、制度変化によって悪化した自治体財政を立て直すための土地の売却先としてオフィス・ベースの産業を受け入れたことである。受動的ながらも、サザク区がオフィス・ベースの産業を受け入れ始めたことに対しては、ビジネス界から「サザク区は地域のビジネスと緊密な連携を形成している」と好意的に受け止められた（SLP 91/5/21）。

　次に、サザク区の中期的な手法の変化について論じる。LDSP では緻密な計算によって算出されていた、土地の確保・整備の政策課題は、後期になると考慮されなくなった。土地の確保・整備にかわって、サザク区が懸念したのは、地価の上昇であった。地価が上昇すると、決して豊かではない旧住民が家を購入することができなくなる、というのがその理由であった（Southwark Council［1989］15-18）。しかしながら、地価の上昇に対して、サザク区は、特に対策を取らなかったし、取ることもできなかった。例えば、ある工場――製造業は、広い土地が必要なので、レイトの上昇額も大きくなる傾向にある――では、1989 年度には、前年度（約 3200 ポンド）の 6 倍以上の約 2万 1000 ポンドのレイトが課されることになった。そのため、工場の経営者はサザク区に「我々に出ていってほしいのか」と批判を投げかけた。それに対して、サザク区は、「出ていってほしいわけではない」が、「市場価格でのレイトを課さざるをえない」と答えるにとどまった（SLP 88/1/19）。

　もう一つの中期的計画の交通政策については、地方自治体は、中央政府や LDDC との協調路線を採用した。すなわち、サザク区などの地方自治体は、中央政府や LDDC の交通インフラ計画を受け入れたのである。ただし、この点に関しては二つの留保が必要である。第一に、すでに LDSP においても、ジュビリー線とイースト・ロンドン線の二つの地下鉄延伸計画は提示されていた。第二に、LDDC が発案した、ロンドン・シティ空港（London City Airport）やヘリポートの建設など空路の整備には、サザク区は、騒音公害の理由により、反対の立場にあった（SLP 93/1/5）。しかしながら、以下で述べるように、ドックランズの地方自治体は、中央政府と LDDC による地下鉄の延伸とドックランズ軽鉄道（Docklands Light Railway）の敷設計画を認め、さらには早期着工を求めていった。

　もともと、中央政府も LDDC も、地下鉄などの公共交通機関がドックランズに必要であることは認めていた（LDDC［1982a］など）。とはいえ、ドックランズの主要地を通るためには、テムズ河を何度も渡河せねばならず、防水対策や橋梁建設などに多大な費用がかかると見込まれていた。そこで中央政府は、新規企業に費用の一部を負担してもらうよう交渉していた。代表的な会社が、カナリー・ウォーフに大規模なインテリジェンス・ビルを建設中であった、オリンピア＆ヨーク社（Olympia & York）である。同社は 400 万ポンドの地下鉄建設分担金を出すことに合意した。しかし、1990 年代初期の不況のためにオリンピア＆ヨーク社が倒産し、400 万ポンドの分担金が失われることとなった。また、中央政府も緊縮財政のために補助金を削減した。この二つの理由が、改良・延伸といった各種地下鉄計画を延期・中止させることとなった。同様に、ドックランズ軽鉄道も、分担金の多くが失われたために、延伸計画が延期された（SLP 92/11/20, 93/3/5）。

　地方自治体は、地下鉄とドックランズ軽鉄道の停滞に危機感を抱いていた。例えばサザク区は、中央政府の曖昧な声明を「地下鉄延伸の約束である」と解釈して発表することで、地下鉄延伸の早期再開を既成事実化しようとした（SLP 92/11/20）。もっとも、地方自治体が、中央政府に公共交通機関の整備を求めるのは前期と同じである。後期の新しさは、次の二点である。第一に、地下鉄・ドックランズ軽鉄道を求める理由が変化した。LDSP における地下鉄延伸計画は、昔ながらの工業の維持・再拡大が目標であった。それゆえ地下鉄のルートは、すでにある程度企業が集積している地点を通るように計画されていた。それに対して後期には、地下鉄は「経済的回復（economic recovery）」の手段として位置づけられた。ここで用いられている「経済的」という言葉には、特に具体的な内容が込められていないが、地方自治体は、中

央政府が作成した新規産業地を通るルート——もっとも、地方自治体のオリジナルの計画と大きく異なるものではないが——をそのまま受け入れている（SLP 93/3/5）。これは、地方自治体が自らの再開発計画を進めるのではなく、LDDC の再開発計画を受け入れたと解釈されるべきである。第二に、地方自治体間の誘致競争が新たに地方自治体を悩ませた。衰退するインナー・シティと労働党支配という類似の環境にあったルイシャム区、グリニッジ区、サザク区の三区は、前期までは協調的な関係にあった。しかし、後期には、「三区すべては、〔公共交通機関誘致の〕資金とタイミングの面で、特権的扱いをめぐって、互いに競争関係にある」と自らの置かれた立場を認識した（SLP 91/7/26）。

　最後に、短期的な資金確保についてのサザク区の変化について論じる。サザク区は、中央政府に補助金の再増額を攻撃的に要求する姿勢から、受動的な補助金の獲得と自主財源の確保へと変化した。

　受動的な補助金の獲得とは、中央政府や LDDC による、条件付きのアド・ホック型補助金を、サザク区が進んで受け入れたことを指す。前期サザク区は、中央政府に補助金の増額を求める一方で、LDDC からの補助金については、これを拒否した。これに対して後期サザク区は、マシューズらが中心となって、LDDC への対抗姿勢を解除する条件や、経済成長に関する活動に使うという条件を受け入れ、LDDC からの補助金を積極的に獲得していった（Southwark Council［1989］27）。後期におけるサザク区と LDDC の関係改善については、次章で詳しく分析する。本項が指摘しうるのは、サザク区が LDDC に接近した理由は、自治体財政の再建と地域の経済成長への期待であったということである（SLP 88/7/1, 90/9/25）。

　自主財源の確保の方法は、さらに細かく三つに分類される。一つ目は、本項の長期的計画の変化のところで述べた、公営住宅予定であった区有地の売却である。積極的に区有地を売却することで、サザク区は資金の確保に奔走した。二つ目は、公営住宅家賃（rent）の値上げと回収強化である。公営住宅家賃については、自己所有住宅や民間賃貸住宅を利用できない、相対的な低所得者への対応という論点であるので、次項で詳しく論じることにしたい。

三つ目は、レイト、コミュニティ・チャージ、カウンシル・タックス（Council Tax）と変遷した自治体の自主課税財源の増額である。地方自治体は、税収の確保を迫られることになった。しかし保守党議員らが、自主課税財源の上昇は公営住宅家賃の未払い分を補填することが原因であると批判したことや（SLP 89/10/6, 89/10/13）、近隣のワンズワース区の低いコミュニティ・チャージ（例えば、1991年度は、一人あたり148ポンド）に、大いに注目が集まったことが、サザク区の高いコミュニティ・チャージに歯止めをかけた（SLP 90/3/6）[7]。すなわち、1992年度のコミュニティ・チャージは、全英で最低レヴェルの189ポンドに設定された。これは、サザク区が、前年度の未払い者の分を、他の納税者が補填しなくてもよいように制度変更したためである（SLP 92/3/6）。以上のように、自主財源の確保は、公営住宅用の区有地の売却や、公営住宅の家賃の値上げと回収強化、増税によってなされており、そのため、生活保障的側面の縮小の意味も有していた。

　後期サザク区は、このように集めた自主財源によって再開発を進めようとした。それは、1990年にドラフトが公開され、1995年に策定された『総合開発計画』において確認できる。1995年の計画の冒頭では、LDDCを讃えた後、開発に必要な資金は、主としてサザク区が負担すると述べられている（Southwark Council [1990]；[1995] para. 1.28）。これは、前期に策定されたLDSPや『北サザク計画』において、サザク区が、中央政府に補助金を強く求めたことと対照的である。後期地方自治体は、中央政府に補助金を期待できなくなったために、自主財源によって再開発を行わざるをえなくなったのである。

第3項　生活保障的側面からの「撤退」

　続いて、サザク区が、生活保障的側面の再生から徐々に「撤退」していったことを論じる。ここで言う「撤退」とは、法律上は依然として、地方自治体が住宅や教育といった社会政策に責任を負うものの、後期にはサザク区がこれらの政策課題に対して、冷淡な態度をとるようになっていったことを指す。前期には、ドックランズ地区の地方自治体は、旧住民への雇用確保と、

公営住宅のさらなる提供の二点をドックランズ再開発の目標に据えていた。しかし、1980年代末のサザク区では、地方議員が中央政府からの補助金の削減や税制改革による財政危機に危機感を覚え、彼らが主導する財政緊縮策が始まることになる。これが、生活保障的側面からのサザク区の「撤退」となって現れることになった。

　まず、雇用政策からの「撤退」について論じよう。ドックランズ協議委員会の調査報告は、LDDCの再開発方針に対して代替案を提示した。それは、サザク区が総合開発計画策定権を活用して、製造業や工業用地を守り、育成すべきであるという内容である（Docklands Consultative Committee [1989] section 5）。これは前期サザク区の方針に合致するものである。しかし後期サザク区は、住民団体から提示されたこの代替案を採用しなかった。なぜならサザク区は、財政危機のために、従来型のこれらの産業を保護・育成する能力を喪失したからである。

　具体例を二つ示しておこう。第一に、土地売却金を得て、財政を立て直すことを優先したため、オフィス・ベースの産業と高級住宅の建設を受容して土地の売却を進めた（SLP 87/4/10, 88/9/2）。第二に、サザク区は、サザク環境トラスト（Southwark Environment Trust）による身体障害者雇用企業や新興企業に格安家賃でワークショップを貸す計画から手を引いた。中央政府はむしろこの計画を援助していたが、サザク区は、財政危機のために、補助金を出さず、また額面通りのレイトを賦課しようとした。そのため、地域雇用を生む可能性のあった、この計画は暗礁に乗り上げることとなった（SLP 89/3/23）。これらの事例は、財政危機に苦しむ後期サザク区が旧住民に対する雇用政策から「撤退」していることを示している。

　サザク区の生活保障的側面からの「撤退」が最も顕著であったのが、次に検討する住宅政策である。後期サザク区は、財政危機のため、公営住宅重視路線を放棄したのである。具体的には、新規公営住宅建設の停止（SLP 87/8/25）、修繕サーヴィスの縮小（SLP 87/9/8, 90/2/9）、そして公営住宅家賃の増額と回収強化である。公営住宅家賃の増額と回収強化は、既存の住民の生活にとりわけ大きな影響を与えるために、注目を集めた。

公営住宅家賃の低さと未回収が問題視された理由を説明しておこう。それは、公営住宅家賃が、レイトやコミュニティ・チャージといった地方自主財源とトレード・オフとなることである。つまり、公営住宅の家賃が低かったり、回収率が悪かったりすると、その分は地方自主財源で補塡されることになる。この場合、公営住宅入居者は利益を受ける。他方で、中流階層以上の、自己所有住宅に住む人々の利益は損なわれる。したがって、公営住宅家賃は、自治体内部における対立を引き起こす問題である。

　1985年12月に、サザク区は、それまでの公営住宅入居者保護路線を変更する。家賃納入者・納税者・コミュニティを守ることを理由に、2300万ポンドの未回収家賃の回収強化を発表したのである。ただし、この段階においては、立ち退き要求、四週間以上の滞納者の移転の停止、管理システムのコンピューター化、家計アドヴァイスシステムの拡張などの間接的な方法が採用されたにとどまる（SLP 85/12/10）。翌年には、サザク区は、家賃回収職員の補充と給与増額を実施し、家賃回収をさらに強化することを発表した（SLP 86/4/11）。

　しかしながら、サザク区の家賃回収強化政策は十分な効果を上げられなかった。それどころか、1987年3月には、未回収家賃は2900万ポンドに上昇した。これを受けて、サザク区は、回収を一段と強化することを発表した（SLP 87/3/17）。具体的には、1000ポンド以上の負債を抱えている借家人には、20%の債権を放棄して、重債務者に返済のインセンティヴを与えることを決定した（SLP 87/4/14）。1987年は、公営住宅の家賃が低すぎることが問題視された年でもあった。サザク区法務部が、インフレ率に比べて家賃の値上げ幅が小さく、不公平であると主張したのである（SLP 87/3/17）。その結果、まず一週間あたり1.5ポンドの家賃値上げが実施された（SLP 87/9/8）。サザク区の赤字が深刻化した1987年秋には、サザク区リーダーのマシューズが、一部労働党議員の反対を押し切り、平均家賃一週間あたり19.38ポンドとなる、一週間あたり2ポンドの家賃値上げを発表した（SLP 87/10/16）。

　未回収家賃はその後も拡大を続けた。1989年10月には3830万ポンドに、1990年1月には、4100万ポンドに達した。未回収分を補塡するために、コ

第 5 章　LDDC に接近する地方自治体、大きく旋回する LDDC

ミュニティ・チャージが増額されることになり、特に保守党議員とマス・メ
ディアが、区の家賃回収の失敗を批判した[8]。こうした批判に対して、サザ
ク区労働党は、「立ち退きや動産差し押さえを行い、未納家賃回収に努力し
ている」と答える。1989-90 年には、強制立ち退きや動産差し押さえなど、
より直接的な回収方法が採用されたのである（SLP 89/10/6, 89/10/13, 90/1/16)。
同時期に、サザク区は、家賃の再値上げも検討する。1989 年 12 月には、一
週間あたり 10 から 16 ポンドの家賃値上げが検討される。当時の平均家賃は、
一週間あたり 25 ポンドであったから、かなりの増額である（SLP 89/12/19)。
この案に対して、サザク区は、コミュニティ・チャージを増額させて、家賃
の値上げを抑制しようとした。それでも、4.5 ポンドの値上げは避けられな
かった（SLP 90/2/9)。

　これら一連の動きが示すように、サザク区は、1980 年代後半以降、公営
住宅の値上げと家賃の回収を強化していった。そのきっかけは、自主課税財
源への負担転嫁に対する、保守党議員やマス・メディアによる批判である。
しかし、主導したのは、あくまで与党労働党リーダーのマシューズと、彼女
に率いられた労働党議員であった。

　最後に、後期サザク区が各種社会サーヴィスを縮小、有料化、値上げして、
各種社会サーヴィスからも「撤退」したことを示しておこう。具体例を列挙
すると以下の通りである。19 館ある図書館のうち 6 館の閉鎖、給食宅配サー
ヴィスの値上げ、在宅介護の有料化、高齢者用のデイケアセンターの閉鎖、
プレイ・センターの削減と有料化、成年教育の支出減、管理・支援サーヴィ
スの削減などである（SLP 89/12/19, 91/1/8, 92/9/2)。

　後期サザク区は、雇用、住宅、社会サーヴィスといった各生活保障的側面
の再生から「撤退」していったのである。1980 年代前半には、デイヴィス
とリッチーの二人の左派リーダーに率いられ、「地元利益」を掲げて生活保
障的側面を重視していた労働党は、財政危機が深刻化するなかで、生活保障
的側面から「撤退」する道を選択することになったのである。

159

第3節　複雑化するLDDCの政策選択

　本節では、後期LDDCの政策選択が前期から変化したことを示す。第1項では、計量的にLDDCの政策選択を分析し、後期LDDCが経済成長的側面を引き続き重視しながらも、生活保障的側面にも配慮を示していたことを明らかにする。第2項では、経済成長的側面について論じる。総花的な目的と迅速性の手段に特徴づけられる前期とは異なり、後期LDDCは、世界都市建設を主体的に進めたことを論じる。第3項では、生活保障的側面について論じる。ここでは、後期LDDCが重視した政策とそうではない政策が対照的に描き出される。第4項では、本節の検討を踏まえ、後期LDDCの政策選択の複雑さを理解するための枠組を提示する。

第1項　LDDCの「二面作戦」

　まずは、前期と同じくLDDCの年次報告書の構成と収入・支出構造を計量的に分析する。

（1）　LDDCの年次報告書の構成

　年次報告書の検討に際しては、第3章で提示した図表3-3から図表3-6を再読してもらいたい。

　経済成長的側面と生活保障的側面の比重のグラフからは、LDDCが、1980年代末から生活保障的側面を重視するように変化したことを読み取れる。登場順位に関してみると、1994年度からは生活保障的側面のほうが経済成長的側面のよりも高い得点をつけている。これは、年次報告書において、生活保障的側面に関する項目がより最初に登場することを意味している。後期LDDCが、生活保障的側面の再生に取り組む決意を強く表明していることや、生活保障的側面に関する成果を強調していることがうかがえる。また、紙幅割合に関してみると、1989年度に生活保障的側面の紙幅合計が経済成長的側面のそれとほぼ同等だったのを皮切りに、1992年度、1994年度、1995年度においては生活保障的側面の紙幅がかなり伸びている。これも、後期

LDDC が生活保障的側面を強調していることの表れと理解できる。

　より詳細に見ると、以下の項目が後期に重視されたことが確認できる。経済成長的側面においては、まず「交通」が 1980 年代末から 1990 年代初期に極めて高い数値を示している。これは、LDDC が進めていたドックランズ軽鉄道やロンドン・シティ空港といった大型プロジェクトが完成する時期であったのが原因であると考えられる[9]。次に「レジャー・観光・旅行」の項目が 1990 年代半ば以降に紙幅割合において高い数値を示している。生活保障的側面の項目は、総じて伸びが高いが、なかでも、「コミュニティ」と「教育・職業訓練」の二つの項目が著しく伸びている。また、「住宅」と「景観・環境」の項目は、1980 年代には徐々に低下するが、1990 年代に入ると、登場順でも紙幅割合でも再度強調されていることがわかる。

　以上のように、報告書構成の量的分析は、後期 LDDC が、経済成長的側面を前期に引き続き重視するものの、生活保障的側面も重視するようになったことを示している。とりわけ、住宅政策や教育政策において、その傾向は顕著であった。

（2）　LDDC の収入・支出構造

　続いて収入・支出構造の側面を分析する。第 3 章と同じ手法を用いて、中期から後期の収入と支出を整理し、分析する。

　収入について、前期と比較すると、中央政府からの補助金の増額が目を引く。最大となった 1990 年度には 3 億ポンドを超えている。初年度の 1981 年度と比べると、約 10 倍である。その後は、地区ごとに LDDC が撤収し始めたことも影響してか、補助金は低下するものの、それでも LDDC は、概ね 1 億ポンド以上の補助金を毎年受領している。

　支出については、報告書構成と同じく、1990 年前後に「交通」項目が突出していることが、まず目を引く（ドックランズ軽鉄道を意味する、「DLR」も含む）。また、前期と同じく、「環境改善＋土地浄化」の項目にも安定的に支出されている。前期との最大の相違は、「コミュニティ」や「住宅」[10] に代表される生活保障的側面への支出額が大きくなり、また支出額も安定化していることである。このことは、LDDC が、前期に掲げていた、スピン・オフ効

果と、生活保障的側面の再生における地方自治体責任論という二つの原則を捨て、生活保障的側面の再生に直接介入していったことを示している。

　報告書構成と収入・支出の二つの計量的な分析は、後期 LDDC の政策選択が、生活保障的側面の再生も重視する方向に変化したことを示している。とはいえ、経済成長的側面の再開発も軽視されたわけではない。したがって、後期 LDDC の政策選択は、「二面作戦」とでも呼ばれるものである。ただし、政策選択のより詳細な理解やその形成理由の把握という課題に対しては、計量的な分析手法では限界がある。そこで、次項以下で、質的分析手法を用いて後期 LDDC の政策選択をより詳細に分析していく。

第2項　前面化される世界都市建設

　可変的都市間競争論の想定によれば、後期の中央政府・LDDC は、経済成長的側面に対して冷淡になるはずである。なぜなら、中央政府による地方自治体への介入が弱い場合、経済成長をめぐる地方自治体間競争や財政破綻への恐れが顕在化するため、地方自治体の政策選択は経済成長的側面重視型の再開発になる。中央政府・LDDC にとっては、経済成長的側面の再開発は地方自治体に任せておけばよく、むしろ地方自治体によっては十分に提供されえない生活保障的側面の再生を担うことになるからである。

　ところが、前項で示したように、実際には後期 LDDC は経済成長的側面から撤退したわけではない。それでは、後期 LDDC はいかなる経済成長的側面の再生計画を立てたのか、ということが本項で取り組む問いである。この問いには、LDDC が前期に引き続き掲げていた、「再生」概念の変容を分析することで答えることにしたい。主たる分析地区は、カナリー・ウォーフ（タワー・ハムレッツ区）とする。カナリー・ウォーフは、LDDC の「再生」概念が最も明瞭に観察できる地であり、後期 LDDC が最も心血を注いだ地でもあり、そして世界都市ロンドンの一角としてのドックランズの中心地でもあるからである。

　第3章と第4章では、前期 LDDC の経済成長的側面の再開発計画とその成果を分析した。この分析では、前期 LDDC が、具体的な将来像を明確化し

ておらず、「市場原理による再開発」を提唱し、都市計画の緩和を目的化したことを明らかにした。1980年代半ばは、情報通信産業や金融管理産業が勃興しつつある時代であった。これらの産業は、都市計画が緩く、新たなビル建設が容易であったドックランズに進出してくることとなった。LDDCは、このような社会経済的変化を受けて、ドックランズ「再生」の定義を、曖昧で総花的なものから、これらの産業の誘致へと明確化させていくのである。

LDDCの政策選択と行動の変化が最も顕著に現れたのが、カナリー・ウォーフ再開発である。カナリー・ウォーフとは、アイル・オブ・ドッグズの中心部に位置し、最初期に建設され最大のドックであるウェスト・インディア・ドック（West India Dock）とそれに連結するミルウォール・ドック（Millwall Dock）に囲まれた地区である。カナリー・ウォーフは、1981年当時は最も荒廃がひどかった地区の一つであり、LDDCによってエンタープライズ・ゾーンに指定されていた。

前期LDDCは、カナリー・ウォーフ再開発にあまり関与しなかった。カナリー・ウォーフ再開発は、1984年、レストラン経営者が料理の下ごしらえをする場所を探していたことに端を発する。カナリー・ウォーフ再開発は、どこにでもあるような小規模な土地利用として始まったのである。しかし、再開発計画は一気に巨大化する。クレジット・スイス・ファースト・ボストン社（Credit Suisse First Boston）もカナリー・ウォーフの利用に声を上げ、1985年3月にLDDCの事務局長ワードと再開発の協議を始めることになったのである。協議では、アメリカの投資アドヴァイザー、G・ウェア・トラベルステッド（G. Ware Travelstead）が「我々はアイル・オブ・ドッグズに本社機能を移転することができるのか？」と質問を投げかけ、ワード事務局長は、可能であると答えている。ワードは、トラベルステッドが要求した半年間の補助金を支出するようLDDCの執行委員会にかけあっている（LDDC [1998b] "The Canary Wharf Story"）。このような水面下での動きこそあったが、1980年代後半になるまで、LDDCのカナリー・ウォーフへの目立った言及はなかった。1984-85年の年次報告書では特に触れられていないし、1985-86年の年次報告書ではアイル・オブ・ドッグズの再開発計画の一つとして扱

われているにすぎない（LDDC［1985a］；［1986a］22）。この時点における
LDDC の動きは、都市計画の緩和による迅速化のみである。すなわち、「そ
れ〔＝カナリー・ウォーフの再開発計画〕はすべてのルールを打ち破った。
このような大きなスキームのインパクトについて、タワー・ハムレッツ区や
シティは当然のこと、環境省や戦略プランニング機関である GLC にも協議を
行わなかった」ということである（LDDC［1998b］"The Canary Wharf Story"）。
このように、当時の LDDC は迅速化を強調し、再開発の主導権は民間企業に
委ねていた。

　1986 年と 1987 年にトラベルステッドのパートナーであったクレジット・
スイス・ファースト・ボストン社とモルガン・スタンレー社（Morgan Stan-
ley）が再開発から手を引き、新たなパートナー、オリンピア＆ヨーク社が参
入した。続いてトラベルステッドが、採算が取れないということで撤退し、
オリンピア＆ヨーク社が単独で再開発を手がけることとなった（LDDC
［1998b］"The Canary Wharf Story"）。この時期に、LDDC はカナリー・ウォー
フの再開発計画に積極的に関与していくように方針を転換する。1986-87 年
の年次報告書の別冊として、『カナリー・ウォーフ』が提出された。この報
告書は、次のように、カナリー・ウォーフ再開発を捉える。「ロンドンの世
界市場の中心としての地位は、規制緩和とそれに続く金融、サービスセクタ
ーの構造改革によって強化された。まさにこのプロセスが、広く、障害物の
ないフロアスペースと、内部のデザインのフレキシビリティを兼ね備えた、
大規模な現代的オフィスビルの需要を生み出した。同様に、利用者は情報コ
ミュニケーション、データ管理、空調という 1990 年代の必需品に便宜を図
ることのできる、これまでにない高度なテクノロジー水準を期待している。
カナリー・ウォーフはこれらすべての需要に合うようデザインされている」
（LDDC［1987c］1）。LDDC にとって、カナリー・ウォーフ再開発は、ドック
ランズの産業構造の転換の象徴となっていった。

　その後 LDDC は、情報通信産業・金融管理産業のドックランズへの進出と
いう社会経済的動きに便乗していく。すなわち LDDC は、1980 年代後半か
らカナリー・ウォーフの再開発における情報通信産業と金融管理産業の進出

という方向性をドックランズ全体の再開発の目的へと拡大させた。例えば、1986年の年次報告書において、LDDCは、「上昇する都市」という節の中で、次のように述べる。「ドックランズは……ロンドンのシティが発展と拡大の大いなる時期に突入するにつれ、その戦略的位置〔を占めるようになった〕。金融業に必要とされるテクノロジーに見合った空間や新しいスタイルのビルに対する需要が、ロンドンが金融都市としてのその圧倒的優位性を保持し、拡大し、強化するように、シティと共に機能するというドックランズにとっての大きな機会となっている」(LDDC [1986b] 4) [11]。この一文からも読み取れるように、LDDCは、1980年代後半に「再生」概念を明確化させた。それは、ドックランズ再開発の目指すべき将来像を、情報通信産業・金融管理産業に見出していくものであった [12]。

　LDDCが情報通信産業・金融管理産業にドックランズの将来像を見出したのは、民間企業の動きに便乗したかたちであったが、1990年頃には中央政府とLDDCは、情報通信産業・金融管理産業の誘致により積極的に関わるように変化した。前期に謳われた市場主導型都市再開発は消失し、かわって、政府主導型都市建設が出現したのである。1990年代初期の不況期に、中央政府とLDDCは市場放任ではなく、大いに介入した。第一に中央政府は多額の補助金をLDDCに与え、LDDCは、公金を用いて都市建設を進めた。LDDCは、次のように述べる。「こんにちの不動産市場の国家的な低迷においても、再生活動の継続は本質的なままである。LDDCは開発促進組織であり、それゆえに環境省の支援のもと、公的資産やコミュニティ・プロジェクトへの支出を拡大してきた」(LDDC [1990b] 2) [13]。第二に、不況のためにオリンピア&ヨーク社が倒産してしまったが、LDDCは、成り行きを市場に委ねるのではなく、後継企業との交渉に奔走した。「LDDCは、カナリー・ウォーフへの新たな投資企業との交渉の成功を祈っている。それは、再生の契機の継続を確実にするであろう」と述べる (LDDC [1992b] 2)。交渉の結果、スウェーデン、カナダ、日本などからカナリー・ウォーフへの投資の呼び込みに成功した (LDDC [1998b] "The Canary Wharf Story")。

　政府主導型都市建設へのこうした転換の背景には、LDDCとそれを後押し

する中央政府が、国際化の進展による、経済成長をめぐる国家間の競争を強く意識したことが挙げられる。そこでLDDCは、ドックランズ再開発に、世界都市ロンドンの一角として、ロンドンの国際競争を助けるという目的を与えることになったのである。実際、1991年には、LDDCは以下のように述べている。

　「LDDCは、1992年の単一欧州市場のインパクトに備えねばならない。そして、ロンドンが、世界三大金融センターの一つとして、ヨーロッパの先導的ビジネス都市としての地位を保持し続けられるような役目を果たす必要がある」（LDDC［1991a］7）
　「ヨーロッパで最大のサーヴィス業用開発余地、改良された交通アクセス、高質の環境を有するロンドン・ドックランズは、ロンドンが投資と雇用機会をめぐる国際市場において、ロンドンが競争することを支援するための、特別な地位に位置づけられている」（LDDC［1991a］13；［1991b］2）

　このように、ドックランズ再開発は、もはや単なるインナー・シティ再開発の範疇を越え、「世界都市ロンドンの一角」を建設するという国家的プロジェクトへと押し上げられていった。したがって、ドックランズの「再生」すなわち、情報通信産業・金融管理産業の誘致は、「特別な地位」の原動力へと昇華されたのであった。

　本書で明らかになった中央政府が国境を越える都市間競争に駆られていく様態は、近年盛んに指摘されている。例えば、玉井亮子と待鳥聡史は、フランスの都市再開発が「国際競争力強化を目指す中央政府主導の首都圏整備プロジェクト」となっている様態を指摘している（玉井・待鳥［2016］第3章）。また、曽我も20世紀後半には「都市間競争の相手は国外の都市を含むものへと拡張された」と端的に述べている（曽我［2016］160）。国際競争が激しい時代においては、仮に中央政府による地方自治体への介入が弱かったとしても、中央政府は世界都市建設を通じた経済成長に無関心でいられるわけではない。

もっとも、世界都市建設は、情報通信産業・金融管理産業のみを誘致すれば完成するというわけではない。成田孝三は、世界都市には、情報通信産業や金融管理産業だけでなく、「清潔で安全な環境・安全で信頼度の高い公共交通・個人に対する犯罪レベルの低さ・高質な文化」も必要であると指摘している（成田［1994］54）。良好な生活環境がなければ、高度専門職や管理職の人的資源が集まらないからである。ただし、成田の指摘には、「（持ち家）住宅」が付け加えられるべきである。というのも、再開発前のドックランズでは、住宅のほとんどが公営の賃貸住宅であり、持ち家住宅が極めて少数であったからである。一般的に経済的に余裕がある者は、賃貸住宅よりも持ち家住宅を好むと考えられるが、当時のイギリスにおいても、中流階級以上の者の持ち家志向は強かったと指摘されている（広原［1993］）。そのため、中・高所得層向けの持ち家住宅の供給も、世界都市化を通じた経済成長にとって必要な政策である[14]。続いて、世界都市で働く人的資源を集めるような、（持ち家）住宅・環境・公共交通・治安・文化の五つの政策領域における、後期 LDDC の政策選択を明らかにしておこう。

　第一に、（持ち家）住宅について言えば、前期 LDDC の強い政策選択が明らかにトーンダウンしたことが指摘される。前期 LDDC は、公営住宅が多すぎ、住宅の多様性が失われていることを問題視し、持ち家住宅を増やすことに強い関心を払っていた。具体的には、「住宅市場」を作り上げることを目的として、土地の整備と都市計画の緩和を積極的に行った（LDDC［1998e］"Introduction"）。そして、その結果、前期末には確かに住宅は増えたものの、ホームレスの数も増加したことは、第4章で明らかにした通りである。それに対して、後期 LDDC は、高所得者向けの販売住宅重視路線を修正し、社会住宅・賃貸住宅をより重視した。もっとも、後期 LDDC が旧住民向けの社会住宅・賃貸住宅を重視していったことは、生活保障的側面にかかわる論点なので、次項で詳しく明らかにする。

　第二に環境である。もっとも、「環境」というのはやや曖昧な言葉であり、その定義について確固たるものがあるわけではない。事実、先に引用した成田も「清潔で安全な環境」と述べているのみであり、その内容について特定

の意味を込めているわけではない。むしろ、「環境」とは、後述する「治安」や「文化」を含む総体的な用語であると理解されるべきかもしれない。具体的な定義に関するこうした限界はあるものの、LDDC の報告書と支出を再度検討することで、「環境」に対する後期 LDDC の政策選択を考察したい。まず、報告書分析であるが、「景観・環境」の登場順順位と紙幅割合は、前期と後期で大きな差は確認できない。「景観・環境」の項目を他の政策領域と比較すると、概ね一貫して中程度の重要性が付与されていることが読みとれる。経済成長的側面のみと比較すると、「景観・環境」は、「ビジネス・投資・開発」と「交通」の二項目よりも重視されていない年が非常に多い。次に、支出であるが、二つの大項目である「歳入プロジェクト」と「公的資産」において、「環境改善＋土地浄化」は、額も多くまた、支出全体に対する割合も大きい。ただし、より詳しく見ると、1988-89 年以降は、その割合が減少している。これは、「交通」への支出が急増したためである。「交通」への支出が減少した 1993-94 年以降は、再び「環境改善＋土地浄化」の割合が伸びている。このように、報告書と支出を見る限り、環境に対する LDDC の政策選択はそれなりに強い。しかし他方で、環境は、報告書における「ビジネス・投資・開発」、「交通」と、支出における「交通」ほどには強調されているとは言えず、それらが重視された時期には、環境は、相対的には軽視される傾向も確認できる。

　第三に、公共交通についてであるが、本節第 1 項の年次報告書構成と支出の分析で明らかにしたように、LDDC は公共交通を極めて重視していた。具体的には、地下鉄ジュビリー線の延伸、ドックランズ軽鉄道の敷設、そしてロンドン・シティ空港の建設などが重視されていた。LDDC は、このような公共交通の整備を情報通信産業・金融管理産業の誘致と直接結びつけていた。それは、例えばドックランズ軽鉄道の最大の効果が、ドックランズと金融街であるシティとの連絡とされていたことや、ロンドン・シティ空港の意義も、「ヨーロッパ市場において、ロンドン・ドックランズを戦略的な地位におくこと」として強調されていたことに現れている（LDDC [1990b] 1；[1991a] 9；[1991b] 1)。

第5章　LDDC に接近する地方自治体、大きく旋回する LDDC

　第四の治安についてであるが、そもそも LDDC は警察権を持っていないことに留意すべきである。治安の改善のために LDDC がやれることには、大きな限界がある。そのため、十分ではない恐れもあるが、住民アンケート調査を用いて検討してみたい。1996 年の「あなたとあなたの家族にとって、何が最も重要な（諸）イシューですか？」という質問に対する、回答の第二位は「犯罪、法規、秩序」である（17%）。また、1994 年と 1996 年に行われた、サーヴィスごとの満足度に対するアンケートでは、環境や交通、教育などに対して満足度が高い一方、「破壊行為（vandalism）」や「犯罪／安全」の項目が雇用関係の項目に次いで不満の対象となっている（MORI［1996］12-15）。治安については、後期における住民が強く不満に感じていたのである。治安の不備の責任をすべて LDDC に帰することはできないが、LDDC が治安の改善に対して、有効な政策を打ち出せなかったことも事実である。

　第五に、文化政策について述べる。この論点で指摘しておくべきことは、LDDC が高所得者層向けの文化・娯楽の整備に力を入れ出したのは、情報通信産業や金融管理産業への傾斜よりも、時期的に遅かったことである。生活の質を国際水準に引き上げることが、明確な政策課題となったのは、1995 年であった。この年に、LDDC は乗馬センターやヨット施設を整備した。LDDC は、かかる施設に「国際水準」の娯楽施設という意味合いを与え、これら施設を情報通信産業や金融管理産業を担うホワイトカラー住民のための生活に寄与するものと考えた。LDDC は、これらが、世界都市ロンドンの一角としてのドックランズの将来を確固たるものにすると主張した（LDDC［1996a］10；［1996b］3）。さらに後の 1998 年には、LDDC は、「ビジネス・コミュニティ（business community）」という言葉を用いるようになる。この「ビジネス・コミュニティ」とは、「ホワイト〔カラー〕としてのロンドン・ドックランズ」を意味する。そして、この「ビジネス・コミュニティに高品質の設備を提供」するものとして、LDDC は、ホテルやカジノ、レジャー施設を挙げている（LDDC［1998a］16-17）。以上の二つの例に現れているように、後期 LDDC は、高度専門職や管理職をはじめとする高所得者層向けの文化・娯楽の整備も重視した。しかしながら、この整備が政策課題として浮上したの

は、1990 年代中盤以降という遅い時期のことであった。

　世界都市に付随的に必要となってくる（持ち家）住宅・環境・公共交通・治安・文化の五つの政策について、後期 LDDC の政策選択を明らかにしてきた。情報通信産業・金融管理産業と直接結びつけられていた交通は除いて、後期 LDDC は、世界都市で働く高度専門職や管理職の人的資源を惹きつけるような良好な生活環境の整備という分野に対してはそれほど熱心でなかった。

第3項　生活保障的側面再生への関与

　可変的都市間競争論は、後期には LDDC の政策選択が生活保障的側面重視型の再開発となると予想する。なぜなら、地方自治体が経済成長的側面に傾斜するため、生活保障的側面の再生を地方自治体に期待することができないからである。

　実際、後期になると、地方自治体は生活保障的側面の再生に関する費用を LDDC に求めていった。前期には、サザク区や住民団体は、LDDC を「無視」していた。あくまで自力で生活保障的側面の再生を行おうとしたのである。それに対して、後期サザク区は、「地域のニーズや問題にサザク区が直接対処する力は、財源調達能力の喪失と共に減退してきているので、サザク区は、外部エージェンシー〔＝ LDDC〕から援助を求める努力をしている」と述べ、生活保障的側面の再生を LDDC に求めている（Southwark Council ［1989］27）。地域住民も同様である。例えば、借家人組合は、もともとサザク区がやるはずであった、スワン・ロードの公営住宅の改装を LDDC に要求していった（SLP 88/12/16）。中央政府の特別委員会（Select Committee）も十分な社会政策供給の能力を喪失した地方自治体に替わって、LDDC に社会政策を行うことを指示した [15]。1980 年代末には、LDDC は、地方自治体に替わって、生活保障的側面の再生に着手することを各方面から要求されたのである。

　要求を受けた LDDC 自身の内部にも、その認識に変化が起きていた。すなわち、「コミュニティ基盤の支援が、ドックランズの再開発にとって決定的〔に重要〕である」という認識が登場した。しかし、地方自治体には生活保障的側面の再生を期待できなかった。そこで LDDC は、生活保障的側面の再

生を自ら行うことを決めた。すなわち、「本来的には、地元住民に生活の便宜を図るのは、地方自治体の責務であった。しかし……地方自治体は、十分な資源を有してはいなかった。そのため LDDC は、コミュニティの資産のために使われる、社会政策の資源を増加させた」のであった[16]。

1980 年代末以降の LDDC は、生活保障的側面の再生に積極的な言説を繰り返していく。例えば、1987-88 年の年次報告要約版ニュース・リリースには、『コミュニティのために働く（Working for the Community）』とのタイトルが付された（LDDC [1988b]）。それまでの LDDC の出版物のタイトルは、抽象的なものであるか、経済成長的側面の再開発が進んだことを主張するものであった。それが、1988 年には、「コミュニティ」と銘打ったのである。このように、後期 LDDC は、地方自治体の生活保障的側面からの「撤退」を補うように、生活保障的側面を重視するようになった。

政策領域ごとに細かく検討していきたい。ドックランズでは雇用と住宅が懸案事項であったが、これらに対する後期 LDDC の政策選択を明らかにしていく。

まず、雇用政策である。後期 LDDC は、LDSP が強調していた「工業」に代表される労働集約型産業には冷淡な態度をとるようになる。情報通信産業・金融管理産業がドックランズに流入が明確となってきた 1986 年、LDDC は「伝統的な〔労働集約型産業における〕雇用はもはや存在していない」と突き放す（LDDC [1986b] 2）。こうした冷淡な態度の背景には、労働集約型産業が国際競争力を失ってしまったことを指摘できる。ジェフリー・メイナード（Geoffrey Maynard）は、すでに 1970 年代末において、イギリスにおける製造業の資本投資に対するリターン割合が著しく低下していたことを指摘している[17]。彼によれば、中央政府の対応のミスがこの問題を悪化させていた。というのも、サッチャー以前の中央政府、特に大蔵省は、需要の不足が製造業の雇用減少の原因であると誤って捉えており、福祉支出を拡大することで対応しようとした。それに対して、中央政府は、技術革新や工業への新規投資を促すことはなかった。このように中央政府が対応策を誤っている間に、イギリスの製造業は、他国との国際競争に押され、利益率が低下したの

であった。したがって、当時の労働集約型産業での雇用は、経済の活性化というよりも、生活保障的側面という性格が強かった（Maynard［1988］chap. 1）[18]。そのため、世界都市建設を目指すLDDCにとっては、こうした従来型産業に固執する必要はなかった。

後期LDDCは、それまでの労働集約型産業にかわって、情報通信産業・金融管理産業をはじめとするサーヴィス業に住民を就業させようとした。そのためLDDCは、教育と職業訓練を重視した（SLP 89/8/8）。例えば、各種学校に200万ポンドの補助金を与え、国家平均を上回るコンピューター教育を実施した（SLP 91/11/5）。LDDCの最終報告書は、次のように自らが行った教育・職業訓練政策を強調する。

　「二度と動かないドックで自らの職を失った人々は憤慨の念を覚えたことだろう。しかし彼らの子供たちは、〔LDDCの提供してきた〕良い教育、職業訓練、仕事、環境、住宅と共に、イメージできたよりもさらに明るい未来を手に入れている」（LDDC［1998b］"Conclusions"）
　「長期的な視点で見れば、より多くの人が良質の教育に価値を見出したのと同様に、教育への公的投資が、イースト・エンド〔＝ドックランズ〕の再生におけるLDDCの業績の最も重要な遺産と判明しうるだろう」（LDDC［1998d］"Education"）

教育への投資が、LDDCの最も重要な遺産とまで断言するこの文章は、後期LDDCが、教育・職業訓練政策を非常に重視していたことを示している。後期LDDCは、伝統的な労働集約型産業を、国際競争力を失った過去の産業として見放し、それに替わる雇用政策の一つとして、教育・職業訓練政策を重視したのである。

次に、住宅政策である。LDDCは、1985年から1986年にかけて住宅政策について見直しを行った。その結果、LDDCは、住宅市場を作ることには成功したが、旧住民への社会住宅や賃貸住宅の提供には失敗したと反省することとなった（LDDC［1998e］"Housing Policy Review, Shift of Focus"）。そこで、

LDDC は 1988 年にコミュニティ・サーヴィス部局長にエリザベス・フィルキン（Elizabeth Filkin）を任命し、住宅政策の見直しを行った（SLP 88/9/2）。翌 1989 年、フィルキンは、「住民に利益のあるような再生を進めたい」と述べ、5100 万ポンドのコミュニティ予算を確保した。教育・職業訓練と共に住宅も、この予算の対象であった（SLP 89/8/8）。この予算は、住宅協会（Housing Association）の賃貸住宅・所有権共有住宅への補助、そして住宅の内部改装への補助に充てられることになった（LDDC [1998e] "New Housing Strategy"）。このような補助は、LDDC の生活保障的側面の再生への介入を意味するものであった。

その結果として本節第 1 項で明らかにしたように、「住宅」項目に対する支出も安定的かつ多くなったのである。

後期 LDDC が、地方自治体にかわって、生活保障的側面についても重視していたことを明らかにしてきた[19]。ただし、後期 LDDC は雇用政策については直接的な雇用提供は放棄し、かわって教育・職業訓練への補助を強めた。また、旧住民のための社会住宅・公営住宅の補助政策も重視された。このように、生活保障的側面といえども一様に重視されたわけではない。

第 4 項　後期 LDDC の政策選択についての考察

後期 LDDC の政策選択は、可変的都市間競争論の想定に合致している部分もあるが、そうでない部分も多いということが明らかになった。この齟齬を理論的に考察し、可変的都市間競争論に新たな知見を提示すると同時に、LDDC による世界都市建設を把握するのが本項の目的である。

齟齬は、経済成長的側面と生活保障的側面の両方で確認できる。前者について言えば、中央政府・LDDC は、世界都市建設を主体的に進めた。特に、情報通信産業・金融管理産業の誘致に熱心であった。ヨーロッパ統合を念頭に置きつつ、ロンドンの国際競争力を高めるドックランズという課題に突き動かされたのである。ただし、そこで働く人的資源のための良好な生活環境の整備という課題に対して、後期 LDDC はそれほど強い関心を寄せなかったのは、可変的都市間競争論の想定とある程度一致している。後者について言

えば、生活保障的側面の再生に対する地方自治体の能力と意欲の減退を補うように、後期 LDDC が生活保障的側面の再生に乗り出していくのは、可変的都市間競争論の想定通りである。しかしながら、労働集約型産業での雇用確保は、国際競争力の低下のために放棄された。

この検討によって、可変的都市間競争論の想定と後期ドックランズ再開発の齟齬を理解する鍵は、国際競争にあるということが明らかとなる。都市間競争論は、「一国主義」の前提に立脚していた。すなわちこの理論は、人・資本・商品・サーヴィスなどあらゆるものにとって、地方自治体間の移動は容易であるが、国家間での自由な移動は不可能であるという前提のうえに考察された理論であった。換言すれば、中央政府は、あらゆるものについて国家間移動を制限する能力があるため、社会政策を供給する政府責任を負っている、とされていた。1980 年代末には、このような一国主義の前提が動揺したとみるべきであろう。もっとも、ピーターソン自身は、1995 年に出版した『連邦制の費用』において、国際化が進展したこんにちにおいても、アメリカの中央政府が、その主要税源を法人税から所得税へとシフトさせることを通じて、企業の国外脱出を食い止める努力を払っているものの、中央政府が社会政策に、地方自治体が経済政策にそれぞれ傾斜していることに変化はない、と論じる（Peterson [1995] 30-33）。

しかしながら、仮に地方自治体との比較で中央政府のほうが社会政策に傾斜していることを認めたとしても、そのことは、中央政府が経済政策に無関心なままでいられることを意味するわけではない。確かに国家間のほうが、地方自治体間に比べて移動が困難であることに変わりはないため、地方自治体と比較すれば、中央政府のほうが社会政策の提供に向いていよう。ただし、だからといって、国際化が進展した状況においても、中央政府が経済政策に関心を寄せず、社会政策のみに関心を寄せているとまでは言えない。

中央政府が国際競争に駆られていくというこの点について、例えばボブ・ジェソップ（Bob Jessop）は、近年では、グローバル化のために、国家が「競争国家」と呼ばれるものへと変化していると論じる。「競争国家」とは、他の諸国家との経済的競争に勝つために、国内の経済成長や、国内を拠点と

する資本の競争優位を確保することを目指す、新しい国家像である（Jessop
［2002］96 = 136）。菊池努も同様に、「競争国家」という概念を提示している
が、この競争国家は、「経済活動のグローバル化に適応する」ことを目標と
している。具体的には、「国家は、国際市場で勝ち抜くために、海外からの
投資や貿易を促進し、国内経済制度や経済政策を国際的に調和のとれたもの
にしなければならない。政府は、国民に経済的繁栄を与えるために、自国領
土内に国際的な競争力を有する産業を育成・誘致しなければならない」。菊
池は、「競争国家」をこのように説明する。彼は、こんにちの「先進国にお
けるさまざまな経済改革の試み」はまさにこの戦略の一環であると指摘する。
ここで言う経済改革とは、賃金が相対的に低い発展途上国との国際競争の激
化ゆえに、あまり利益が見込めなくなった労働集約型産業から、付加価値の
高い産業への転換を意味している（菊池［2004］203-204；野林他［2007］14-
19）。彼らは、中央政府が競争と無縁なのではなく、むしろ国際競争に巻き
込まれていることを指摘しているのである。

　実際、1980年代末という時代は、国際化が実体的にも認識上も高まった
時代であった。すなわち、第一に海外直接投資の急上昇、第二に多様な金融
商品の証券化、第三に先進国間での取引の活発化の三点が挙げられる
（Thompson［2000］107 = 119；Sassen［2001］83 = 91）。サッチャー首相は、
こうした世界的な流れを受けて、1986年10月に「ビッグ・バン（Big
Bang）」を実施した。これは、金融市場の規制を緩和すると共に、外国資本
をイギリスに呼び込もうとする政策であった。さらに、1987年の単一欧州議
定書の発効、イギリスは通貨統合については適用除外を選択したが1992年
のマーストリヒト条約の調印などが政治日程化した。このように、1980年代
末のイギリスにおいては、経済面における国際化が、政治的争点となり、ま
た実際に進められることとなった（遠藤編［2008］）。

　イギリス国民および政治家の認識レヴェルにおいても、国際化は耳目を集
める論点であった。為替相場メカニズムや、さらには単一通貨加入の是非を
めぐる問題が、政治的争点となったのである。イギリスは、ヨーロッパ統合
に対して、歩みを進めるべきか立ち止まるべきか、という政治的対立は、保

守党内部にも大きな影響を与え、親欧派のヘーゼルタイン元環境大臣、ナイジェル・ローソン（Nigel Lawson）元大蔵大臣、ジェフェリー・ハウ（Geoffrey Howe）元外務大臣らが、サッチャー首相に反旗を翻し、彼女の辞任へとつながった（Thatcher [1993] chap. 24, chap. 25, chap. 28）[20]。以上のように、1980年代末のイギリスでは、一国主義は明らかに動揺していた。

都市間競争論に国際化の影響を加味すべきという試みは、すでに提示されつつある。玉井・待鳥は、「社会経済的要因によって衰退した産業を保護する政策は、グローバル化の下で都市間競争が激しくなっている今日、結局のところ都市の競争力を弱めてしまうと考えられる」と述べる（玉井・待鳥 [2016] 73）。さらに、標準的な教科書においても、住民や企業が国境を越えて簡単に移動する場合には、都市間競争論と同じメカニズムが中央政府にも当てはまり、中央政府もまた再分配政策を十分に維持できなくなると論じられている（建林他 [2008] 319）。彼らの指摘は、後期 LDDC が労働集約型産業を見放したこと、そしてそうした産業での完全雇用を放棄したことにも当てはまる。

それでは、都市間競争論に国際化をどのように加味すべきか。都市間競争論に修正を迫っているのは、国際移動可能性である。したがって、経済成長的側面と生活保障的側面という軸に、政策の対象の国際移動可能性についての高低軸を新たに付け加えるのが妥当である。国際移動可能性が高い対象についての政策とは、商品や資本に関する政策である。実際、商品や資本は、貿易や投資というかたちで早い段階から国際化が進んでいた。国際移動可能性が低い対象についての政策とは、人間に関するものである。人間の国際移動可能性は、資本やサーヴィス、商品などに比べて、相対的に低い。その理由として、以下の二点が挙げられる。

第一に、国家は、人間の流出入に対して相対的に強い規制をかけることが可能であり、また実際に規制をかけていることである。例えば駒井洋は、「国境の壁は、資本の自由な移動をほとんど自由に許容するが、労働の移動にはきびしい制限を加える」と指摘する（駒井 [2002] 30）。第二に、そもそも人間にとっては、資本やサーヴィス、商品に比べて国際移動に対する障壁

第 5 章　LDDC に接近する地方自治体、大きく旋回する LDDC

【図表 5-3　中央政府による地方自治体への介入が弱く、さらに国際化が進展した場合の政策選択パターン】

政策の対象の 国際移動可能性	経済成長的側面		生活保障的側面	
	高い	低い	高い	低い
中央政府	+	0	−	+
地方自治体	+	+	−	−

注）0 は、政策選択として積極的とも消極的とも言えない予測を示している。
出典）筆者作成。

　が依然として大きいことである。具体的には、言語や文化、生活習慣、人間関係などが挙げられよう。こうした移民の障壁については、すでに多くの研究が提出されているが、一例として、上林千恵子の研究が示唆的である。彼女は、先進各国が高度な技術を持つ移民を呼び込もうとしているが、その確保は不十分であると指摘している。というのも、国境を越えた労働力の移動は、あまり大きなものではないからである（上林 [2002] 78-84）[21]。

　以上の検討から、中央政府による地方自治体への介入が弱く、さらに国際化が進展した場合の政策選択パターンは、経済成長的側面と生活保障的側面という軸および、政策の対象の国際移動可能性についての高低軸という二つの軸を用いて、図表 5-3 のように表現することができる。

　各セルについて説明する。第一に、経済成長的側面で国際移動可能性が高い対象についての政策（左から一番目）については、国際競争の激化およびそこでの勝利のため、中央政府はこの誘致に熱心になると考えられる。第二に、経済成長的側面で国際移動可能性が低い対象についての政策（同二番目）については、中央政府はそれほど高い関心を示さないと考えられる。確かに、高度専門職や管理職の人的資源も国際競争にとって重要である。しかし、こうした人的資源は主に国内移動によって賄われる。つまり、生活環境が良好だったとしても良質な労働力を国外から呼び込むことには限界があるし、逆に生活環境が良好ではなかったとしても良質な労働力が大量に国外に流出するとは考えにくい。第三に、生活保障的側面で国際移動可能性が高い対象についての政策（同三番目）については、忌避すると考えられる。なぜなら、税収増が見込めない産業にいくら投資しても、結局は国際競争に勝てないか

177

らである。第四に、生活保障的側面で国際移動可能性が低い対象についての
政策（同四番目）については、中央政府は、重視すると考えられる。地方自
治体への介入が弱い場合、中央政府が生活保障的側面を担当することになる
だろうが、それはこの領域に含まれる政策に限定されるであろう。なお、地
方自治体の政策選択は、都市間競争論の想定がそのまま該当すると考えられ
る。あくまでも、ここで考慮すべきは、国際化の影響だからである。後期ド
ックランズ再開発の分析から、以上の理論的知見が得られる。

　図表5-3を用いて、後期LDDCの政策選択を把握してみると、以下のよう
にまとめることができる。経済成長的側面に関しては、後期LDDCは世界都
市建設を主体的に進めた。具体的には、情報通信産業・金融管理産業の誘致
に積極的であった。これは、経済成長的側面で国際移動可能性が高い対象に
ついての政策（左から一番目）に該当する。また、後期LDDCは、（持ち家）
住宅・環境・公共交通・治安・文化の五つに代表される生活環境の向上につ
いては、産業と直接結びつけられた公共交通を除いて、それほど熱心ではな
かった。これは、経済成長的側面で国際移動可能性が低い対象についての政
策（同二番目）に該当する。生活保障的側面に関しては、後期LDDCは地方
自治体にかわって、これを重視したものの、労働集約型産業での雇用を放棄
した。これは、生活保障的側面で国際移動可能性が高い対象についての政策
（同三番目）に該当する。かわって、教育・職業訓練と社会住宅の提供という、
住民への直接的サーヴィスに力点が置かれていた。これは、生活保障的側面
で国際移動可能性が低い対象についての政策（同四番目）に該当する[22]。

　本章では、中央政府・LDDCと地方自治体それぞれの政策選択が、前期と
は異なるものであることを示してきた。それゆえ、後期における両者の関係
と再開発の成果も、前期のそれらとは異なるはずである。次章では、このこ
とを論じる。

注

1）不人気なコミュニティ・チャージは、サッチャー首相退陣の一つのきっかけとなり、続くメイジャー政権によって、1993 年度に廃止された。次の地方税制である、カウンシル・タックスは、人頭税的要素を残しつつも、固定資産税へと戻った地方税制であった（高寄 [1995]）。

2）自主課税財源へのキャッピングや強制競争入札、コミュニティ・チャージの強制的な導入を想起すると、やはりサッチャー政権では、地方自治体の権限への統制が強まったのではないかと思われるかもしれない。だが、本文中で述べた通り、これらは、地方自治体の政策選択を直接拘束するものではなく、地方自治体の財政「責任」を高める手段として位置づけられていた。

3）ただし、この点には二つの注記が必要である。第一に、地方自治体は、明確な理由がない限り、中央政府が定める都市計画から逸脱すべきではないとされている（中井 [2004] 88-89）。第二に、LDDC の管轄地区においては、LDDC が引き続き開発許可権を有していた。

4）本項で論じた 1980 年代以降のイギリス地方自治体の権限についての日本語文献としては、他にもスティーブンズ [2011] 51；山下 [2015] 第 14 章が挙げられる。

5）ただし LDDC は、この調査は、基づいている情報が古いうえに、数値も間違っていると批判した。LDDC は、サリー・ドックスだけでも雇用数は 1 万に増加していると主張した（SLP 89/10/27）。

6）この点については、第 4 章で検討した住民アンケートも想起されたい。1990 年では、住民の大多数は、ドックランズ再開発から不利益を受けていると答え、また LDDC に対しても低い評価を与えていた。

7）ただし、サザク区とワンズワース区に挟まれた場所に位置するランベス区は、全英最高レヴェルのコミュニティ・チャージを設定した（例えば、1990 年度は 730 ポンド）。これら三区のコミュニティ・チャージの金額の差異の分析には、本書のような都市間競争ではなく、例えば区の政治経済状況の差異への注目が必要であろう。

8）なお、後に環境省は、一般レイト会計から地方自治体の公営住宅の家賃を補助する地方自治体の権限を廃止した（Chandler [1991] 42）。もっとも、本書が注目したいことは、1980 年代後半以降、公営住宅家賃の回収失敗に対して、それを補填するために地方税が引き上げられるために、地方議員など地方自治体の内部や、マス・メディアなど地域社会から批判が向けられるようになったことである。それは、地方自治体に生活保障的側面の再生から「撤退」する圧力となった。

9）交通政策の分類は、難しい問題である。というのは、良好な交通インフラは、経済活動にも資するし、旧住民の「足」ともなるからである。本書は、LDDC の言説を分析することで、交通政策を経済成長的側面に分類している。この点は、次項で論じられる。

10）報告書構成においては、「住宅」項目は、経済成長的側面にも生活保障的側面にもどちらにも含めなかった。これは、流入者向けの高級販売住宅なのか、旧住民向けの賃貸住宅・社会住宅なのか、判断できないからであった。それに対して、支出におけ

る「住宅」項目は、生活保障的側面に分類される。なぜなら、「住宅」への支出は市場では購入できない低所得住民への各種補助だからである。

11) LDDC は、1985 年にはすでに、「テレコミュニケーション技術が、今やドックランズをイギリスの外と結び、またドックランズをシティという偉大な金融的近隣と連結させている」と情報通信産業や金融管理産業の価値を認め（LDDC［1985a］10）、これら産業を「日の出産業」と呼び、その進出を歓迎している（LDDC［1985b］3）。このように、概ね 1985 年あたりから、「再生」の定義が変化し始めた。

12) しかしながら、海外の諸都市との経済的競争に勝たねばならない、という目標は、この時点ではまだ明確にされていない。ロンドンの国際競争力を高めるドックランズという将来像は、次段落以降で明らかにするように、1990 年代初期に明確化される。

13) 中央政府が、後期ドックランズ再開発に世界都市ロンドンの一角としての意味を与え、これを積極的に支援したことは、世界都市研究にも知見を提起する事例である。すなわち、第 1 章で批判的に検討したように、これまでの世界都市研究は、主に、国際化する市場原理が世界都市に与える影響に注目してきた。これに対して本書は、世界都市の形成においては、中央政府による主体的な世界都市形成政策が重要であることを示唆している。国際化する市場原理という環境の重要性も否定するわけではないが、1990 年代初期の不況期に中央政府が LDDC を支援しなかったとすれば、今のドックランズはもちろんのこと、ロンドン全体の世界都市としての地位は低迷していたかもしれないと、筆者は考える。

14) ドックランズにおいても、（持ち家）住宅・環境・公共交通・治安・文化の良好さがドックランズへの移住の決め手であったというアンケート結果も存在する（MORI［1996］47）。

15) 2009 年 9 月にインタヴューを行ったイネス氏の回答および、2010 年 1 月に電子メールでインタヴューを行ったライマー氏の回答による。

16) 2009 年 9 月にインタヴューを行ったイネス氏の回答および、2010 年 1 月に電子メールでインタヴューを行ったライマー氏の回答による。

17) メイナードによると、1955-58 年には 16 であった製造業の固定資本の回収率（net real rate of return on fixed capital）は漸減していき、1976-80 年には 6 にまで落ち込んでいる（Maynard［1988］16）。

18) メイナードは、それにもかかわらず、中央政府が製造業の雇用政策を打ち出した理由は、完全雇用を達成するという政治的目的のためであり、そしてイギリス政府が完全雇用という目的を優先せざるをえなかった理由として、労働組合の強い攻撃性を指摘している（Maynard［1988］chap. 1）。

19) 後期 LDDC が生活保障的側面を重視した理由について、馬場は景気の悪化を挙げる。すなわち、「市場中心の戦略を採用する形での開発を行ってきた LDDC は、企業の投資が鈍化するにつれて、コミュニティの意向も計画に反映させなければならない状況であった」と述べている（馬場［2012］110-111）。だが、企業投資の鈍化が、なぜコミュニティの意向を反映させるように LDDC に迫るのか論理的な説明は提示されていない。企業投資の鈍化ゆえ、LDDC はさらに企業に従属するようになったという仮説

第5章　LDDC に接近する地方自治体、大きく旋回する LDDC

も成り立つはずである。

　本書の見解は、彼の立場とは異なる。すなわち、景気の悪化に対しては、後期
LDDC は、世界都市化を明確化させたために財政や諸活動を拡大することで対応を試
み、後期 LDDC がコミュニティの意向を重視するようになったのは、後期地方自治体
がコミュニティの再生能力を減退させてしまい、それを補ったからであるということ
を明らかにしてきた。つまり、景気の悪化への対応とコミュニティの意向重視は直接
的には関係のない、後期 LDDC の特徴である。

20）サッチャーは、自由貿易は別にして、為替相場メカニズム（Exchange Rate Mech-
　　anism）への懐疑やヨーロッパ単一通貨などのヨーロッパ統合には批判的であり、ヘ
　　ーゼルタインらがヨーロッパ統合に積極的であるとされている（Thatcher [1993]
　　chap. 24, chap. 25, 728 =（下）336；戸澤 [2006] 198-200）。

21）ピーターソンも、人間そのものの国際移動可能性が大きくないことを示している。
　　本項で紹介したように、アメリカの中央政府は、その主たる財源を企業への法人税か
　　ら労働者への所得税へとシフトさせているのである。

22）後期 LDDC が重視することになった、経済成長的側面で国際移動可能性が高い対
　　象についての政策と、生活保障的側面で国際移動可能性が低い対象についての政策の
　　二つは、いかにして両立可能か、あるいは二つの政策の間に何か関係があるのか、と
　　いう論点も興味深い。しかし、少なくとも当時の LDDC は、二つの政策領域の間に特
　　に連関を見出せていなかった。すなわち、後期 LDDC の各種報告書は、これら二つ
　　の政策領域を「箇条書き」的に紹介している（LDDC [1993b]；[1994b]）。

第6章

対立の鎮静化と世界都市の完成
——後期ドックランズ再開発の政治過程と都市建設

　本章では、後期ドックランズ再開発をめぐる中央政府・LDDCと地方
自治体の政治過程を分析し、LDDCによる再開発について最終的な評価
を行う。前章において、地方自治体の政策選択は経済成長的側面重視型
の再開発となり、LDDCの政策選択は生活保障的側面を重視しつつも、
国際化にも影響されたものへと変化したことを明らかにした。

　本章の第1節では、こうした両者の政策選択の変化の結果、後期には
政策選択の部分的な一致も生じたため、両者の関係は協調的なものへと
変化したことを論じる。第2節では、後期LDDCの政策選択にしたがって、
経済成長的側面で国際移動可能性が高い分野を対象とする政策と、生活
保障的側面で国際移動可能性が低い分野を対象とする政策において、大
きな成果が生まれたことを明らかにする。それは、世界都市ロンドンの
一角としてのドックランズの誕生と、LDDCによる直接的な住民サーヴ
ィスの充実である。

第1節　地方自治体とLDDCの和解

　本節は、四つのトピックを通じて、後期の政治過程を明らかにする。第1
項では、関係変化のきっかけとなった、LDDCから地方自治体への資金提供
を扱う。第2項では、地方自治体がLDDCによる再開発を認め、LDDCに協
力していったために協調的関係が形成されたことを示す。第3項では、地方
自治体が、自治体職組や住民団体と対決しつつ、LDDCに生活保障的側面の
再生の責任を求めていった過程を明らかにする。最後に第4項では、「多層
的な都市間競争」という新たな政治状況が、1990年代半ば以降、出現した

ことを論じる[1]。

第1項　和解をもたらした LDDC による資金提供

　前章で論じたように、1980 年代末から、地方自治体は LDDC に対して資金援助を求め始め、LDDC はこの求めに応じた。この LDDC による地方自治体への資金提供が、両者の対抗的関係を緩和するきっかけとなった。資金提供を受ける見返りとして、地方自治体は、LDDC への態度を軟化させた。こうして、1987 年 8 月から 1988 年 7 月にかけて、LDDC と三区の間で順次協力関係が形成された（LDDC [1989b]）。特に、LDDC と、ニューハム区およびタワー・ハムレッツ区との間では文書形式で協定が締結され、この文書は公開された。そこで本項では、主にこれらの協定を分析素材として、経済成長的側面で国際移動可能性が高い対象についての政策ならびに、生活保障的側面で国際移動可能性が低い対象についての政策において、LDDC と地方自治体の間で協調的関係が形成されたことを示す[2]。

　LDDC から地方自治体へ提供された資金は、その使途が詳細に限定されていた。すなわち、生活保障的側面のなかでも国際移動可能性が低い対象についての政策への資金提供と決められていた。具体的には、ニューハム区へは、1500 戸の低廉住宅の提供、職業訓練の提供、コミュニティ事業への資金援助である。タワー・ハムレッツ区へは、650 戸の住宅改良（うち 450 戸は LDDC の進める道路建設のため、別地区に移転）、「ネズミ通り」と揶揄された道路への対応、職業訓練・学校・保健所・図書館などへの 350 万ポンドの資金援助である（LDDC and LB of Newham [1987]；LDDC [1988c]）。これらの政策は、市場価格で住宅を購入することが困難であったり、失業者および失業の可能性が高かったりする社会的弱者を対象とするものである。このことは、後期 LDDC は生活保障的側面の再生に関与していったが、それは、国際移動可能性が低い対象についての政策に限定されていたという前章での知見を再度確認させるものである。

　一方、当時の地方自治体では、財政危機が深刻化しており、特に財政を逼迫する住宅分野でのサーヴィス供給が滞っていたために、住民から強い批判

第6章　対立の鎮静化と世界都市の完成

を投げかけられていた。そこで地方自治体は、LDDC に住宅供給・住宅修繕の費用を負担するよう求め、公営住宅への LDDC からの資金提供を歓迎した。

　逆に、地方自治体が LDDC に提供するものは、「所有する土地〔の利用〕および、地方自治体の権力と責務の行使を通じた、LDDC への協力」というものであった（LDDC and LB of Newham [1987]）。一般的かつ抽象的な表現であるものの、地方自治体は、LDDC による再開発を是認し、それに協力することを申し出たわけである [3]。当時は、LDDC が再開発の方針を前期の総花的なものから、後期の「世界都市ロンドンの一角としてのドックランズ」へと変化しつつある時期であった。地方自治体は、港湾業の再生ではなく、世界都市という将来像を LDDC と共有することを選択したのである。

　以上のように、LDDC と地方自治体の協力関係は、LDDC による地方自治体への資金提供によって形成され始めた。生活保障的側面の再生に対して、地方自治体は LDDC に費用負担を求めていった。LDDC はそれに応えることとなったが、国際移動可能性が低い対象についての政策に限定された。その見返りとして、地方自治体は、LDDC から経済成長的側面で国際移動可能性が高い対象についての政策に関して協力を求められた。

　これまでのドックランズ再開発研究は、かかる協調的関係の形成を十分に重視してこなかった（Brownill [1993] chap. 8；馬場 [2012] 109-112）。これは、先行研究が中央政府・LDDC の選好を経済成長的側面重視型の再開発として、地方自治体の選好を生活保障的側面重視型の再開発として不変的に捉えていたことに起因する。このような観点に立つ限り、協調的関係は、一時的な「ノイズ」としてしか捉えられない。それに対して本書は、各政府の政策選択が可変的なものであると捉え、前章ではその変化を明らかにした。本書の観点からは、協調的関係の形成は一時的なものではないし、また、不自然なものでもない。そうではなく、本項で明らかにした協調的関係の形成は、各政府の政策選択の変化による、いわば当然の結果であると捉えられる。

第2項　経済成長的側面における協調的関係

　LDDC による資金提供の見返りは、地方自治体が LDDC による再開発を認

め、LDDC に協力していったことであった。本項では、四つの事例を通じて、後期地方自治体が LDDC に協調的な態度をとったことを示す。それは、公共交通政策、カナダ・ウォーター（Canada Water）再開発、LDDC 撤収時のお互いのコメント、そしてペッカム・パートナーシップ（Peckham Partnership）である。それぞれ、個別政策領域、具体的な再開発、総括、LDDC 後の中央政府と地方自治体の関係に対応しており、多角的な論証を行うことを目指している。

（1）　公共交通機関の拡張

第5章では、地方自治体の交通政策が、中央政府の計画を認めるように変化したことを示した。それに対して、本項では、中央政府・LDDC・地方自治体・民間企業・住民団体が公共交通政策に与えた意味の「五者五様」の相違を明らかにすることと、それにもかかわらず、ほぼ当初の予定通りの完成に至った理由を提示すること、この二点を集中的に論じるために、さらに詳しく 1990 年代ドックランズ地区の公共交通政策の経緯を見ておく。なお、本項で扱う公共交通政策とは、主として、ドックランズ軽鉄道の敷設・延伸を意味している。ただし、地下鉄ジュビリー線の延伸についても論述に必要な限りで取り上げる。

LDDC による公共交通政策の位置づけから見ていこう。後期 LDDC は、ドックランズの世界都市化を自らの目標に据えていた。そのための具体策として最も重要視されたのが交通政策であった。それは、1990 年前後の年次報告において交通政策が重視されていること、支出においてもその多くを交通政策に割いていることから読み取れる。例えば、1992 年 7 月発行のニュース・リリースによると、「交通こそが未来への鍵である」。それゆえ、交通整備が急がれる。具体的には、道路の拡張とシティへの延伸も必要であるが、とりわけ、ドックランズ軽鉄道の一層の充実とベクトンへの延伸[4]、そしてドックランズを東西に貫通する、ジュビリー線の延伸が急務であった（LDDC [1992b] 1-2）。LDDC は、公共交通機関を世界都市という「未来への鍵」として位置づけており、これを重要視していた。

中央政府も LDDC のこうした位置づけを、基本的な部分では共有していた

ようである。しかしながら、中央政府の内部では、公共交通機関の必要性そのものよりも、必要性を認めたうえで、どう整備するかという手法に対する関心のほうが高かった。すなわち、民間企業に出資させることによって、中央政府の負担をなるべく抑制しようとしたのである。もっとも、1990年代初期の不況により、オリンピア＆ヨーク社が倒産して資金の見通しが悪くなると、中央政府は、ドックランズ軽鉄道のルイシャムまでの延伸に対する支出を決定した（SLP 93/3/5, 93/12/3）。また、ドックランズ軽鉄道の有効性を高めることを理由に、所有権を LDDC に一時的に移管するなど、中央政府の支援が全くなかったわけでもない（LDDC［1992c］1）。

　ルイシャム区とグリニッジ区の二つの地方自治体も、LDDC や中央政府と同じく、経済成長のためにはルイシャムへのドックランズ軽鉄道の延伸が必要であると主張した。それと同時に、不況や技術的問題によってその開通が遅れていることに懸念を表明している（SLP 93/3/5）。また、ジュビリー線のドックランズへの延伸に際して、サザク区は、これが旅行業を活性化することで地域経済に大きな利益をもたらすと主張した（SLP 97/10/21）。

　このように、LDDC・中央政府・地方自治体の三者は、経済成長のために公共交通機関を充実させていく必要があるという方向性では一致していた。しかし、手段では相違があった。それは、カティ・サーク駅（Cutty Sark）とアイランド・ガーデン駅（Island Garden）の建設問題において、民間企業・ドックランズ軽鉄道執行部・住民団体も巻き込みつつ、対立を生むことになった。この二つの駅は、テムズ河を挟んだドックランズ軽鉄道のルイシャム線上の予定駅であったが、駅の建設には莫大な費用が必要であることが判明した[5]。したがって、この駅を作るかどうか、作るとしたら、その費用をどう工面するかという問題が議論されることとなった。

　この二つの駅の建設問題について、関係組織・団体の態度は分かれた。まず、中央政府は、駅建設に消極的であった。そのため、1994年6月から、上院でカティ・サーク駅とアイランド・ガーデン駅の二つの駅の建設を再度審議することにした。また、ドックランズ軽鉄道の執行部も、建設には多大な費用がかかることを理由に挙げ、極めて消極的であった。これに対して、

アイランド・ガーデン駅を抱えるタワー・ハムレッツ区は、駅建設を強く求めた。タワー・ハムレッツ区は、ルイシャム線建設は、二つの駅を含めた案で決定されたのであるから、駅建設の取り消しは法的に無効であると主張した（SLP 94/6/24）。

　結局、中央政府は、カティ・サーク駅建設に資金を提供しないことを決定した。また、当駅は民間企業にとって魅力が薄いため、民間投資も期待できないことが明らかとなった（SLP 94/10/21）。これに対して、当該地区選出の下院議員や地方自治体は、駅の建設が訪問客を増やして地域経済の利益になると主張した。こうした主張に加えて、グリニッジ区は100万ポンド、ルイシャム区は500万ポンドの費用を、それぞれ負担することを決定して、駅建設を促した。駅建設をめぐるこうした対立状況のなかで、ドックランズ軽鉄道の執行部は、カティ・サーク駅が地域にもたらす利益を認め、地方自治体の資金負担を歓迎しながらも、建設費が1300万ポンド以上に達することを挙げて、他に資金を提供しうる団体があるかどうか調査すると述べるにとどまった（SLP 94/8/12, 94/10/21）。

　このような中央政府と民間企業の建設への非協力的な態度、地方自治体の強い要求と自己負担の申し出、そしてドックランズ軽鉄道執行部の消極的な態度という三つ巴の対立状況のなか、LDDCの主張は揺れ動いた。すなわち、LDDCはカティ・サーク駅を建設する方向に傾いたり、民間企業にとっては駅の魅力が薄いことを認めたりと、民間企業と地方自治体の双方の主張に肩入れした（SLP 94/8/12, 94/10/21）。

　1994年末にドックランズ軽鉄道は、関係団体に対し、ひと月以内に1400万ポンドを工面しなければ、カティ・サーク駅を建設しないとの通告を出した。この通告を受けて、先述の地方自治体の負担金の他、グリニッジ大学や国立海洋博物館などが160万ポンド、中央政府も別スキームとして100万ポンドの補助を出すことを表明した（SLP 94/12/30）。このように各方面から資金が集まった結果、カティ・サーク駅もアイランド・ガーデン駅もなんとか建設されることとなった。

　駅が建設されることは決まったものの、続いて、その負担配分をめぐる論

点が浮上した。ドックランズ軽鉄道執行部は、建設費用の償却方法として、テムズ河を渡河するルートには、70ペンスの追加運賃を課すことを検討する。この案に対しては、住民団体の連合組織であるドックランズ・フォーラムが「公共交通の理念を損ねるものである」と猛反発し、政府が補助金を出すべきであると主張した（SLP 95/11/28）。さらに執行部は、年金受給者のフリーパスの停止も提案した。フリーパスを維持するためには、約35万ポンドが必要であるものの、それを負担する「利用可能な交通のためのロンドン委員会（London Committee on Accessible Transport）」は約10万ポンドの支出が限界であると申し出たためである。ドックランズ・フォーラムは、フリーパスの廃止提案を批判したが、ドックランズ軽鉄道側は、「我々は、年々多くの人を運んでいるのに、実費では、受け取っている額は減っている」と反論した（SLP 96/9/13）。ドックランズ軽鉄道の費用の問題は、住民団体を悩ませることとなったのである。

　ここまで見てきたように、公共交通機関の整備をめぐる中央政府・LDDC・地方自治体・民間企業・住民団体の関係は、決して友好的なものであったとは言えない。それぞれの団体は、計画の詳細な部分や、費用負担をめぐってお互いに緊張関係にあった。

　しかし他方で、中央政府とLDDC、地方自治体、そして民間企業の四者が、経済成長のためにはドックランズ軽鉄道と地下鉄の拡充が必要であるという目標を共有していたことも明らかとなった。また、住民団体も、経済成長という理由ではなく、地元住民の利便性の観点からではあるものの、公共交通機関の必要性は共有していた。すべての関係団体は、ジュビリー線の延伸とドックランズ軽鉄道の延伸に賛成であったのである。したがって、この二つの事業は、予定よりも数年の遅れこそあったものの、当初の計画通り完成することとなった。

（2）　カナダ・ウォーター再開発

　後期のサリー・ドックス再開発において、最大の注目を集めた再開発の一つが、ロザーハイゼ地区のカナダ・ウォーター（サリー・キー（Surry Quays）とも呼ばれる）再開発であった。カナダ・ウォーター地区では、1988年にシ

ョッピングセンターが建設されてはいたものの、本格的な再開発事業は着手されていなかった（LDDC［1998g］"1981-1996: A Radical Transformation"）[6]。しかし、ジュビリー線の延伸によって、この地区に新駅ができることが確実となったことから、1992年頃からさらなる再開発が求められることになった。

1992年2月、LDDCは、サリー・ドックス地区の土地を売却すると共に、再開発計画を発表した。それによると、カナダ・ウォーターでは、「合計150万平方フィートの……オフィス・小売・レジャー・映画館・その他住宅開発と設備的開発」がなされる予定であった。LDDCは、カナダ・ウォーター再開発当初から、同再開発をドックランズの世界都市化の一環として位置づけていた。というのもLDDCは、カナダ・ウォーターを「シティの外縁」と捉えていたからである（LDDC［1992d］3）。前章で明らかにしたように、LDDCは、再開発後のドックランズの役割を、シティと役割分担しつつロンドンの国際競争への寄与に見出した。それゆえLDDCは、カナダ・ウォーター再開発を、世界都市建設の一環と位置づけ、これを重要視した。そのことは、再開発におけるLDDCの関与でも確認できる。LDDCは、カナダ・ウォーターにおいて、世界都市化の具体化であるオフィスの建設や、そこで働くホワイトカラー層の生活の質を向上させるための小売、レジャー、映画館といった再開発を目指した。このように、カナダ・ウォーター再開発は、ドックランズの世界都市化の一環として位置づけられた。

サザク区は、LDDCによるこの再開発計画に賛同し、事業を進めていった。ここで注目したいのは、再開発計画に携わった組織、サザク区・LDDC・民間ディベロッパーの三者である。他方で住民の関与については、短い説明の場が設けられたことと、事後報告的な小冊子の配布に限られていた。しかも、小冊子の配布にも問題があり、入手できなかった住民も多かった。当該地区選出のヒューズ下院議員（自由民主党所属）は、もともと旧住民に同情的で、開発に慎重な立場にあったが、この事業についても強い批判を投げかけた。彼は、再開発の内容というよりも、むしろその作成手順を問題視した。つまり彼は、コミュニティはこの地区でどのような種類の小売・レジャー開発が進むべきかについての発言権を有する必要があるにもかかわらず、再開発の

プロセスが、サザク区・LDDC・民間ディベロッパーの三者の閉鎖的協議に限られており、意思決定から住民が排除されていたと批判した（SLP 95/3/7）。ヒューズのこの批判からは、サザク区が経済成長的側面の再生に重点を移動させたために、サザク区とLDDCの間で、協調的な関係が形成されたことがうかがえる[7]。

　こうした批判こそあったものの、LDDCとサザク区という二つの公的団体と、実際に事業を進める民間ディベロッパーが、その目標を共有している以上、その結果は、当初の計画通りのものとなった。すなわち、1994年から1997年にかけて、ショッピングセンターの拡張、映画館・遊技場・レストラン・パブを備えた複合的レジャー施設などが相次いで完成した（LDDC [1998g] "1981-1996: A Radical Transformation"）。このように、カナダ・ウォーターの再開発は、サザク区・LDDC・民間ディベロッパーの三者の協調体制のもと、経済成長的側面が強く現れた事例であった。

（3）　LDDC撤収時のコメント

　公共交通政策とカナダ・ウォーター再開発の事例を取り上げて、LDDCと地方自治体の関係が、後期には協調的なものとなったことを示してきた。ただ、両者の協調的関係が最も明確に表れているのは、LDDC撤収時におけるLDDCと地方自治体双方のコメントである。

　前期には、地方自治体が中央政府とLDDCに対して、「地元住民のニーズを理解していない」と批判したのに対し、LDDCは地方自治体に対して、「政治的対立を煽っているだけであり、ドックランズの利益を損ねている」と言い返した。LDDCの最終報告書も、前期の激しい応酬を述懐している。「当然ではあるが、1981年7月のLDDCの設立は、多くは労働党員であった地方政治家のみならず、ドックランズのコミュニティからの、懐疑、うさんくささ、敵意、さらには徹底的な反対などに直面したのであった」、「LDDCの新しいアプローチは、当初は、地元の諸団体と心地よい関係を形成するものではなかった」（LDDC [1998d] "Foreword", "Introduction"）といった回想が随所で確認されうる。

　それに対して、後期には、LDDCと地方自治体がお互いを称えるコメント

を見てとれる。最終年の年次報告書において、LDDC議長のマイケル・ピカード（Michael Pickard）は、次のように述べている。

「以前の談話において、私は、とても真心をこめた書簡と共に、サリー・ドックスをサザク区に返したと報告した。私たちの最後の返却、すなわちアイル・オブ・ドッグズとロイヤル・ドックスも、それぞれタワー・ハムレッツ区とニューハム区と共に、等しくポジティヴな調子で行われた。昨年も、〔LDDCの〕終了と他の継承団体〔＝地方自治体〕との誠心誠意の関係の年であった」（LDDC [1998a] 14）

LDDCによれば、地方自治体との関係が良好になった理由は、LDDCの変化というよりも、地方自治体が経済成長的側面を認めるように変化したことにある。例えば、ピカードの言う「以前の談話」、すなわち1993年度の年次報告書において、彼は次のように述べている。

「LDDCの議長として、私は、こんにちにおいて達成されてきた三区との密接で友好的な関係を特に誇りに思っている。私たちの地方自治体は、ロンドン・ドックランズにおいて、ビジネス開発を支援する重要性を認識している。そしてこれが、雇用機会への付随的効果と共に、ビジネス活動の流入に対して、良い効果を与えている」（LDDC [1994a] 12）

ピカードが「達成された」と好意的に述べているように、LDDCと地方自治体の関係は、良好なものとなった。LDDCによれば、その原因は、地方自治体が経済成長的側面の再生に関心を払うようになったことである。

他方で、こうした評価を与えられた地方自治体も、LDDCに対して好意的なコメントを送っている。1994年10月にサザク区のバーモンジー地区からLDDCが撤収した際に、サザク区リーダーのジェレミー・フレイザー（Jeremy Fraser）は、「開発の余地はまだ残っている。しかしながら中央政府が、LDDCによって達成された仕事を継承しうるサザク区の能力を信頼している

ことは明らかである」とコメントしている（SLP 94/10/14）。後期サザク区は、LDDC の仕事を「達成」と肯定的に評価しているのである。また、LDDC の路線を「継承」して、残された「開発の余地」を進めていくことを表明している。さらに、再開発の方針のみならず、中央政府との「信頼」関係に言及されていることからわかるように、サザク区も中央政府から信頼されていることに自信を深めている。以上のように、後期サザク区は、LDDC によるドックランズ再開発を肯定的に評価し、そして中央政府との信頼関係の形成を認めている。

（4）　ペッカム・パートナーシップ

　後期ドックランズ再開発で新たに形成された、経済成長的側面における中央政府と地方自治体の協調的関係は、ドックランズ再開発以降も継続した。そこで、LDDC のサザク区からの撤収と前後して始まったペッカム地区の再開発を素材にして、本項の主張を補足しておく[8]。

　サザク区は、1994 年に設立された、単一再生予算（Single Regeneration Budget）を獲得し、ペッカム地区の再開発に着手した[9]。これは、荒廃した3000 戸の住宅を取り壊し、民間企業と住宅協会と共に新しい住宅を建設する計画である。この再開発計画を立案するに際して、サザク区は、影響を受ける公営住宅入居者とは一切協議しなかった。借家人らは、この計画を「協議の不在」、「民間企業優遇」、「民族浄化」と厳しく批判した。というのも、この地区の借家人らの失業率は 60％ にも達し、新しい住宅を購入することは極めて困難であると考えられたからである[10]。この批判に対して、サザク区住宅部長マイク・ギブソン（Mike Gibson）は、理解を示すものの、サザク区の財政的状況に鑑みると他に選択肢はなく、「サザク区自身と政府、民間企業の三者の合意が必要である」と弁明した（SLP 94/8/5）。ペッカム地区のこうした再開発計画作成過程は、1976 年の LDSP 作成時に、サザク区ら地方自治体が、住民との協議を重視していたことと対照的である。すなわち地方自治体は、協議の相手を住民から中央政府と民間企業へと変化させたのである。

　ペッカム地区の再開発は、後にペッカム・パートナーシップという公式な

193

スキームとなった。1996年には、予算も2億〜2億5000万ポンドと巨額になった。中央政府と地方自治体の関係は、その後若干の悪化を見せる。中央政府が設立した住宅公社（Housing Corporation）が、次年度の予算を200万〜800万ポンド削減すると申し出たためである。これにより、再開発計画を一時的に中断せざるをえなくなり、サザク区は怒りを表明した（SLP 96/2/27）。だが、翌月にはスポーツ審議会（Sports Council）の寄付によって、心臓病・脳卒中・ガン治療のための大規模保険センターの建設に目途が立ち、ペッカム・パートナーシップの議長で、サザク区議員でもあるニール・ダフィ（Niall Duffy）は大きな満足感を表明した（SLP 96/3/12）。1996年のこのやりとりは、サザク区が生活保障的側面の再生に関して消極的にならざるをえなくなっていることを示している。この論点については次項で詳しく論じる。ペッカム・パートナーシップの事例から、地方自治体の経済成長的側面重視という政策選択と、地方自治体と中央政府の協調的関係は1990年代後半期にも概ね継続していたことが明らかとなった。

　本項では、後期において中央政府・LDDCと地方自治体の協調的関係が形成されたことを明らかにした。さらに本項は、地方自治体が経済成長的側面の再生を重視するようになったことが、両者の協調的関係の形成の原因であることを明らかにしてきた。しかし、地方自治体が経済成長的側面の再生を重視するようになったことは、もう一つの政治的ダイナミクスを生んだ。それは、地方自治体と、後期においても生活保障的側面の再生を求める旧住民との間の緊張関係の発生である。そして、住民団体はLDDCに接近したのである。

第3項　地域政治の変化──サザク区を中心に

　後期には、地域政治の状況も一変した。後期サザク区には、三つの政治状況が新たに出現した。一点目は、サザク区が反LDDCを旗印に、自治体職員組合（以下、職組と略記）や住民団体と協調的であった前期とは対照的に、後期には、サザク区は職組や住民団体と対立を深めていったことである。二点目は、こうした対立状況のなか、サザク区は住民団体からの諸要求を受け入

れるのではなく、LDDCに資金の提供を要求していったことである。三点目は、サザク区のかかる変化の結果、住民団体は、特に財政面でサザク区から距離を置き、LDDCに接近したことである。

まず一点目から述べたい。1980年代末にいよいよ深刻となった地方自治体財政によって、地方自治体は、支出削減を主な内容とする行政改革を進めざるをえなくなった。とりわけ、サザク区をはじめとする、中央政府からの補助金に強く依存していたドックランズ地区の地方自治体は、大幅な支出削減を行う必要に迫られた。他方で、職組や住民団体は、地方自治体の支出削減の影響を特に強く受けるため、地方自治体の支出削減に強く反発した。

1987年7月、サザク区は、レイト・キャッピングを指示されたために、リーダーのマシューズの「断固たる決断が必要である」という掛け声のもと、まず職員の新規採用を凍結した（SLP 87/7/28）。同年10月には、彼女は、サザク区職員の効率の悪さを非難するようになる。すなわち、サザク区の人件費は、他の地方自治体よりも数倍も高いことを指摘したうえで、「私たちの道路は、〔他の地方自治体に比べて〕4倍も良く整備されており、3倍も清掃されているのだろうか」と疑問を呈したのである。したがって彼女は、「公営住宅家賃、スタッフ水準、〔行政サーヴィスの〕優先順位、実際の業務について、厳しい決断がなされる必要がある」と主張した。マシューズには、この「厳しい決断」を行うに際して、職組とのこれまでの友好的な関係を断ち切ることすら覚悟していたようである。それは、「労働党は、地域住民・地域労働力との新しいパートナーシップを形成するよう努力しなければならない」という、マシューズの同日の宣言に明確に現れている（SLP 87/10/2）。

地方自治体と職組の緊張は高まり続けた。1989年には、地域会計監査官（District Auditor）が、職組に対する多くの批判を盛り込んだレポートを提出した。労働党は、このレポートを追い風に、即座にボーナスのカットや「商業的意識」の導入を決めた。それに対して、職組は、財政危機の責任は管理を行う地方自治体にあると反論し、「我々のメンバーの利益を守るために、やれることはなんでもやる」と徹底抗戦の構えを見せた（SLP 89/4/18）。しかし、このような抵抗にもかかわらず、サザク区は、行政改革と人員削減を

進めた。例えば、1992年1月には、建築部門に休日の返上と給与凍結を受け入れさせ、同年3月には132人を解雇した。このような措置に対して、職組はもちろん、労働党左派に属し、LDDCへの対立を決めた元リーダーである、リッチーも強く反対したが、マシューズの後を継いだサリー・キーブル（Sally Keeble）が、労働党の意見を集約することに成功した（SLP 92/3/6）。キーブルは、マシューズ以上に、公務員の「商業的意識」の導入に積極的であった。彼女は、行政改革を行うにあたり、「借家人の住宅修繕は極めて重要なサーヴィスである。だから、職員はコスト効果、効率、質の高さを確保するよう意識する必要がある」と述べ、効率を重視した演説を行っているのである（SLP 92/3/6）。このように、1990年代初期には、サザク区労働党は、効率性などの「商業的意識」を職組に持たせようと説得に力を入れ、職組からの抵抗にも応戦した。

　もちろん、地方自治体と職組との対立は、サザク区に限ったことではなかった。隣接するランベス区とルイシャム区でも同様であった。1987年、ランベス区の労働党は、区の職組に向けて、その仕事振りを「無能」、「ひどい」、「管理能力の全くの不在」と酷評し、「しっかりしろ、さもないと失業するぞ」と発破をかけた。さらに同区は、新規採用の75%の凍結を発表した。これには、職組と一部労働党議員から反対の声が上がった（SLP 87/9/22）。1991年2月には、ランベス区リーダーである、ジョアン・トゥウェルヴェス（Joan Twelves）（労働党）は、約2000人の雇用削減が必要であると主張した。この主張に対して、職組は、「これは、我々と地方自治体との対決を避けられないものとする」と非難し、対立姿勢を一層明確にした（SLP 91/2/19）。ルイシャム区も、度重なる公営住宅家賃の値上げと共に、強制的解雇を含む700人の人員削減を発表した。これに対しても、同区の職組は猛反発の声を上げたものの、ルイシャム区リーダーのデイヴ・サリヴァン（Dave Sullivan）（労働党）は、「議案が通らなければ、辞任する」と応酬して、一歩も譲らなかった（SLP 87/12/11）。

　支出削減は、職員の削減にとどまらず、続いて行政サーヴィスの縮小をもたらした。サザク区は、1992年には、プレイ・センターの縮小、有料化、成

年教育の削減などによって、教育分野で250万ポンドの削減を行い、1993年には、やはり教育部門で大幅なカットを実施した（SLP 92/9/2, 93/10/1）。こうした行政サーヴィスの縮小は、公営住宅の家賃値上げと同様に、住民団体からサザク区への不満を高めることとなった。地方自治体に対する住民団体の不満を最も明らかに示している事件が、住民団体のサザク区による管理からの離脱である。例えば、住宅分野では、サザク区が十分に管理していないことを理由に、ある借家人組合が、サザク区から住宅トラスト（Housing Trust）の管理下に入ることを選択した（SLP 92/3/17）。また教育分野でも、子どもをサザク区内の学校ではなく、他の区の学校に通わせる保護者が、サザク区では特に多いことが明らかとなっている（SLP 96/10/29）。

　サザク区内部の政治状況に関する、二点目の変化は、以上のような職員削減と行政サーヴィス縮小の行政改革によってもたらされた。それは、サザク区がLDDCに、住宅と教育の分野への資金提供を求めたことである。1989年に出された中間報告書において、サザク区は、「地域のニーズと問題に取り組むための地方自治体自身の能力は、資源へのアクセスが消滅してしまったために、弱くなってしまった。そこで地方自治体は、外部のエージェンシー〔＝LDDC〕から財政援助を手に入れる努力も強くしている」と述べている。同報告書によれば、サザク区のこの要求は実を結びつつあった。すなわち、サザク区からの「圧力」によって、サザク区・LDDC・住宅協会の合同スキームが計画されており、このスキームによって既存の公営住宅が修繕される予定であった。こうしたLDDCへの要求とその結実には、「地方自治体の住宅に対する修繕の遅れを穴埋めするものである」という意義が与えられている（Southwark Council [1989] 27-29）。サザク区のこの要求は、財政状況が苦しくなったサザク区が、LDDCに生活保障的側面の再生を求めていった事例として理解される。加えて、同時期に「マシューズは、LDDCに対して、以下の項目に資金を提供するように求めている。すなわち、より多くの職業訓練スキーム、地方自治体資産の改善、地下鉄イースト・ロンドン線のシティまでの延伸である」と報じられた（SLP 89/10/27）。このように後期サザク区は、住宅と教育をはじめとする地方自治体の職務を果たす際に、LDDCに資

金提供を求めた。

　要求を受けた LDDC は、積極的に応じた。住宅分野では、LDDC は、サザク区の公営住宅の修繕に資金を提供し、またサザク区と社会住宅供給の共同事業を行った（SLP 88/10/21, 89/1/4：LDDC［1995a］11 など）[11]。教育分野では、例えばサザク区が新しい学校の建設や学校の修繕を行うに際して、LDDC が資金提供を行い、サザク区もこれを歓迎した事例がある（SLP 93/12/8, 94/4/12）。サザク区からの要求に対して、LDDC 自身も、生活保障的側面の再生の重視と、それに伴う地方自治体との関係改善を強調した（LDDC［1995a］11-12, 15）。

　サザク区内部の政治的変化の第三点目は、住民団体の LDDC への接近である。サザク区の行政サーヴィス縮小は、住民団体、特に社会サーヴィスの提供を目的としているヴォランタリー団体への補助金・助成金の削減ももたらした。それに対して、生活保障的側面に対しても配慮を払うようになった後期 LDDC は、コミュニティ助成の名目で、住民団体に多額の補助金を与えたのである。実際、第 5 章の LDDC の支出分析で確認したように、1989 年度からは「コミュニティ」項目の支出が 1000 万ポンドを超えている。住民団体への補助金もそれに伴って増額していった。補助金受領団体の数は多く、その種類も多様である。例えば、「コミュニティ」項目の支出が最大であった 1990 年度には、補助金受領団体は 200 を超えている。補助先としては、保健や介護補助といった社会サーヴィスに関するヴォランタリー団体への補助が多い[12]。また、ヴォランタリー団体の会議等に使用されることが想定されたタウンホールの建設など、基礎インフラの整備も重要視されていた（LDDC［1991a］12）。

　住民団体に対するこれらの補助金提供においては、サザク区は議論や決定に参加しておらず、LDDC が単独で行っていた（LDDC［1998g］"Investing in the Community"）。そのため、LDDC の撤収は、住民団体に資金不足に対する大きな懸念をもたらした。例えば、1994 年のバーモンジー地区からの LDDC の撤退直前には、合計で約 11 万ポンドの補助金が失われることが明らかとなり、民族融和団体やスポーツ振興団体は、活動が維持できなくなる懸念を

表明した（SLP 94/8/19）。年が明けた 1995 年 2 月には、地域の子供向けのバス・サーヴィスを提供するヴォランタリー団体が、LDDC からの補助金を失ったために資金不足に陥った。同団体はサザク区に資金提供を求めたものの、サザク区は、優先順位が低いとしてこの訴えを退けた（SLP 95/2/17）。このように、住民団体がサザク区の元に反 LDDC でまとまっていた前期とは異なり、後期には、住民団体はサザク区とは距離を置き、LDDC に資金面で依存することになった。

　サザク区、LDDC、住民団体の三者の政治的関係の変化については、住民団体の資料の通史的検討を通じても、同様の知見を得られる。典型的な例として、1980 年代に刊行された住民団体のコミュニティ・ペーパーである、『ダウンタウン・レヴュー（Downtown Review）』を取り上げる。『ダウンタウン・レヴュー』は、1981 年の冬に一部 5 ペンスで創刊された[13]。創刊からしばらく経った後、同誌は、サザク区からの補助金と広告収入によって無料化された。その内容としては、1986 年頃までは、地元青少年による記事や絵を掲載するなどの「手作り感」を前面に押し出すと共に、LDDC とサッチャー首相に対して、工業雇用の減少、港湾業の衰退、病院などの社会的施設の閉鎖に対する批判を寄せていることが特徴的である（Downtown Review Management Committee [1981]；[1984]）。このように、1980 年代前半の『ダウンタウン・レヴュー』は、住民団体が地方自治体と密接な関係を持ち、LDDC には対抗的姿勢を見せたことを示している。

　しかし、『ダウンタウン・レヴュー』は、1987 年から、内容も発行体制も大きく変化する。最初に大きな変化を確認できるのは、1987 年 10 月発行の第 51 号である。この号において、LDDC から各種住民団体に対する補助金リストが掲載された。これは、『ダウンタウン・レヴュー』と LDDC の関係が部分的にであれ、好転したことを示している。逆に、1989 年には、『ダウンタウン・レヴュー』とサザク区との関係が悪化した。すなわち、マシューズの行政改革によって、サザク区は『ダウンタウン・レヴュー』への補助金を廃止したのである。このために、『ダウンタウン・レヴュー』は休刊を余儀なくされた。そこで、『ダウンタウン・レヴュー』発行委員会や支持者は、

LDDC に支援を求めた。LDDC は、申請当初こそ支援申請を却下したが、後に補助金支援を決定したため、1990 年 3 月に『ダウンタウン・レヴュー』は復刊した。LDDC の支援に対しては、『ダウンタウン・レヴュー』第 68 号の巻頭で丁寧な謝意が表明されている。しかし、その後の『ダウンタウン・レヴュー』は、LDDC の支出抑制に対して批判を述べるなどの関係悪化が再燃した。最終的には、LDDC からの補助金が打ち切られ、1990 年 12 月に、第 75 巻をもって、『ダウンタウン・レヴュー』は無期限休刊というかたちで廃刊となった (Downtown Review Management Committee [1987] ; [1989] ; [1990a] ; [1990b] ; [1990c])。最後こそ『ダウンタウン・レヴュー』は、LDDC に対して対抗的関係を再度明確にするものの、前期のような全面的な対抗的関係は、1987 年以降、消失した。それに変わって現れた政治的関係は、補助金をめぐって、『ダウンタウン・レヴュー』がサザク区と距離をおき、LDDC に接近したという状況であった。

　以上の通り、本項では、サザク区内部での政治的変化を三点論じてきた。第一にサザク区は、財政危機の深刻化によって、人員削減と支出削減を主たる内容とする行政改革に着手せざるをえなくなった。これは、職組・住民団体からの強い反発のなかで進められた。第二にサザク区は、LDDC に対して資金の提供を求めることになった。第三に住民団体は、サザク区と距離を置き、LDDC に資金面で依存を深めるようになっていったのである。

　本項で論じてきたような、後期の地域政治の検討は、後期の政策選択について実証的に示すだけではなく、政策選択のダイナミクスについて二つの知見をもたらす。

　一つ目は、社会政策に対して比較的寛大であった地方自治体が、財政危機に直面した際に採用した対応策についての知見である。第 2 章で批判的に述べたように、ピーターソンや曽我に代表される、これまでの都市間競争論者は、地方自治体の政策選択の変化のプロセスについて十分に論じているわけではなかった[14]。また、一般的に考えるならば、政策選択の大きな変更は、政権交代や中央政府や裁判所など外部からの介入といった大きな事件を契機によって発生すると予想される。しかしながら、本項は、サザク区をはじめ

200

第6章　対立の鎮静化と世界都市の完成

とするドックランズ地区の労働党が、基本的には政権を手放すことなく、生活保障的側面の再生から「撤退」したことを明らかにした[15]。サザク区労働党は、労働党左派のデイヴィスとリッチーから、行政改革を主導したマシューズ、「商業的意識」を強調したキーブル、そして LDDC の開発を肯定的に評価したフレイザーへという中道派へのリーダーの交代や、個々の議員の政治的立場の中道化（スノウなど）といった自己改革によって、支出削減を中心とする行政改革に着手したのである。

　サザク区労働党のかかる自己改革は、有権者からも一定の支持を得ていたと言える。1980 年代前半までの圧倒的な労働党の勢力は、徐々に、SDP・自由党連合、後には自由民主党に侵食されていくが、それでも 2002 年地方選挙まで、労働党は単独過半数の地位を守っていたためである。こうした労働党の自己改革とその成功によって、野党の保守党と自由民主党は、行政改革を主張するものの、あくまで周辺的立場にとどまった。一般化はできないものの、都市間競争あるいは財政破綻への恐れに対しては、政党あるいは個人の内部で対応し、政策選択を変化させるというプロセスが明らかとなった。

　二つ目は、中央政府と地方自治体それぞれの政策選択が異なる場合であっても、両者の関係にはヴァリエーションが存在するということである。本項では、生活保障的側面で国際移動可能性が低い分野を対象とする政策領域について検討してきた。前章では、中央政府・LDDC はこの政策領域に強い関心を示し、地方自治体は忌避するということを明らかにした。このように両者の政策選択は異なるものの、両者の関係は前期のような対抗的なものではなかった。この領域では、二種類の関係が確認できる。第一に、教育と住宅の二つの分野では、地方自治体が中央政府と LDDC に資金を要求し、それに中央政府と LDDC が応えるという協調的とも言える関係が確認できる。第二に、ヴォランタリー団体など住民団体に対する資金援助においては、サザク区の関与は確認できず、LDDC が単独で行っていた。

　この相違の原因は、サザク区の法制上の責任の有無にあると考えられる。すなわち、教育と住宅の分野では、サザク区には、依然として、法制上の供給責任があるため、サザク区は LDDC に資金提供を求め、自らの財政負担を

201

軽減しようとした。他方で、ヴォランタリー団体などの住民団体への補助事業に対しては、サザク区は法制上の責任はない。そのため、サザク区には、住民団体への資金援助についてはLDDCに強く働きかける必要性がなかった。

　以上のように、中央政府と地方自治体それぞれの政策選択が異なる場合であっても、必ずしも対抗的な関係とはならず、地方自治体の法制上の責任次第によって、協調的関係が形成される場合や、協調的でも対抗的でもない、「無関係の関係」が形成される場合がある。

第4項　多層的な都市間競争の出現

　第5章と第6章では、中央政府による地方自治体への介入が弱くなり、国際化も進展した場合について論じてきた。介入が弱くなったことは、地方自治体の政策選択を経済成長的側面重視型の再開発に誘導し、国際化の進展は、中央政府も経済成長的側面に関心を払わざるをえない状況をもたらしてきた。政策選択の分析は、これら二つの制度・環境に個別に注目して行ってきた[16]。本項では、この二つの制度・環境が総体として、1990年代のロンドンに、多層的な都市間競争という新たな政治状況をもたらしたことを明らかにする[17]。

　1980年代後半から1990年代は、特に経済面においてヨーロッパ統合が進んだ時代であった。そのため、ロンドンと、フランクフルトやパリ、ブリュッセル、ベルリンなど他国の都市との競争が注目を集めた。こうしたなか、LDDCは、「こんにち、ロンドン・ドックランズは、現代的な設備を備えたオフィス、素晴らしい新交通ネットワーク、多様な新規住宅、そして心躍るような水辺環境によって、ロンドンの国際競争に対する重要な貢献者として、力強く確立されている」（LDDC［1995b］1）と主張した。中央政府とLDDCは、国際競争でのロンドンの勝利を目指し、その「貢献者」としてドックランズを位置づけたのである。ドックランズ再開発は、中央政府にとって、単なる一地区の再開発ではすまされないほどの重要性を帯びていったのである。そのため不況期には、LDDCは中央政府から巨額の補助金を受領することができた。

　この補助金を歓迎したのが、ドックランズ地区とその周辺の地方自治体で

あった。ドックランズ地区は、もともと決して裕福とは言えない地区であり、加えて1980年代の一連の地方行財政改革によって、地方自治体は極度の財政危機にあった。そこで地方自治体は、中央政府・LDDCへの敵対的姿勢を解消することで、補助金を獲得した（例えば、SLP 88/7/1, 90/9/25など）。このように、ドックランズ地区の地方自治体と中央政府・LDDCは協調的関係を築いていった。

しかし、中央政府やLDDCが「シティとのアクティヴなパートナーシップ」の地区としてドックランズを捉えていたのに対し（LDDC［1994a］7）、地方自治体は、ロンドンの国際競争の勝利に貢献することよりも、シティやウェスト・エンドといったロンドンの他地区との競争を主眼においていた。1980年代末以降、中央政府からの財政援助が薄くなり、個々の地方自治体には、財政的自立性が求められることになったからである。そのため、地方自治体は、自らの域内の経済成長に強く関心を払うようになったのである。例えば、1998年5月には、ドックランズを中心としたビジネス界から次のような主張が提示された（SLP 98/5/19）。

　「南ロンドンの明確な主張を発展させる必要がある。そうすれば、首都におけるこの地区の諸企業のニーズが、シティやウェスト・エンドからの競合する主張に埋没することはない」

かかる主張は、ドックランズ地区の地方自治体に即座に共有され、サザク区やワンズワース区、ランベス区は、「南ロンドンの経済的健全化を促進する、すべての組織と共に仕事をしたい」と表明した（SLP 98/5/19）。このように、ドックランズ地区の地方自治体は、中央政府やLDDCの資金力を使い、シティやウェスト・エンドとの競争に参入していった。

ドックランズからの攻勢に対し、シティも反攻に転じざるをえなかった。LDDCは、「ドックランズ再開発はシティに挑戦するというよりも、それを補完するものである」と融和を図るものの、シティは1986年に都市計画を緩和し、高層ビルの建設を容認した（LDDC［1998b］"In the Wake of Canary

203

Wharf")。シティのこうした動きについて、ジョン・プンター（John Punter）は、「アイル・オブ・ドッグズにおけるカナリー・ウォーフの巨大計画の登場が、シティを、完全にオフィス親和的な開発スタンスへとパニック的に変化させた」とまとめている（Punter [1992] 74）。国際競争の矢面に立っていたロンドンの内部では、どの地区がその先導的地位に立つかをめぐって、地区間での競争関係が生じたのである。

　さらに、都市間競争の圧力は、ドックランズ地区の地方自治体間の競争ももたらした。これは、中央政府・LDDC からの補助金獲得競争というかたちで出現した。代表例は二つである。一つ目は、1987 年から 1988 年の 1 年間に、ニューハム区、タワー・ハムレッツ区、そしてサザク区と相次いでLDDC との協定の締結や関係改善に踏み切ったことである。最後となったサザク区が LDDC との協調関係を築いた際には、「同じく LDDC に長い間反対していたニューハム区が、1 億ポンド以上を得る取引を引き出してから、わずか 1 年以内のことである」と報道されている（SLP 88/7/1）。近隣の地方自治体が LDDC と取引を行い、資金を獲得したことが、サザク区も同様に資金を獲得する圧力となっていたと言えよう。

　二つ目は、1990 年代の交通インフラの獲得競争である。地方自治体は、中央政府・LDDC による地下鉄やドックランズ軽鉄道敷設計画を受け入れていったが、立地ならびに敷設の順番をめぐって、個別に行動し、また、相互に競争的な関係にあった（SLP 91/7/26）。例えば、ルイシャム区やグリニッジ区は、ドックランズ軽鉄道の駅建設に対し、個別に資金提供を申し入れている（SLP 94/10/21, 94/12/30）[18]。

　本項で明らかにしてきたように、1990 年代には、三層の都市間競争が出現した。ロンドンと他国都市間、ロンドン内部の地区間、ドックランズ内部の地方自治体間である。中央政府と LDDC は、国際化の進展によって顕在化した、第一のロンドンと他国都市間の競争を強く意識していた。したがってドックランズは、ロンドンの国際競争に対する貢献者としての地位を与えられた。ドックランズ地区の諸地方自治体は、ロンドンの国際競争力を高める目的で出された中央政府の補助金を歓迎した。しかしながら、地方自治体間

204

の関係は、問題によって変化した。理念や将来像といった抽象的な問題については、ドックランズ地区およびその周辺の諸地方自治体は、足並みを揃えて、シティやウェスト・エンドとの競争で優位に立とうとした。それに対して、LDDCとの関係や交通機関計画といったより具体的な問題については、相互に牽制的、競争的関係を見出しうる。1990年代のロンドンには、こうした多層的な都市間競争という新しい政治状況が出現したのである。

第2節　世界都市建設と住民への配慮

　地方自治体もLDDCも政策選択を変化させてきた。その結果、どのようなドックランズが建設されたのであろうか。本節では、後期LDDCによる再開発の成果について分析する。第1項では、前期に引き続き後期ドックランズ再開発も、経済成長的側面の再生に成果を上げたこと、しかしそれと共に、生活保障的側面の再生にも一定の成果を上げたことを示す。第2項では、再開発の結果、ドックランズが世界都市ロンドンの一角となったことを論じる。第3項では、後期のLDDCとドックランズ再開発に対する住民から評価が好転したことを明らかにした後、この好転は、後期LDDCの世界都市化と生活保障的側面の再生の重視に由来するものであったことを示す。

第1項　経済成長的側面における継続的再生

　第4章と同じく、まずは数量的なデータを確認しておこう。図表6-1と図表6-2で、ドックランズ地区の新規オフィス・スペースと被雇用者数の変化を示しておく。

　新規オフィス・スペースは、1990年前後をピークにして、その後は低調である。これには、当時の好景気とその後の不況が影響を及ぼしていると考えられる。しかしながら、1998年の段階ではテナントの入居率は高く、アイル・オブ・ドッグズで91%となっていた（LDDC［1998i］"Commercial Development"）。さらに被雇用人数も、ドックランズが不況期であった1992年に若干減少するものの、その後は再度増加し、最終的にはLDDCの設立時の2

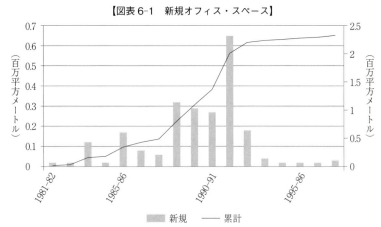

【図表 6-1 新規オフィス・スペース】

注) 棒グラフはその年の新規分（目盛りは左側）を、折れ線グラフは累計（目盛りは右側）をそれぞれ示す。
出典) LDDC [1998b] "New Build Commercial and Industrial Floorspace 1981/2-1997/8" より筆者作成。

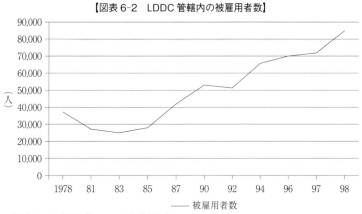

【図表 6-2 LDDC 管轄内の被雇用者数】

出典) LDDC [1998c] Table 1 より筆者作成。

倍以上の雇用が確保されている（LDDC [1997b]）。したがって、後期においても経済成長的側面の再生は成果を上げていると評価してよい。

　前期と比べて悪化している経済指標は、レバレッジ比である。1986年のレバレッジ比は約 7.73 であった。だが、1981 年から 1998 年までの総合的

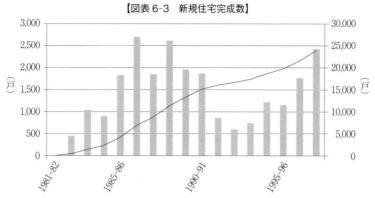

【図表 6-3　新規住宅完成数】

注）棒グラフはその年の新規分（目盛りは左側）を、折れ線グラフは累計（目盛りは右側）をそれぞれ示す。
出典）LDDC [1998f] Table 1 より筆者作成。

なレバレッジ比は、約 4.14 まで低下している（LDDC [1998h] "Achievement"）。レバレッジ比が低下したことについては、二つの原因が指摘されうる。

一つ目は、民間投資が減少したにもかかわらず、公金支出を拡大したことである。これは、ドックランズの世界都市化が国策となったことに由来している。「こんにちの不動産市場の国家的な低迷においても、……LDDC は開発促進組織であり、それゆえに環境省の支援のもと、公的資産やコミュニティ・プロジェクトへの支出を拡大してきた」（LDDC [1990b] 2）のである。逆に言えば、1990 年代初期の不況が、ドックランズに大きな停滞をもたらさなかったのは、大規模な公金注入の成果であるとも言えよう。

二つ目は、そもそも民間投資を呼ばないような政策領域に公金を支出したことである。こちらは、後期 LDDC が生活保障的側面に支出を拡大したことを意味している。ここでは、その成果を確認しておこう。ドックランズ住民にとって焦眉の課題の一つであった住宅数は、図表 6-3 のように推移した。

図表 6-3 から、新規住宅数が、1980 年代後半から大きく増加していることを確認できる。1990 年代に入ると一度低下するが、1990 年代半ば以降は、年間 1000 戸以上に回復している。さらに、後期 LDDC は、旧住民への住宅供給にも大きな成果を上げている。例えば、住宅協会の提供する社会住宅へ

のLDDCによる補助は、すべて1990年代になされており、合計で2029戸、補助金額は5111万ポンドに達する（LDDC［1998f］Table 3）。またLDDCは、公営住宅の改修にも合計で7973戸、4266万ポンドに達する補助金を出したが、これは1988年以降に集中している（LDDC［1998f］Table 4-6）。また、もう一つの大きな懸案事項であった失業率についても大幅な改善が確認できる。すなわち、1981年には17.8%であった失業率は、1998年には7.2%となっており、10ポイント以上改善されている（LDDC［1998i］"Unemployment"）[19]。

　本項で整理・紹介してきた数量的指標は、1998年のドックランズが、荒れ果てたインナー・シティという状況を脱していたことを示している。経済成長的側面については、再開発が堅調に継続した。また、住宅不足や高失業率も、少なくとも数量的には大いに改善されており、生活保障的側面の再生も進んだと言える。したがって、後期ドックランズ再開発は、経済成長的側面と生活保障的側面双方において、成果を上げたと評価できる。

第2項　世界都市ロンドンの一角へ

　第5章では、中央政府とLDDCが、後期にはドックランズ再開発の方向性を「世界都市ロンドンの一角」へと明確化したことを明らかにした。また、前項では、経済成長的側面と生活保障的側面双方において、後期ドックランズ再開発が成果を上げたことを確認した。本項では、この二つの知見の接続を試みる。つまり、前項で示した各種パフォーマンスは、中央政府とLDDCによる世界都市化戦略の一定の成功、すなわち、ドックランズの世界都市化を示すものであることを論じる[20]。

　もっとも、世界都市の定義やその本質をめぐっては、多くの議論があり、未だ確立されているとは言い難い状況である[21]。しかし、大まかな特徴は共有されていると思われる。それは、経済・社会・政治の各領域に分けられる。各々の領域において、世界都市研究の示唆と対比しながら、再開発後のドックランズの姿を検討したい。

（1）　経済的領域

　世界都市の経済的構造は、世界都市の定義にとって最も重要な領域である

とされている。国際市場において占める地位が、世界都市を世界都市ならしめる理由だからである [22]。これを踏まえ、加茂利男は、世界都市の経済的特徴を具体的に二つ挙げている。すなわち、①多国籍企業本社の拠点の存在と②金融・対法人サーヴィス機能の存在である（加茂［2005］15-18）[23]。この二つの観点から、後期ドックランズ再開発の経済成長的側面の成果をまとめておこう。

　ドックランズにおいて経済成長的側面の再開発が最も進んだのは、やはりカナリー・ウォーフである。カナリー・ウォーフには、三つの超高層ビルが建設されることとなった。ワン・カナダ・スクウェア（One Canada Square）、HSBC タワー（HSBC Tower）、シティグループ・センター（Citigroup Centre）である。ワン・カナダ・スクウェアが 1991 年に完成したのに対して、HSBC タワーやシティグループ・センター、さらにその他の高層ビルのほとんどは 2000 年代に入ってから完成した（LDDC［1998b］"The Canary Wharf Story"）。新規の建設が継続していることからは、LDDC の後も民間企業によってドックランズ開発が進んだことを、まずは確認できる。

　次に、LDDC 撤退時にカナリー・ウォーフに入居していた企業を見てみよう。LDDC の紹介によれば、モルガン・スタンレー社、クレジット・スイス・ファースト・ボストン社、リーダーズ・ダイジェスト社（Readers Digest）など、知名度の高い「多くの多国籍企業」が挙げられる（LDDC［1998b］"Canary Wharf 1997"）。

　その後、HSBC タワーや、シティグループ・センターなどが建設された。この二つのビルはそれぞれ HSBC グループの世界本社（Headquarters）とシティバンクグループのヨーロッパ・中東・アフリカ本社として利用されている。他にもバークレイズ社（Barclays）の世界本社、JP モルガン・チェース社（JP Morgan Chase）のヨーロッパ本社、クリフォード・チャンス社（Clifford Chance）の世界本社など、多国籍企業の本社拠点が数多く存在している [24]。これは、世界都市の経済的領域の条件①である、多国籍企業の本社拠点の存在を示すものである。

　また、HSBC タワーに入っている HSBC 社とシティグループ・センターに

あるシティバンクは、世界的にも有数の大手銀行である。ワン・カナダ・スクウェアにも、ニューヨーク・メロン銀行（The Bank of New York Mellon）をはじめとして多くの銀行・証券会社が入居している[25]。このような有力な金融管理産業の進出は、世界都市の経済的領域の条件②である、金融・対法人サーヴィス機能の存在を示すものである。

　さらに、ホテルやレジャー施設の拡充も世界都市の特徴の一つである。なぜなら、これらは、世界都市の経済的領域の条件である、本社機能や金融・対法人サーヴィスを支える産業だからである。後期LDDCは、多国籍企業の本社拠点や金融管理産業の複合体を「ビジネス・コミュニティ」と呼び、それが集積するカナリー・ウォーフを「ビジネス地区（Business District）」と呼んだ。最終年度には、「ビジネス地区」にホテルやカジノなど各種レジャー施設の建設計画が多く持ちあがった。LDDCは、これらの施設が「ビジネス・コミュニティ」に高品質な機能を付与するとして歓迎した（LDDC [1998a] 16-17）。実際、かかる産業が進出していることからも、ドックランズが経済的領域において世界都市化していると判断するのが妥当である。

　以上、まずは経済的な視角から、ドックランズの世界都市的特徴を示した。ここからは、中央政府とLDDCによるドックランズの世界都市化戦略が狙い通りに進展したこと、そして、ドックランズの世界都市化が前項で数量的に確認した高い経済パフォーマンスに寄与したことがわかる。

（2）　社会的領域

　続いて、社会的領域と照らし合わせてみよう。加茂は世界都市の社会的特徴を「分極」と表現している。つまり、一方の極には、「法人本社、金融、証券、不動産、法務、広告などの高次サービスなど、世界都市機能の核をなす経済活動の担い手」である、「専門的なホワイトカラー職」が存在する。もう一方の極には、「低賃金の不熟練労働者」が存在している（加茂 [2005] 19-21）。

　LDDC以前のドックランズの社会的特徴は、製造業従業者が過半数を占めていた雇用形態からもわかるように、比較的均一な住民階層である（Docklands Consultative Committee [1989] Figure 3）。それに対して、1990年代以

降のドックランズ社会は、分極化の様相を呈している。まず、雇用の内訳を
より詳細に見ておこう。LDDC の調査によると、1997 年で最も雇用数が多
かったのは、「金融仲介」と「不動産、賃貸、ビジネス活動」の二分野であ
り、それぞれ全雇用数の 22% と 21% を占めている[26]。これが、専門的なホ
ワイトカラー職という一方の極を形成している。他方で、従来からの「製造
業」が 19% とこれに続き、さらに、「交通・コミュニケーション」(9%)、「倉
庫・小売・修理」(8%)、「コミュニティ・サーヴィス活動」(6%)、「ホテ
ル・レストラン」(4%) と不熟練労働者を多く抱える業種が並ぶ（LDDC
[1998i] Table 2）。これは、低賃金の不熟練労働者というもう一方の極を意味
している。1973 年には、「製造業」(25%) と「交通」(10%) が上位二分野で
あり、また「その他雑多なサーヴィス業および公務員」に 40% もの雇用が
存在しており、雇用体系が比較的均一であったことと対比すると、LDDC 後
のドックランズの雇用状況は、やはり大きく「分極化」したことを示してい
る（LDSP Table 4B）。

　次に住宅の内実を検討しよう。持ち家率を高めるという LDDC の目標のた
め、新規住宅 2 万 4042 戸のうち、1 万 7789 戸は持ち家住宅であった（LDDC
[1998f] Table 8）。LDDC は、これが住宅の選択の余地を広げ、ホワイトカラ
ー職のドックランズへの流入を促進したと誇っている（LDDC [1998e] "New
Housing Strategies"）。他方で、前項で明らかにしたように、後期には賃貸用
の社会住宅も量的に拡大した。したがって、ドックランズの住宅状況も「分
極的」なものとなった。

　この分極化は、LDDC 後のドックランズの社会学研究でも指摘されている。
ドックランズの大きな変化が関心を呼んだため、社会学的研究も蓄積されて
きているのである。これらをレヴューしたティム・バトラー（Tim Butler）は、
ドックランズで起きた変化のプロセスを把握する試みについては一層の研究
蓄積が必要であるとの留保を付したうえで、ドックランズにおける所得格差
は大きく、「ドックランズは、より豊かな者とより貧しい者へとさらに二極
化した」と結論づけている（Butler [2007] 773）。

　これらのデータならびに諸研究から、ドックランズの社会的領域が分極化

211

しており、世界都市研究の示唆と共通する点が多いことが理解されうる。この分極的な社会構造に対しては、ドックランズ社会内部からも批判の声が挙げられた。早くも1988年において、建設業や事務職を中心とした新しい雇用は、それらは長時間労働かつ低賃金であることが多く、そのために年間世帯所得は、平均1万5000ポンド以下と依然として低いことが住民団体の調査で判明した。したがって、この住民団体は、ドックランズ再開発を、社会の上方移動（upward mobility）をもたらさなかったと批判する（SLP 88/3/4）。分極化に対する価値判断や処方箋については本書では論じえないが、社会的領域においても、ドックランズは世界都市としての特徴を有していることは間違いないのであろう。

（3）　政治的領域

　分極的な世界都市の社会構造は、当然、世界都市の政治にも影響を与えると考えられる。もっとも、政治的側面の研究は、世界都市論の諸分野のなかでも、とりわけ不十分であると言わざるをえない。これは、例えば、フリードマンが、世界都市研究の「合意点」を挙げた際に、政治的領域については、「世界都市の支配層」と「それより下層との間のしばしば深刻な紛争」という一点のみしか指摘していないことにも現れている（Friedmann [1995] 26 = 28。ただし、訳は変更した）。

　そこで、ここでは、世界都市研究における「合意点」ではなく、世界都市の理論的研究を進めている加茂とフリードマンの二人の指摘とドックランズの政治的領域を比較する。加茂は、政治的領域に関する世界都市の特徴として、①世界都市において増加傾向にあるホワイトカラー層を支持基盤とする新保守主義勢力の増長と、②階層分化による政治的不安定化の二点を挙げる（加茂 [2005] 104-107）。また、第1章でも論及したフリードマンは、③住宅や教育・保険、交通および福祉といった社会的再生産の大規模な需要を生むと予言した（Friedmann [1986] 78-80 = 198-200）。さらに彼は、④政治・行政上の境界はほとんど意味をもたないものになっていると主張する（Friedmann [1995] 23 = 25）。体系的ではないが、再開発後のドックランズの政治的領域の特徴を、これら四点の指摘と照らし合わせて考察したい。

まず、①新保守主義化については、判断しにくいところである。つまり、一方では、本章第1節で論じたように、地方自治体の労働党が生活保障的側面よりも経済成長的側面を重視するように変化した。また、社会政策における公的サーヴィスの縮小は、新保守主義の現れの一つと言えるかもしれない。だが他方では、こうした点のみをもって新保守主義化と断言しうるかについては疑問がある。また、自由民主党の躍進と一時的な政権の明け渡しこそあるものの、サザク区、タワー・ハムレッツ区、ニューハム区は依然として労働党支配の伝統を保持している。したがって、新保守主義化については判断が難しい。

次に、②政治的不安定化については、少なくともこれまでのところ、それを支持するような根拠は見当たらない。後期には、例えばカナダ・ウォーターの世界都市化に反対する住民の声はあったが、しかし、世界都市化が明確ではなかった前期にも、LDDC の経済成長的側面の再生計画・再生事業に反対する住民の声はあった。また、大規模な政治的暴動は発生していないし、不十分という指摘もあるが、治安もむしろ良くなっていると言える[27]。さらに、地方自治体の政局についても同様である。すなわち、先述のように労働党支配という伝統は、若干の陰りこそあるが、未だ根強く存在しており、目立った政治的混乱は生じていない。

続いて、③社会的再生産の需要の増加についてであるが、再開発後のドックランズでは、確かに需要が増加していると言える。なぜなら、ドックランズでは、社会住宅に加えて、教育・職業訓練といった新たな社会的需要も高まったからである（MORI［1996］12, 29）。LDDC がこの需要に積極的に応えていったことは、第5章で論じた通りである。

最後に、④政治・行政上の境界の無意味化については、本書での分析を踏まえると、慎重にならざるをえない。確かに、中央政府と LDDC は、地方自治体の境界への関心は高くない。しかし当の地方自治体は、前節で論じたように、世界都市内部での先導的地位や、中央政府からの補助金および駅建設の誘致をめぐって、相互に競争的関係にあった。したがって、地方自治体の政治・行政的境界は、無意味化しているとは言えない。

213

このように、ドックランズ地区の政治的領域では、これまで指摘されてき
た世界都市の政治的特徴と重なる部分もあるものの（特に③社会的再生産の大
規模な需要）、重ならない部分もまた多い（②政治的不安定化と④政治・行政上
の境界の無意味化）。ドックランズの世界都市化に対する、政治的視角からの
アプローチは、今後の研究課題の一つであると言えよう。一方では、世界都
市研究において、世界都市の政治的特徴とは何かについて、理論的かつ体系
的に把握する試みが必要であろう。また他方では、今後のドックランズ地区
の政治的領域がどのように変化するのか、あるいは変化しないのかについて
も残された研究課題である。

　本項で論じてきたように、政治的領域については議論の余地が残されてい
るものの、経済的領域・社会的領域では世界都市としての特徴が確認できる。
これは、後期の中央政府と LDDC が目指した、世界都市ロンドンの一角とし
てのドックランズが現実のものとなったことを示している。次項では、前期
とは異なるドックランズ再開発および、それを主導して世界都市建設を成し
遂げた後期 LDDC が、住民からどのように評価されてきたのかを明らかにす
る。

第 3 項　旧住民による LDDC と世界都市化の受容

　住民からの評価に関して、まず注目すべきは、ドックランズ再開発に対す
る評価が総合的に上昇している点である。前期末には、LDDC が経済成長的
側面の再開発に過度に傾斜していることに批判が集まっていた。これに対し
て、1996 年の「この地域で起きた変化〔＝ドックランズ再開発〕から、誰
が最も利益を得たと思うか」という質問には、「ビジネス」という回答が
32% に増加し、相変わらず一位であるが、「ドックランズに住み、働く全員」
という回答が 19% と二位に浮上している。「ドックランズに住み、働く全員」
という回答は、後期直後の 1990 年からは 17 ポイントの増加で、増加幅は一
位である（MORI［1996］51）。また、住宅問題への回答も好転している。すな
わち、「改善された」という回答が、27% から 57% へと増加し、「悪化した」

第 6 章　対立の鎮静化と世界都市の完成

という回答は 31% から 19% へと減少している（MORI [1996] 58）。このように、後期ドックランズ再開発は、経済成長的側面の再生を継続させつつも、生活保障的側面の再生も進んでいると評価された。

　それゆえ、LDDC への評価も好転した。「LDDC は、地元住民の観点をどの考慮に入れていると感じるか」という質問には、1988 年には、肯定的回答が 30% 強、否定的回答が 60% 強であったのに対して、1996 年には、肯定的回答が約 50%、否定的回答は約 35% と逆転している。また、「LDDC への信頼」の平均値も、1988 年には +9% であったのに対して、1996 年には +34% となっており、LDDC が住民から信頼を得たことを示している（MORI [1996] 4, 23）。さらに、「概して、過去 12 〜 15 年間に、LDDC がドックランズで行った仕事をどう評価するか」という質問にも、肯定的回答が 65% であり、否定的回答（13%）のおよそ 5 倍となっている。このような高い評価は、後期 LDDC の政策選択に即したものである。というのも、ドックランズ軽鉄道やバス交通、道路整備など、LDDC が「世界都市のインフラ」という位置づけを与えた交通政策と、教育など生活保障的側面で国際移動可能性が低い分野を対象とする政策において、特に満足度が高いからである（MORI [1996] 14-15）。

　したがって、LDDC 撤収に対する住民の不安は大きかった。「LDDC がそれぞれの地区での仕事を終了した時、当該地区に対する、その効果はどういうものであると考えるか」という質問には、「悪くなる」という回答が 38% で、「良くなる」という回答の 8% を大きく上回っている。その理由としては、「地方自治体が継承するあるいは、地方自治体は何もしない」という回答の 32% と、「地区に使われる資金が減少する」という回答の 30% が上位二項目となっている（MORI [1996] 26-27）。第 5 章と第 6 章で論じてきた通り、後期地方自治体は、財政援助の削減によって、生活保障的側面の再生を縮小し、また住民団体とも対立を深めてきた。それゆえ、この上位二項目の懸念理由は、「財政力に乏しい地方自治体への不安」とまとめることができよう。

　ただし、この住民アンケートの解釈には、さらなる考察が加えられるべきである。というのも、再開発によって、ドックランズには多くの人々が移住

215

してきた。彼らは、ドックランズ再開発とLDDCに好意的な評価を抱いていたためにドックランズへ移住したのであり、インタヴュイーである「住民」の構成にも偏りがあると考えられるからである。そこで次に、LDDCの設立以前からの長期居住者（15年以上の居住者）と、再開発の恩恵を十分に受けていないと考えられる低所得住民（年間世帯所得7000ポンド以下）に焦点を絞って検討する[28]。

　まず、「ドックランズの変化があなたとあなたの家族に利益をもたらしたと考えるか」という問いに対する回答を見てみよう。この問いに対しては、長期居住者も低所得住民も否定的に回答している。すなわち、それぞれ、「はい」が39%と38%であり、「いいえ」の56%と48%を下回っている（MORI［1996］48-49）。この質問文に対する平均は、48%の住民が「はい」と答え、「いいえ」と答えた40%を上回っていたため、平均と比較すると、やはり、長期居住者と低所得住民は、ドックランズ再開発の負の影響を強く受けていると考えられる。

　その負の影響とは、雇用の喪失である。というのは、「今後LDDCは、どの政策領域を優先すべきか。以下から三つ挙げてほしい」という問いへの回答は、「雇用機会の拡充」（40%）と「教育・職業訓練支援」（35%）が上位二項目であり、雇用に関する要望が極めて強いからである（MORI［1996］29）[29]。これは、ドックランズ再開発によって、長期居住者や低所得住民が、雇用の点でより脆弱な立場に置かれていることを示している。したがって彼らは、ドックランズ再開発が雇用の喪失をもたらしたために、自らは不利益を被ったと評価しているのである。

　しかしながら、住民自身への影響に対する質問ではなく、ドックランズ全体への影響に対する質問に対しては、彼らも肯定的に回答した。すなわち、「一般的に言って、過去約12年の間にLDDCの活動によって、あなたのコミュニティはどれほど利益を受けたと考えているか」という問いには、長期居住者（「利益を受けた」が57%）も低所得住民（同51%）も、全体の回答（同59%）とあまり変わらない（MORI［1996］48-49）。旧住民も、世界都市化がドックランズに好影響を与えたと認めているのである。

第 6 章　対立の鎮静化と世界都市の完成

　さらに、長期居住者・低所得住民は、LDDC に対しても肯定的な評価を与え
えた。「概して、過去 12 ～ 15 年間に、LDDC がドックランズで行った仕事
をどう評価するか」という質問に対しては、長期居住者の 59% が「良い」
と答えており、「悪い」と答えた 21% を大きく上回っている（MORI［1996］
21）[30]。この質問への回答の平均は、「良い」が 65% で「悪い」が 13% であ
るから、長期居住者・低所得住民の LDDC への評価は、平均と大きく異なる
ものでもない。この理由についてはいくつか考えられるものの、後期 LDDC
の生活保障的側面における活動に対する彼らの満足が、大きな理由の一つで
あったことは間違いない。というのも、住宅状況の改善や、学校設備に対し
て満足しているという回答が多いことが挙げられるからである（MORI
［1996］58-59）。

　住民アンケートの検討から得られる知見は、二つある。一つ目に、彼らは、
後期 LDDC が目標としていた、ドックランズの世界都市化が、雇用の喪失を
はじめとする自分自身の利益を損なったとしながらも、ドックランズ全体に
とっては良かったと肯定的に評価している。これは、旧住民による世界都市
化の受容、と言えるだろう。二つ目に、後期 LDDC は、長期居住者・低所得
住民からも概ね肯定的評価を受けていた。LDDC による生活保障的側面の再
生の達成が、この理由の一つである。

小括　後期ドックランズ再開発とは何だったのか

　第 5 章と第 6 章は、後期ドックランズ再開発について論じてきた。後期ド
ックランズ再開発は、インナー・シティ再開発というよりも、「世界都市建
設」という新しい課題への取り組みであった。情報通信産業・金融管理産業
の流入と、国際化の進展を受けて、新しい課題が浮上したのである。

　新しい課題に対する地方自治体の選択は、前期とは大きく異なるものであ
った。すなわち、オフィス・ベースの産業と高級販売住宅を受け入れた。そ
れとは逆に、公営住宅とその入居者に対して厳しい対応をとる姿が見られた。
これらは、地方自治体の政策選択が生活保障的側面よりも経済成長的側面を

217

重視するように変化したことを示している。

　中央政府とLDDCの政策選択は、複雑なものへと変化した。経済成長的側面については、世界都市建設を自らの目的に据え、「再生」の意味を情報通信産業・金融管理産業の流入と明確化した。また不況期には市場に放任するのではなく、大規模な財政出動や積極的な介入を行った。ただし、良好な生活環境の整備という課題については、それほどの積極性を確認できない。生活保障的側面については、従来からの労働集約型産業を見放すかわりに、教育や職業訓練に力を入れ、また社会住宅の提供にも熱心であった。

　このように、中央政府・LDDCおよび地方自治体それぞれが政策選択を変化させたために、前期とは異なり、後期の両者の関係は、概ね協調的なものであった。その理由は、地方自治体が経済成長的側面の再生を認め、両者の政策選択が一致したこと、そしてLDDCが生活保障的側面の再生を引き受け、地方自治体に資金を提供し、また自ら住民にサーヴィスを提供していったことの二点が挙げられる。さらに、地域住民のLDDCへの接近や、労働党自身による行政改革、多層的な都市間競争の出現など、両者の政策選択の変化に伴う新しい政治状況の出現を指摘しうる。

　両者の政策選択が変化したのは、中央政府による地方自治体への介入の弱化および国際化の進展に起因する。地方自治体は、1970年代のような手厚い財政援助の復活が難しいことを悟った。求められたのは、「責任ある」地方自治体であった。そのため、経済成長をめぐる地方自治体間競争と財政破綻への恐れが顕在化——ドックランズにおいては、特に後者であったが——し、地方自治体の政策選択は、経済成長的側面重視型の再開発となったのである。中央政府・LDDCは、地方自治体に生活保障的側面の再生を期待できない以上、自らが引き受けざるをえなくなった。ただし、ここに国際化の進展という状況が加わる。資本や商品といった国際移動可能性が高い対象についての政策と、主に人間に関するような国際移動可能性が低い対象についての政策という区分が必要となってくる。経済成長的側面においては、国際移動可能性が高い対象を中心に支援する必要があるし、生活保障的側面においては、国際移動可能性が低い対象についての政策の供給が選ばれるのである。

第6章 対立の鎮静化と世界都市の完成

　後期ドックランズ再開発の成果も前期とは異なるものへと変化した。経済成長的側面の再生が進んだことは前期と同様であるが、後期には、それは市場原理に基づく成果というよりも、中央政府とLDDCの「世界都市ロンドンの一角としてのドックランズ」建設の成果であった。同時に、生活保障的側面の再生も進んだ。それは、社会住宅の提供、住宅修繕への補助の拡大、失業率の低下に現れている。こうした点が住民団体に歓迎され、LDDCへの旧住民からの評価も、好転したのである。

注

1 ）本節では、生活保障的側面で国際移動可能性が高い対象についての政策は扱わない。この政策における政治過程については、本書が依拠している、LDDCや地方自治体による各種報告書やSLPでは、特筆すべき事例が見出せられなかったためである。LDDCも地方自治体も共に重視しない場合、政治過程に論点として出現しないことがその原因であると考えられる。

2 ）第1章でも紹介したように、いくつかの先行研究も、これらの協定締結を紹介している。しかしながら、先行研究は、関係が改善したと一般的に述べるに止まっているか（Travers［2004］39-41）、前期の中央政府と地方自治体それぞれの政策選択は残存したままで、しぶしぶの妥協としてのみこの協定を捉えるものであった（Brownill［1993］chap. 8）。

　こうした先行研究に対して、本項は、協定の内容をより詳細に明らかにすること、そしてそれを通じて、協定締結に対する両政府の姿勢は、むしろ積極的であったことの二点を示したい。

3 ）具体例としては、道路敷設に対する地方自治体の協力が挙げられている（LDDC and LB of Newham［1987］；LDDC［1988c］）。

4 ）ベクトンはロイヤル・ドックスの東の端に位置する地域である。それゆえベクトンは、ドックランズの東端でもある。ドックランズ再開発は、シティに隣接する西側から進んだため、ベクトンの再開発は相対的に遅れていた。

5 ）ドックランズ軽鉄道の執行部の試算では、全1億4000万ポンドのルイシャム延伸のうち、二つの駅の建設費用は、4000万ポンドを占めている（SLP 94/6/24）。

6 ）なお、LDSPは、カナダ・ウォーター地区を大規模な市場（Trade Mart）にする再開発計画を立てていた（LDSP Figure 11F）。それと同時にサザク区は、1970年代を通じて、ドックの埋め立てを進めていた（LDDC［1998b］"Surrey Docks"）。もっとも、サザク区の計画やLDSPでは、大規模市場は、製造業の展示・販売・卸売のためとされており、LDDCが進め、実際に完成したものとは大きく内容が異なるものであった（Southwark Council［1976］7）。しかし、この地区が、小売業中心となること

自体については、ほとんど議論がなされなかった背景には、このような歴史的沿革がある。

7）ヒューズのこの発言は、生活保障的側面の再生を求める住民と、経済成長的側面を重視し始めたサザク区の間に対立関係が生じ始めていることを示している。この点については次項で詳しく論じる。

8）ペッカム地区は、サリー・ドックス地区のほぼ真南に位置し、サザク区の地理的中心に位置する。

9）単一再生予算とは、中心市街地活性化関係の二十種類の補助・支援事業を、省庁枠を越えて統合し、環境省の予算枠内においたものである（中井［2004］117；霊山［2000］192）。

10）ペッカム地区の荒廃を示す別の指標として、居住住民の素性がよくわからなかったことも挙げられる。ある調査によって、ペッカム地区の公営住宅入居者のおよそ4分の1は、登録者と入居者が異なるなどの不正規居住者であることが判明した（SLP 96/2/23）。

11）不況期には、LDDCとサザク区の対立が再燃したこともあった。もともとLDDCは、6970万ポンドの予算で2000戸の社会住宅を作る約束をサザク区との間で取り交わしていた。しかし、土地売却が低調となり、LDDCの財政も苦しくなった1991年3月、予算を2190万ポンドまで減らしたいとLDDCがサザク区に持ちかけたのである。サザク区リーダーのキーブルは、この申し出を、「約束違反」と批判した（SLP 91/3/12）。

12）具体的には、健康支援センター（MIND's Open House Mental Health Centre and Crossroad Care）の修繕・拡充や、アイル・オブ・ドッグズのタウンホールの建設、同じくアイル・オブ・ドッグズのコミュニティ・トラストの設立にLDDCは補助を与えている（LDDC［1991a］12）。

13）『ダウンタウン・レヴュー』の第一号には、正確な発行年月が記載されていなかった。記事の内容を踏まえると、1981年の年末に発行されたと推察される。ただし、1982年の年初に発行された可能性もある。本文中でも紹介したように、『ダウンタウン・レヴュー』は、1990年の12月に廃刊されており、当時の関係者も不明であるため、確認ができなかった。

14）ただし、アメリカのニューヨーク市政における、1975年の財政破綻危機と、市の対応については、多くの研究が提出されている（Peterson［1981］chap. 10；水口［1985］第2章；西山［2008］第6章）。これらの研究は、財政危機に陥ったニューヨーク市が、社会福祉のカットなどを通じて、それまでの手厚い福祉政策を削減したことを明らかにしている。

15）ドックランズ地区のうち、タワー・ハムレッツ区は、長らく労働党の支配下にあったが、1986年から1994年までは自由党／社会民主党連合と自由民主党が第一党であった。ニューハム区はサザク区と同じく、一貫して労働党が第一党であった。

16）介入の弱化と国際化の進展の二つの変化の間に何か関係があるのかについては、本書の問題関心を越えるものであるが、両者の変化の親和性を指摘する議論も存在する。

かかる議論は、中央政府は国際化の変化に対応すべく、その力を集中させ、それ以外の内政権限については地方自治体に移譲すると指摘している（進藤［2003］311；西尾［2007］29）。

17）本項では、論証の際に、本書でこれまでに引用してきた資料を多く再使用している。しかし、煩雑さを避けるために、逐一ことわりは入れない。

18）ただし、都市間競争論の想定とは異なる事実も観察される。重要な例として、地方自治体の自主課税額の差異が挙げられる。都市間競争論の想定によれば、地方自治体は「福祉マグネット」効果を避けるために、地方税を低く抑えようとする。事実、第5章で明らかにしたように、後期には確かに地方税の自治体間比較が活発となり、住民は、サザク区らの地方自治体の高い税率を批判するようになった。

しかし、実際には、例えば1997年度の税額は、ワンズワース区では3%の減税、ルイシャム区では4.5%の増税、サザク区では3.2%の増税となり、大きな差異がある（SLP 97/2/28）。

19）ただし、失業率の低下は、多くの場合勤務先の移転に伴って流入してきた新規住民によるところも大きい。旧住民の失業問題については、本節第3項で詳しく分析する。

20）世界都市研究にとってはロンドンもその理論的資源地であった。したがって、ドックランズを世界都市研究と対比させるという本項の試みは、一見すると、トートロジーに見えるかもしれない。しかし、本項での分析対象は、ロンドン全体ではなく、かつては荒廃していたドックランズ地区のみである。

21）例えば、Knox and Taylor［1995］所収の諸論文を参考されたい。

22）世界都市の経済構造について、詳しくは、本書第1章の整理を参照されたい。

23）同様の視点として、デヴィッド・サイモン（David Simon）による定義が挙げられる（Simon［1995］141-142 = 105）。なお加茂は、世界都市の特徴として、「世界を変える力」という特徴も指摘している（加茂［2005］18-19）。しかし、この特徴はかなり抽象的であることと、これは東京という個別事例を理解する上で重要であるとの彼の指摘の二つ理由により、本書では考察対象から外した。

24）カナリー・ウォーフのビジネス団体である、カナリー・ウォーフ・グループ社（Canary Wharf Group PLC）のホームページによる。

25）カナリー・ウォーフ・グループ社のホームページによる。

26）この分類はあまり一般的とは言えず、また「賃貸、ビジネス活動」とは具体的に何を指しているのかやや不明瞭ではある。もっとも、これが、加茂の指摘するホワイトカラーの専門職であることは明らかであろう。

27）1996年2月、サウス・キーにおいて、アイルランド共和軍が爆破テロを起こした（LDDC［1996a］6）。ただし、この事件は、北アイルランド問題の一環としての側面が強く、世界都市の政治的不安定化を意味するものではないと考えられる。

28）ただし、それでも限界は残る。その限界とは、本調査には戸別訪問が用いられているため、ホームレスに転落した元住民や、ドックランズから転出した元住民についての意見は明らかにすることができないことである。

29）住宅不足も、ドックランズ再開発における大きな争点であったが、アンケートの項

目では住宅に関する項目は設けられていなかった。

30) なお、この設問についての、所得別の集計は記載されていなかった。しかし、ドックランズの変化に対して、長期居住者も低所得住民もほぼ同じ回答をしていることから、長期居住者と低所得住民は概ね重複しており、長期居住者の回答を低所得住民の回答に読み替えてよいと考えられる。

おわりに

行政史としてのドックランズ再生

　本書は、ドックランズが荒れ果てたインナー・シティから世界都市ロンドンの一角となるまでの再開発史を主題としてきた。ドックランズ再開発ならびに世界都市化については、多くの先行研究が存在し、その理解に努めてきた。本書もこれらの一連の研究の一つであるとも言えるし、それらの一つでしかないとも言える。しかしながら、本書には2010年代の執筆という時間的なアドバンテージもある。筆者は、ドックランズが荒れ果てたインナー・シティに苦しむ時代しか知らない研究者よりも、1980年代半ばまでの前期ドックランズ再開発しか知らない研究者よりも、ドックランズが世界都市ロンドンの一角となりうるか確信が持てない研究者よりも、多くの重要な情報にアクセスできる。こうした情報を活用し、筆者はドックランズ再開発史について、その時期区分を含めた総体的な理解の提示を試みてきた。

　本書は、1974年のドックランズ合同委員会の設置から1998年のLDDCの撤収に至るまで、1980年代末を境に前期と後期に区分し、以下の理解を提示してきた。

　前期ドックランズ再開発は、インナー・シティ問題の解決を目指した取り組みであった。ここでは、地方自治体は生活保障的側面を重視し、中央政府・LDDCは経済成長的側面を重視した。両者の対立は平行線をたどったが、法的正統性を有する後者が勝利を収めた。前期LDDCは、総花的な目的と、民間企業に合わせた迅速性を掲げていた。その結果、情報通信産業・金融管理産業がドックランズに流入してきた。

　後期ドックランズ再開発は、世界都市建設がその内容であった。地方自治体は、経済成長的側面の再生を許容し、LDDCに協力していった。中央政府・LDDCは、ドックランズの将来像を世界都市ロンドンの一角として明確

化し、これを積極的に支援していった。同時に、LDDC は地方自治体にかわって生活保障的側面の再生にも直接関与することになった。

本書を貫いてきた視角は、都市再開発や都市建設における公的セクターの重要性である。地域やビジネス界からの多様な要求を受けるということ、それを踏まえつつ一つの計画を下すということ、他の政府と対抗したり協調したりというダイナミクスの渦中にあること、具体的な再開発を支援すること、時には自らが前面に出ていくことなど、公的セクターは決定的な重要性を有している。そのため、本書は中央政府・LDDC と地方自治体の政策選択に注目してきたのである。世界都市とは、自動的に出現するものではなく、公的セクターが意思をもって建設するものであるという視座は、本書の前提であると同時に、一次資料を網羅的に分析してきた本書の提示する知見でもある。

中央地方関係論への貢献

公的セクターも組織である以上、独自の政策選択——選好と政府機能の担当——を有する。そして中央政府と地方自治体それぞれの政策選択について、本書は理論的に検討し、ドックランズ再開発史によってそれを実証し、さらにドックランズ再開発史の検討から新たな知見を提起した。中央地方関係論に対する貢献も、本書の成果として強調したいところである。

中央政府と地方自治体それぞれの政策選択に対する本書のモデルは、図表終-1 のように表される。

図表終-1 について、説明しておきたい。

①財政援助が厚い、または地方自治体の権限に対する統制が強いという二つの条件のうち、少なくとも一つが存在する場合、「中央政府による地方自治体への介入が強い」と言える（図表終-1 の左上）。この場合、地方自治体に対する都市間競争の圧力や財政破綻への恐れは潜在化する。したがって、地方自治体は生活保障的側面を重視することができる。他方で、中央政府は、経済成長的側面に専念できる。

②財政援助が厚い、および地方自治体の権限に対する統制が強いという二つの条件が共に存在しない場合、「中央政府による地方自治体への介入が弱

おわりに

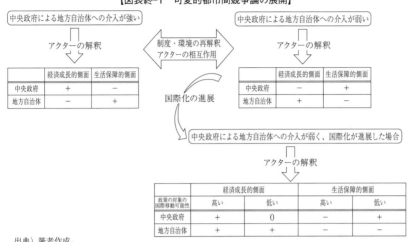

【図表終-1　可変的都市間競争論の展開】

出典）筆者作成。

い」と言える（図表終-1 の右上）。この場合、地方自治体に対する都市間競争の圧力や財政破綻への恐れが顕在化する。したがって、地方自治体は経済成長的面を重視せざるをえなくなる。他方で、中央政府は、地方自治体によっては担当されない生活保障的側面の再生を担当するように期待される。

②しかし、②の場合において、国際化が進展すると、中央政府の政策選択は複雑化する（図表終-1 の下）。経済成長的側面について言えば、国境を越える都市間競争が激化するために、金融などの特に国際移動可能性が高い対象についての政策も重視せざるをえない。生活保障的側面について言えば、従来型の労働集約型産業の国際競争力は低下しているため、こうした分野での雇用確保政策を放棄し、住宅や、教育・職業訓練という国際移動可能性が低い対象についての政策を重視する。

③政策選択の形成および変化の際には、制度や環境が直接政策選択を規定するのではない。アクターによる制度・環境の（再）解釈と、アクター間の相互作用に媒介される。こう考えるべき理由は、三つある。第一に、都市間競争や財政破綻への恐れの潜在化／顕在化は、アクターによって認識されることで、意味を持ってくるからである。第二に、制度・環境が変化した場合、

変化そのものよりも、その受け止め方が政策選択の変化にとって重要だからである。第三に、中央政府と地方自治体で政府機能を分担するのであるから、相手のアクターに何を期待しうるかという認識上の相互作用も重要である。

　以上の①から③にまとめられるモデルを、本書は、可変的都市間競争論（の展開）と呼んできた。このモデルが政治学・行政学一般に寄与する点を改めてまとめ直すと以下の三点が挙げられる。

　第一に、中央政府と地方自治体それぞれの政策選択を可変的なものとして捉えていることである。中央政府による地方自治体への介入の強弱によって、両政府の政策選択は変化するのである。もっとも、変化すること自体は、曽我［2001］などで示唆されてきたが、本書は、その原因を介入として特定し、また実証研究を通じて因果関係を明確化させた特色を有する。第二に、制度・環境と政策選択との間にアクターの解釈を挿入し、因果関係を明確化させたことである。第三に、事例研究を踏まえて、国際化の進展を都市間競争に組み込み、理論的にもその影響を明らかにしたことである。今後、さらに人の国際化が進むことによって、国際移動可能性が低い分野を対象とする政策というカテゴリーは意味をなさなくなってくるかもしれないが、現状においては、可変的都市間競争論の展開モデルは一定の普遍性を有すると考えられる。

今後の研究展望

　本書を閉じる前に、今後の研究展望について論じておきたい。世界都市建設という対象に、政府間関係という理論によって迫る本書には、対象と理論の両面において研究展望が開けている。

　世界都市建設という対象に関して言えば、比較研究に着手すべきと考えられる。ドックランズ再開発との比較対象として、とりわけ興味深いと思われるのが、東京の臨海副都心開発計画である。この計画には、1985年に鈴木俊一都知事によって、世界都市化戦略とその具体策である「テレポート構想」という内容が与えられた。東京の臨海副都心開発計画は、ドックランズ

おわりに

再開発と同じく世界都市建設がその中心的課題となったのである。しかしながら、ドックランズ再開発が中央政府主導であったのに対して、東京の臨海副都心開発計画は、東京都によって発案されたものであり、東京都によって主導されたと言える局面も多い（町村［1994］第5章；土岐［2003］246-250；塚田［2002］第7章；川島［2017］）。この差がなぜ生じたのか、そしてこの差がどのような影響を残したのか検討したい。

　また、世界都市とそれ以外の都市との比較も、都市研究を深めるうえで重要なテーマであると考える。例えば、大都市ではあるが世界都市建設を目指さなかった都市、あるいは世界都市建設競争から「降りて」別の都市を目指した都市との比較は、世界都市建設という営みを逆照射することになると期待される。

　こうした世界都市建設に対しては、政府間関係の視角が欠かせないと筆者は考えている。地方自治体を世界都市建設に駆り立てる要因として、地方自治体間の競争関係は重要であるし、この競争をコントロールし、あるいは中央政府と地方自治体の間で政府機能の分担をはかるうえで、中央地方関係も重要だからである。確かに、世界都市建設を理解するうえで、社会経済的条件も重要である。政治も見逃せない。しかし、都市の未来を決めるうえで、正統性を有する公的セクターの役割は決定的である。また、公的セクターも組織である以上、選好や機能を有する。この選好や機能に影響を与えるのが、政府間関係であると考えられる。

　したがって、政府間関係の理論についても研究を進めなければならない。本書では、可変的都市間競争論の発展という形で、図表終-1を提示した。しかし、残された課題も多い。

　第一に、モデルの一般化可能性の検証である。この課題には、東京などの事例研究を増やすなどの研究展開が考えられる。また、時間軸を伸ばすことで、より強固なものとしてモデルを提示できよう（King *et al.*［1994］）。本書の前にあたる、ロンドン港の発展期と縮小期の分析、本書の後に続く、ロンドン・オリンピックやイギリスのEUからの脱退予定の分析などが挙げられる。都市の未来を決める営みは人類の歴史である。そのため、事例研究の

「ネタ」が枯渇することはない。さらに図表終-1 は、都市再開発固有のモデルではなく、他の政策領域にも応用は可能である。そのため、政策領域を横断して、中央政府と地方自治体それぞれの政策選択を検証することも可能である[1]。

　第二に、理論的精緻化である。図表終-1 をはじめ、本書は、中央政府と地方自治体を、それぞれ一人の個人であるかのように扱ってきた。中央政府と地方自治体それぞれについての、総体的な政策選択の解明が、本書の問題関心であったためである。しかしながら、中央政府や地方自治体と一言で言っても、内部の構成要素は多い。そのため、例えば、議員と省庁（部局）の間、また各省庁（部局）間での対立や緊張も存在すると考えられる。要素間の相違を含めた、政策選択の解明は、中央地方政府間機能分担論のさらなる発展に寄与すると考えられる。また、政策選択の変化を先導する要素は何か、逆に変化に抵抗する要素は何か、といった問いも興味深く思われる。なぜなら、この問いに対する解答は、ドックランズ再開発のように、中央政府と地方自治体それぞれの政策選択が変化した事例に対して、一層精緻化した説明を提示しうる可能性を有しているからである。

　このように、対象・理論両面で研究の余地は大きい。本書が、世界都市という研究対象、政府間関係という理論の重要さと面白さを示すことができたならば、本書の最大の狙いは達成されたと言えるであろう。

注
1）図表終-1 の一部について、筆者はすでに、日本における生活保護の分析に援用し、その有効性を明らかにした（川島 [2015]）。

参考文献・参考資料

1　参考文献

赤井裕司［1990a］「ロンドンドックランズ再開発の誤算」、『新都市』第 526 号。

赤井裕司［1990b］『英国の国土政策——サッチャーリズム最後の標的』住宅新報社。

秋月謙吾［2001］『（社会科学の理論とモデル 9）行政・地方自治』東京大学出版会。

イギリス都市拠点事業研究会［1997］『検証 イギリスの都市再生戦略——都市開発公社と
　　エンタープライズ・ゾーン』風土社。

稲増一憲・池田謙一・小林哲郎［2008］「テキストデータから捉える 2007 年参院選争点」、
　　『選挙研究』第 24 巻第 1 号。

岩見良太郎［2004］『「場所」と「場」のまちづくりを歩く——イギリス篇・日本篇』麗
　　澤大学出版会。

宇都宮深志［1990］『サッチャー改革の理念と実践』三嶺書房。

遠藤乾編［2008］『ヨーロッパ統合史』名古屋大学出版会。

小野耕二［2001］『（社会科学の理論とモデル 11）比較政治』東京大学出版会。

上林千恵子［2002］「外国人 IT 労働者の受け入れと情報産業」、駒井洋編著『（講座 グロー
　　バル化する日本と移民問題第 1 期第 1 巻）国際化のなかの移民政策の課題』明石書店。

加茂利男［2005］『世界都市——「都市再生」の時代の中で』有斐閣。

川島佑介［2006］「地区計画の理念と運用実態の変遷——事例研究：名古屋市」、『都市問
　　題』第 97 巻第 9 号。

川島佑介［2010］「ロンドン・ドックランズ地区の再開発の論理基盤——グローバル化時
　　代の都市間競争という視角から」、『都市問題』第 101 巻第 4 号。

川島佑介［2015］「生活保護行政と福祉マグネット」、『季刊行政管理研究』第 151 号。

川島佑介［2017］「1995 年「世界都市博覧会」中止の政治学的分析——必然でも偶然で
　　もない政治の営み」、『名古屋大学法政論集』第 269 号。

菊池努［2004］「「競争国家」の論理と経済地域主義」、藤原帰一・李鍾元・古城佳子・石
　　田淳一編『（国際政治講座③）経済のグローバル化と国際政治』東京大学出版会。

北原鉄也［1998］『現代日本の都市計画』成文堂。

北村公彦［1993］「サッチャー政権と「政府間関係」」、君村昌・北村裕明編著『現代イギ
　　リス地方自治の展開——サッチャリズムと地方自治の変容』法律文化社。

北村裕明［1993］「地方財政改革」、君村昌・北村裕明編著『現代イギリス地方自治の展開
　　——サッチャリズムと地方自治の変容』法律文化社。

北村亘［2001］「地方税財政システムの日英比較分析(2)」、『自治研究』第 77 巻第 3 号。

北村亘［2009］『地方財政の行政学的分析』有斐閣。

北山俊哉［2000］「比較の中の日本の地方政府——ソフトな予算制約下での地方政府の利
　　益」、水口憲人・秋月謙吾・北原鉄也編著『変化をどう説明するか——地方自治篇』木
　　鐸社。

北山俊哉［2015］「能力ある地方政府による総合行政体制」、『法と政治』第 66 巻第 1 号。

小堀眞裕［1999］「英国における政府の「説明責任」と特殊法人」、基礎経済科学研究所編『新世紀市民社会論――ポスト福祉国家政治への課題』大月書店。

小堀眞裕［2000］「英国におけるクワンゴ問題に関する一考察――非選出・任命諸団体のアカウンタビリティーと労働党のクワンゴ改革」、『立命館法学』第 274 号。

駒井洋［2002］「グローバル化時代の移民政策」、駒井洋編著『（講座　グローバル化する日本と移民問題第 1 期第 1 巻）国際化のなかの移民政策の課題』明石書店。

小森星児［1990］「ロンドンの新都心づくり――ドックランズ再開発の明暗」、『地理』第 35 巻第 2 号。

斎藤憲晃［1990a-d］「英国の都市開発における民間活力導入の動向について(1)-(4)―― Urban Development Corporation を中心に」、『新都市』第 519 号、第 520 号、第 522 号、第 524 号。

佐藤満［2000］「地方分権と福祉政策――「融合型」中央地方関係の意義」、水口憲人・秋月謙吾・北原鉄也編著『変化をどう説明するか――地方自治篇』木鐸社。

シェパード，ジョン（三上宏美・加藤恵正訳）［1985］「グレーター・ロンドン戦略計画の展開」、大阪市立大学経済研究所編『（世界の大都市①）ロンドン』東京大学出版会。

シェパード，ジョン（加藤恵正・森信之訳）［1986］「ロンドン・ドックランドの再開発と新しい都市経営」、『都市問題研究』第 424 号。

自治体国際化協会［1990］「ロンドン・ドックランドの開発と行政」。

自治体国際化協会［2006］「英国の地方政府改革の系譜」。

品田裕［2001］「地元利益指向の選挙公約」、『選挙研究』第 16 巻。

品田裕［2010］「2009 年総選挙における選挙公約」、『選挙研究』第 26 巻第 2 号。

下條美智彦［1995］『イギリスの行政』早稲田大学出版部。

進藤兵［2003］「「地方分権」から「地方構造改革」へ――日本における資本主義国家の再編と新自由主義型地方分権の転形の政治学的分析」、加茂利男編『「構造改革」と自治体再編――平成の大合併・地方自治のゆくえ』自治体研究社。

スティーブンズ，アンドリュー（石見豊訳）［2011］『英国の地方自治――歴史・制度・政策』芦書房。

曽我謙悟［2001］「地方政府と社会経済環境――日本の地方政府の政策選択」、『レヴァイアサン』第 28 号。

曽我謙悟［2016］「縮小都市をめぐる政治と行政――政治制度論による理論的検討」、加茂利男・徳久恭子編『縮小都市の政治学』岩波書店。

高橋誠［1978］『現代イギリス地方行財政論』有斐閣。

高橋誠［1990］『土地住宅問題と財政政策』日本評論社。

高安健将［2009］『首相の権力――日英比較からみる政権党とのダイナミズム』創文社。

高寄昇三［1995］『現代イギリスの地方財政』勁草書房。

武川正吾［1992］「イギリス社会政策における政府間関係―― 1980 年代におけるその変貌」、社会保障研究所編『福祉国家の政府間関係』東京大学出版会。

建林正彦・曽我謙悟・待鳥聡史［2008］『比較政治制度論』有斐閣。

玉井亮子・待鳥聡史 [2016]「大都市との一体化による縮小都市の生き残りの可能性——フランス、ル・アーヴル市」、加茂利男・徳久恭子編『縮小都市の政治学』岩波書店。

塚田博康 [2002]『東京都の肖像——歴代知事は何を残したか』都政新報社。

塚原康博 [1992]「福祉政策の政府間関係——集権・分権の規範的分析」、社会保障研究所編『福祉国家の政府間関係』東京大学出版会。

辻悟一 [1992]「ロンドン・ドックランド再開発の軌跡と課題」、『大阪市立大学証券研究年報』第7号。

土岐寛 [2003]『東京問題の政治学 [第二版]』日本評論社。

戸澤健次 [2006]「保守党に未来はあるのか——政権党返り咲きへの課題と可能性」、梅川正美・阪野智一・力久昌幸編著『現代イギリス政治』成文堂。

中井検裕 [1993]「都市開発公社とロンドン・ドックランド再開発」、君村昌・北村裕明編著『現代イギリス地方自治の展開——サッチャリズムと地方自治の変容』法律文化社。

中井検裕・村木美貴 [1998]『英国都市計画とマスタープラン——合意に基づく政策の実現プログラム』学芸出版社。

中井検裕 [2004]「イギリス」、伊藤滋・小林重敬・大西隆監修『欧米のまちづくり・都市計画制度——サスティナブル・シティへの途』ぎょうせい。

成田孝三 [1983]「エンタープライズゾーンの性格と問題点」、『季刊経済研究』第6巻第3号。

成田孝三 [1994]「世界都市、ウォーターフロント、市場優先——ロンドン・ドックランズの教訓」、『都市問題研究』第518号。

並木昭夫 [1982]『(新時代の都市政策3) 都市整備』ぎょうせい。

西尾勝 [2007]『(行政学叢書5) 地方分権改革』東京大学出版会。

西山八重子 [2002]『イギリス田園都市の社会学』ミネルヴァ書房。

西山隆行 [2008]『アメリカ型福祉国家と都市政治——ニューヨーク市におけるアーバン・リベラリズムの展開』東京大学出版会。

根本敏行 [1997]「イギリスにおける最近の都市開発の動向について——都市開発公社とエンタープライズ・ゾーン」、『季報ほくとう』第46号。

野林健・大芝亮・納家政嗣・山田敦・長尾悟 [2007]『国際政治経済学・入門 [第三版]』有斐閣。

馬場健 [1995]「ロンドン・ドックランド再開発に関する一考察」、『季刊行政管理研究』第71号。

馬場健 [2012]『(自治総研叢書31) 英国の大都市行政と都市政策 1945-2000』敬文堂。

広川英三 [1981]「ロンドンの都市再開発」、『都市政策』第24号。

広原盛明 [1993]「イギリス住宅政策の歴史的変容——公営住宅売却政策を中心にして」、君村昌・北村裕明編著『現代イギリス地方自治の展開——サッチャリズムと地方自治の変容』法律文化社。

福島義和 [1998]「ドックランズ再開発事業にみる中央政府と地方政府の関係」、『社会科学年報』第32号。

星野泉［1984a-c］「イギリスの地方時と地方財政（上）、（中）、（下）」、『都市問題』第75巻第3号、第75巻第4号、第75巻第5号。

星野泉［1985］「イギリスの地方税・レイト（固定資産税）とサッチャーの政策」、『租税研究』第434号。

前田幸男・平野浩［2015］「有権者の心理過程における首相イメージ」、『選挙研究』第31巻第2号。

町村敬志［1994］『「世界都市」東京の構造転換——都市リストラクチュアリングの社会学』東京大学出版会。

松本克夫・加藤嘉明［2000］「復活した大ロンドン市」、自治・分権ジャーナリストの会編『英国の地方分権改革——ブレアの挑戦』日本評論社。

水口憲人［1985］『現代都市の行政と政治』法律文化社。

三富紀敬［1995］「ロンドン・ドックランドの再開発」、『静岡大学法経研究』第44巻第2号。

村田喜代治［1989］「ロンドン・ドックランズの再開発」、『産業立地』第28巻第6号。

森嶋通夫［1998］『サッチャー時代のイギリス』岩波新書。

山口広文［1995］「ロンドン・ドックランド再開発の経緯と近況」、『レファレンス』第536号。

山崎勇治［1987］「ロンドンの台所——ドックランドの歴史的展開を中心として」、『北九州大学商経論集』第23巻第1号。

山下茂［2015］『英国の地方自治——その近現代史と特色』第一法規。

霊山智彦［2000］「都市の再生とNPOの役割」、自治・分権ジャーナリストの会編『英国の地方分権改革——ブレアの挑戦』日本評論社。

渡辺一夫［1993］「ロンドン東部、ドックランズ地区の都市開発について——概報」、『法政大学文学部紀要』第39号。

Adams, David [1994] *Urban Planning and the Development Process*, Routledge.

Arnstein, R. Sherry [1969] "A Ladder of Citizen Participation" in *Journal of the American Institute of Planners*, Vol.35 Num.4.

Bates, H. Robert, Avner Greif, Margaret Levi, Jean-Laurent Rosenthal and Barry R. Weingast [1998] *Analytic Narratives*, Princeton University Press.

Brindley, Tim, Yvonne Rydin and Gerry Stoker [1989] *Remaking Planning: The Politics of Urban Change in the Thatcher Years*, Unwin Hyman Ltd.

Brownill, Sue [1990] *Developing London's Docklands: Another Great Planning Disaster?*, Paul Chapman Publishing Ltd.

Brownill, Sue [1993] *Developing London's Docklands: Another Great Planning Disaster?* (2nd ed.), Paul Chapman Publishing Ltd.

Butler, Tim [2007] "Re-urbanizing London Docklands: Gentrification, Suburbanization or New Urbanism?" in *International Journal of Urban and Regional Research*, Vol.31.4.

参考文献・参考資料

Chandler, J. A. [1991] *Local Government Today*, Manchester University Press.

Church, Andrew [1992] "Land and Property: The Pattern and Process of Development from 1981" in Philip Ogden (ed.) *London Docklands*, Cambridge University Press.

Coupland, Andy [1992] "Docklands: Dream or Disaster?" in Andy Thornley (ed.) *The Crisis of London: The Challenge of Development*, Routledge.

Crilley, Darrel [1992] "The Great Docklands Housing Boom" in Philip Ogden (ed.) *London Docklands: The Challenge of Development*, Cambridge University Press.

Dahl, A. Robert [1961] *Who Governs?*, Yale University Press. 河村望・高橋和宏訳 [1988] 『統治するのはだれか』行人社。

Dunleavy, Patrick [1993] "The Political Parties" in Patrick Dunleavy, Andrew Gamble, Ian Holliday and Gillian Peele (ed.) *Developments in British Politics 4*, St Martin's Press.

Edwards, Michael [1992] "A Microcosm: Redevelopment Proposals at King's Cross" in Andy Thornley (ed.) *The Crisis of London*, Routledge.

Friedmann, John [1986] "The World City Hypothesis" in *Development and Change*, vol.17. 藤田直晴訳編 [1997] 「世界都市仮説」、『世界都市の論理』鹿島出版会。

Friedmann, John [1995] "Where We Stand: A Decade of World City Research" in Paul L. Knox and Peter J. Taylor (ed.) *World Cities in a World-System*, Cambridge University Press. 藤田直晴訳編 [1997] 「世界都市研究の到達点」、『世界都市の論理』鹿島出版会。

Greenwood, John and David Wilson [1984] *Public Administration in Britain*, George Allen & Unwin.

Greenwood, John, Robert Pyper, and David Wilson [2002] *New Public Administration in Britain* (3rd ed.), Routledge.

Hall, John [1992] "The LDDC's Policy Aims and Methods" in Philip Ogden (ed.) *London Docklands: The Challenge of Development*, Cambridge University Press.

Hunter, Floyd [1953] *Community Power Structure: A Study of Decision Makers*, University of North Carolina Press. 鈴木広監訳 [1998] 『コミュニティの権力構造——政策決定者の研究』恒星社厚生閣。

Jessop, Bob [2002] *The Future of the Capitalist State*, Polity Press. 中谷義和監訳 [2005] 『資本主義国家の未来』御茶の水書房。

King, Anthony [1990] *Global Cities: Post-Imperialism and the Internationalization of London*, Routledge.

King, Gary, Robert O. Keohane and Sidney Verba [1994] *Designing Social Inquiry: Scientific Inference in Qualitative Research*, Princeton University Press. 真渕勝監訳 [2004] 『社会科学のリサーチ・デザイン——定性的研究における科学的推論』勁草書房。

Knox, L. Paul and Peter J. Taylor (ed.) [1995] *World Cities in a World-System*, Cambridge University Press. 藤田直晴訳編 [1997] 『世界都市の論理』鹿島出版会。

Lee, Roger [1992] "London Docklands: The 'Exceptional Place'? An Economic Geography of Inter-Urban Competition" in Philip Ogden (ed.) *London Docklands: The Challenge of Development*, Cambridge University Press.

Levi, Margaret [1997] *Consent, Dissent, and Patriotism*, Cambridge University Press.

Maynard, Geoffrey [1988] *The Economy under Mrs Thatcher*, Basil Blackwell Ltd.

Naib, S K Al [1996] *London Docklands: Past, Present and Future* (7th ed.), Thames & Hudson Ltd.

Ogden, Philip (ed.) [1992] *London Docklands: The Challenge of Development*, Cambridge University Press.

Peterson, E. Paul [1981] *City Limits*, The University of Chicago Press.

Peterson, E. Paul [1985] "Introduction: Technology, Race, and Urban Policy" in Paul E. Peterson (ed.) *The New Urban Reality*, The Brooking Institution.

Peterson, E. Paul [1995] *The Price of Federalism*, The Brooking Institution.

Punter, John [1992] "Classic Carbuncles and Mean Street: Contemporary Urban Design and Architecture in Central London" in Andy Thornley (ed.) *The Crisis of London*, Routledge.

Rodden, Jonathan [2003] "Reviving Leviathan: Fiscal Federalism and the Growth of Government" in *International Organization*, Vol.57.

Rodden, Jonathan [2006] *Hamilton's Paradox: The Promise and Peril of Fiscal Federalism*, Cambridge University Press.

Rose, Gillian [1992] "Local Resistance to the LDDC: Community Attitudes and Action" in Philip Ogden (ed.) *London Docklands: The Challenge of Development*, Cambridge University Press.

Rydin, Yvonne [2003] *Urban and Environmental Planning in the UK: The Politics of Urban Change in the Thatcher Years* (2nd ed.), Palgrave.

Sassen, Saskia [1988] *The Mobility of Labor and Capital: A Study in International Investment and Labor Flow*, Cambridge University Press. 森田桐郎他訳 [1992]『労働と資本の国際移動——世界都市と移民労働者』岩波書店。

Sassen, Saskia [2001] *The Global City: New York, London, Tokyo* (2nd ed.), Princeton University Press. 伊豫谷登士翁監訳 [2008] 『グローバル・シティ——ニューヨーク・ロンドン・東京から世界を読む』筑摩書房。

Saunders, Peter [1981] *Social Theory and the Urban Question*, Hutchinson University Library.

Simon, David [1995] "The World City Hypothesis: Reflections from the Periphery" in Paul L. Knox and Peter J. Taylor (ed.) *World Cities in a World-System*, Cambridge University Press. 藤田直晴訳編 [1997] 「世界都市仮説——周辺からの省察」、『世界都市の論理』鹿島出版会。

Stoker, Gerry [1995] "Regime Theory and Urban Politics" in David Judge, Gerry Stoker and Harold Wolman (ed.) *Theories of Urban Politics*, SAGE Publications.

参考文献・参考資料

Thatcher, Margaret [1993] *The Downing Street Years*, Harper Collins Publishers.　石塚雅彦訳 [1993]　『サッチャー回顧録——ダウニング街の日々（上）（下）』日本経済新聞社。

Thompton, Grahame [2000] "Economic Grobalization?" in David Held (ed.) *A Globalizing World?: Culture, Economics, Politics*, The Open University.　中谷義和監訳 [2002]　「経済のグローバル化」、『グローバル化とは何か——文化・経済・政治』法律文化社。

Thornley, Andy [1993] *Urban Planning under Thatcherism: The Challenge of the Market* (2ed.) , Routledge.

Travers, Tony [2004] *The Politics of London: Governing an Ungovernable City*, Palgrave.

Weir, Stuart and David Beetham [1998] *Political Power and Democratic Control in Britain*, Routledge.

Whitehouse, Wes [2000] *GLC- The Inside Story*, James Lester Publishers.

2　参考資料

◆一般的に閲覧可能

Canary Wharf Group PLC（Website）.

Central Statistical Office/ Office for National Statistics [annual] *Annual Abstract of Statistics*, HMSO books.

◆「サザク区地域歴史図書館（Southwark Local History Library)」において閲覧・複写可能

Calvocoressi, Aul [1990] *Conservation in Dockland*, Docklands Forum.

Docklands Consultative Committee [1989] *Employment & Economic Change in Southwark Docklands 1980-1988*.

Docklands Joint Committee [1976a] *Docklands News*.

Docklands Joint Committee [1976b] *London Docklands Strategic Plan*.

Downtown Review Manegement Committee [1981] *Downtown Review*, Vol.1.

Downtown Review Manegement Committee [1984] *Downtown Review*, Vol.14.

Downtown Review Manegement Committee [1987] *Downtown Review*, Vol.51.

Downtown Review Manegement Committee [1989] *Downtown Review*, Vol.67.

Downtown Review Manegement Committee [1990a] *Downtown Review*, Vol.68.

Downtown Review Manegement Committee [1990b] *Downtown Review*, Vol.74.

Downtown Review Manegement Committee [1990c] *Downtown Review*, Vol.75.

Hollamby, Ted [1990] *Docklands London's Backyard into Front Yard*, Docklands Forum.

LDDC [1988d] *Area Within L.D.D.C. Planning Boundary*.

South London Press.

Southwark Council [1973] *The Future of Surrey Docks.*

Southwark Council [1976] *London's New City.*

Southwark Council [1983-1984] *North Southwark Plan.*

Southwark Council [1989] *Broken Promises.*

Southwark Council [1990] *Unitary Development Plan. (Draft)*

Southwark Council [1995] *Unitary Development Plan.*

Surrey Docks Action Group [1973] *The Redevelopment of the Surrey Docks.*

※本報告書の正確な発行年は不明である。1974 年に発行された可能性もある。

◆ http://www.lddc-history.org.uk/ から閲覧可能

Innes, Stuart [2005] "About LDDC".

LDDC [1982a] *Annual Report and Accounts 1981/82.*

LDDC [1982b] *News Release "LDDC Reports Progress".*

LDDC [1983a] *Annual Report and Accounts 1982/83.*

LDDC [1983b] *News Release "LDDC Reports on Second Year Achievements".*

LDDC [1984a] *Annual Report and Accounts 1983/84.*

LDDC [1984b] *News Release "Prosperity is Returning to London's Docklands".*

LDDC [1984c] *London Docklands Development Corporation – Major Developments.*

LDDC [1985a] *1984/85 Annual Report and Accounts.*

LDDC [1985b] *News Release "London's Docklands "The Great Water City of the 1980's" Predicts LDDC Chairman".*

LDDC [1986a] *Annual Report & Accounts 1985/86.*

LDDC [1986b] *News Release "Docklands' Fifth Year – The Landmark of Change".*

LDDC [1986c] *Review 1985/86.*

LDDC [1987a] *Report & Accounts 1986/87.*

LDDC [1987b] *News Release "London Docklands 1986/87 Annual Report and Accounts".*

LDDC [1987c] *Canary Wharf.*

LDDC and LB of Newham [1987] *News Release.*

LDDC [1988a] *Report and Accounts 1987–88.*

LDDC [1988b] *Working for the Community.*

LDDC [1988c] *Accord Agreed by Tower Hamlets and Corporation.*

LDDC [1989a] *Report and Accounts 1988/89.*

LDDC [1989b] *News Release "London Docklands Development Corporation annual Report and Accounts 1988–89".*

LDDC [1990a] *Report and Financial Statements 1989/1990.*

LDDC [1990b] *News Release "London Docklands Development Corporation Report and Financial Statements 1989/90".*

LDDC [1991a] *Annual Report & Financial Statements: for the Year Ended 31 March*

参考文献・参考資料

1991.

LDDC [1991b] *News Release "LDDC Annual Report and Financial Statements 1990/91".*

LDDC [1992a] *Annual Report and Financial Statements: for the Year Ended 31 March 1992.*

LDDC [1992b] *News Release "Difficult Year – But Major Progress in Docklands Continues".*

LDDC [1992c] *News Release "Change of Ownership for Docklands Light Railway".*

LDDC [1992d] *News Release "The Surrey Docks Opportunity".*

LDDC [1993a] *Annual Report and Financial Statements: for the Year Ended 31 March 1993.*

LDDC [1993b] *News Release "Renewed Confidence in London Docklands".*

LDDC [1994a] *Annual Report and Financial Statements: for the Year Ended 31 March 1994.*

LDDC [1994b] *News Release "New Jobs and New Letting Double in Docklands".*

LDDC [1995a] *Annual Report and Financial Statements: for the Year Ended 31 March 1995.*

LDDC [1995b] *News Release "1994/5 Annual Report & Accounts Published".*

LDDC [1996a] *Annual Report and Financial Statements: for the Year Ended 31 March 1996.*

LDDC [1996b] *News Release "1995/96 Annual Report & Accounts Published".*

LDDC [1997a] *Annual Report and Financial Statements: for the Year Ended 31 March 1997.*

LDDC [1997b] *News Release "London Docklands Publishes 1996/97 Annual Report & Accounts".*

LDDC [1997c] *Initiating Urban Change.*

LDDC [1997d] *A Strategy for Regeneration.*

LDDC [1998a] *Annual Report and Financial Statements: for the Year Ended 31 March 1998.*

LDDC [1998b] *Attracting Investment – Creating Value.*

LDDC [1998c] *Employment: New Jobs and Opportunities.*

LDDC [1998d] *Learning to Live and Work Together.*

LDDC [1998e] *Housing in the Renewed London Docklands – text.*

LDDC [1998f] *Housing in the Renewed London Docklands – Tables.*

LDDC [1998g] *Surrey Docks.*

LDDC [1998h] *About LDDC – A Brief Overview.*

LDDC [1998i] *Regeneration Statement.*

National Audit Office [2007] *Analysis of Account.*

◆一般的に閲覧不可能（筆者は、当時の関係者から複写を頂いた）

LDDC/RISUL [1989] *LDDC Census of Employment 1987.*

Market & Opinion Research International [1996] *Local Community 1996: Research Study Conducted for London Docklands Development Corporation.*

あとがき

　題目の通り、本書は、ドックランズについて、都市再開発の対象となった頃から、「世界都市ロンドンの一角」となるまでの歴史を分析した。したがって、本書の分析は1998年という約20年前で幕を閉じている。この20年間に、多くの出来事があった。思いつくままに列挙しても、2005年7月のロンドン同時テロ、2012年7-8月のロンドン・オリンピック開催、2016年6月のEU離脱国民投票、2017年上半期の一連のテロ。これらは、世界都市ロンドンの未来を左右するものであった。

　しかし同じく、本文中でも言及したように、世界都市は、自動的に登場するものではなく、意図的に建設されるものである。そのため、これらの出来事がどのように世界都市ロンドンの現状と未来に影響してくるのかという問いには、自明な答えがあるわけではなく、政治学的分析が必要とされると思われる。そしてその際には、この意図を形成し、意図を意思決定回路に流し込む政治制度に注目する必要があろう。1998年以降の世界都市ロンドンの研究は、筆者の宿題の一つとしたい。

　出版の機会に恵まれ、舞い上がりすぎかもしれないが、本書の記念として、以下、個人的なことを記すことをお許しいただきたい。子どもの頃の筆者は、いわゆる「英数国理社」の中で、社会のみが好きだった。特に公民が好きだった（そうでなければ社会科学の大学院にそもそも進学しないので、当たり前のことであるが）。好きだった理由は、今思えば、「うまいこと社会ってできとるんやな」という驚きのためだった。ある問題に対処するために制度・組織・政策が作られる。しかし、個人は自らの理念や利害を有するため、既存体制に挑戦も起こる。そこで、新たな均衡がうまいこと作られる。こうした「うまいことの積み重ね」は、気取ったいい方をすれば、人類の叡智の蓄積ということになろうが、それを正面から扱っているのが、公的な制度・組織・政策を守備範囲とする行政学や地方自治論といった科目であった。こうして、

学部時代に地方自治論と西洋政治史のゼミに入れて頂き、その後の長い「入院生活」につながることになった。

　筆者が名古屋大学に学部生として在籍していたのは、2002 年から 2006 年である。それは、「地方分権」が大きな政治的イシューであった時代であった。しかし、同時に特に地方において人口減少に直面せざるをえない時代でもあった。この時代の影響を受けて、筆者は、地方自治体の可能性と限界について考えてみたい、と思うようになった。加えて、新自由主義の時代にあって、土地や空間利用の私権性と公共性の対立、あるいは公共性観の対立の鋭さにも関心を抱いた。こうして、地方自治体と都市再開発というテーマに絞っていった。

　後述する進藤兵先生が、イギリス行政にも通暁されており、「院生の間は、歴史研究をジックリとやったらどうですか」と諭してくださったため、ドックランズ再開発を研究対象として選んだ。選んだのはいいものの、一般的な問題関心と、20 世紀末のロンドンという固有性の間でかなり苦しんだ。一方では、政治学・行政学全体への貢献と、他方では、本書でも繰り返し登場するように、地域民主主義、議会主権、不文憲法、行財政改革、欧州統合そして世界都市建設といった 20 世紀末ロンドン固有の現象についての扱い・解明・説明との間で、自分の立ち位置を長い間見出せずにいたのである。結局、一般的な問題関心や理論を忘れずに、しかし、ドックランズ再開発史を洗い出すことに専念し、最後に、その理論的成果を抽出し、提示するという方法を採用した。この方法がうまくいっていることを願うばかりである。

　こうした紆余曲折がありながらも、課程博士論文『中央地方政府間機能分担論による、ロンドン・ドックランズ再開発史研究』をなんとか完成させ、2013 年 9 月に名古屋大学大学院法学研究科に提出した。本書は、この博士論文を土台としている。博士論文・本書の各内容は、以下のように『名古屋大学法政論集』にも発表した（【　】は本書における該当箇所である）。
・「ロンドン・ドックランズ地区再開発史分析への予備的考察（一）」、『名古屋大学法政論集』第 240 号、2011 年 6 月【「はじめに」、第 1 章】

・「ロンドン・ドックランズ地区再開発史分析への予備的考察（二・完）」、同上、第241号、2011年9月【第2章、第6章の一部】
・「前期ロンドン・ドックランズ再開発史研究（一）——一九七〇年代半ばから一九八〇年代末まで」、同上、第252号、2013年12月【第3章前半】
・「前期ロンドン・ドックランズ再開発史研究（二）——一九七〇年代半ばから一九八〇年代末まで」、同上、第253号、2014年3月【第3章後半】
・「前期ロンドン・ドックランズ再開発史研究（三・完）——一九七〇年代半ばから一九八〇年代末まで」、同上、第256号、2014年6月【第4章】
・「政府間関係と政策志向の変化（1）——後期ロンドン・ドックランズ再開発を事例に」、同上、第257号、2014年9月【第5章前半】
・「政府間関係と政策志向の変化（2・完）——後期ロンドン・ドックランズ再開発を事例に」、同上、第259号、2014年12月【第5章後半】
・「都市再開発から世界都市の建設へ（1）——ロンドン・ドックランズ地区の経験」、同上、第261号、2015年3月【第6章前半】
・「都市再開発から世界都市の建設へ（2・完）——ロンドン・ドックランズ地区の経験」、同上、第262号、2015年6月【第6章後半】

　また、第5章および第6章で論じたことの一部は、『法政論集』に先んじて、「ロンドン・ドックランズ地区の再開発の論理基盤——グローバル化時代の都市間競争という視角から」、『都市問題』第101巻第4号、2010年として発表した。

　博士論文と『法政論集』、本書の主旨はほとんど同じであるが、ただし、博士論文と『法政論集』との間には修正点もあるし、本書をまとめる際にも、かなりの修正を施した。

　博士論文の小慣れないタイトルからも分かってしまうように、不器用で手のかかる院生だったと思う。失礼も多々あったと反省している。全ての先生方に心よりお詫び申し上げ、そして厚く御礼申し上げたい。

　なかでも、六名の先生には、特筆して感謝申し上げることは責務だと思えるほどお世話になった。まずは、進藤兵先生と北住炯一先生である。両先生

には、学部ゼミの時から大変お世話になった。漠然と研究者という生き方に憧れていただけの無知な筆者に、研究とは何か、研究者とは何かを見せ、聞かせてくださった。小野耕二先生と増田知子先生には、ずっと副指導教員として、道を示して頂いた。偶然にも、筆者の父母とそれぞれ同い年の両先生からは、我が子のように愛して頂いたように感じている。名古屋大学の院生が持ち回りで担当できる集中講義のコーディネータの順番が筆者にまわってきたとき、筆者は京都大学の待鳥聡史先生を希望させて頂いた。待鳥先生は、新鮮なゼミナールと研究の厳しさ、そして前向きな励ましをくださった。田村哲樹先生への御礼は一言ではすまない。田村先生は、進藤先生が名古屋を去られてから、主指導教員として筆者をお引き受けくださった。自由に研究を進めさせてくださりつつも、ご相談したいことがあると、お忙しいところにもかかわらず、常にどんなことでも相談に乗ってくださった。温厚な笑顔および裏に秘めた常人ならぬ精神力と共に、止まることなく新鮮な研究を発表されていく田村先生の後ろ姿は、筆者の何よりのお手本となった。先生のような研究者、人間になれるように、筆者も人生を歩んでいきたいと思う。

　また、大学院という特殊な環境で、支えてくださった先輩・同輩・後輩の皆様にも改めて感謝の念をお伝えしたい。名前を挙げればキリがないが、しかし、長崎亮・西山真司の二人は、筆者にとって常に格別な存在であった。学部時代から約15年もの間、同期生として歳月を共にしてくれた。二人の非凡な才能とパーソナリティに、成長させて頂いたと感じている。

　続いて、中部政治学会、日本比較政治学会、日本政治学会、日本行政学会、日本防衛学会、イギリス政治研究会、社会政治研究会、中部政治・行政学研究会、関西行政学研究会、名古屋「政治と社会」研究会の各学会および研究会の存在そして、そこでご指導賜った全ての先生方に感謝申し上げたい。全ての学会・研究会で、第一線でご活躍されている先生方のご報告を拝聴し、勉強させて頂いた。また筆者の拙い報告にも多くのアドバイスを頂けた。それらを本書に活かしきれているという自信はないが、大きな糧にさせて頂いている。

あとがき

　博士論文をまとめるにあたっては、スチュアート・イネス、ピーター・ラ
イマー、サンドラ・アレッツの三名にもとてもお世話になった（レグ・ワード
氏はお会いする直前に他界されたのが残念である。安らかにお休みになられること
をお祈り申し上げる）。インタヴューを受けてくださったり、貴重な資料を見
せてくださったりした。特に、イネス氏は、元職員として、LDDC の資料の
多くを WEB で閲覧可能にしてくださり、他の関係者をご紹介くださり、さ
らに、御自宅で多くのお話をお聞かせくださった。お話の後、リンダ御夫人
とハンティンドン郊外の素敵なドライブに連れて行ってくださり、静かな街
並みの伝統あるパブでハムチーズトーストを御馳走くださった。このハムチ
ーズトーストは、院生時代で一番記憶に残っている食べ物である。Dear Mr.
Stuart Innes, Mr. Peter Rimmer, Ms. Sandra Allez and Mr. Reg Ward. Thank
you very much for your kind help. Without your corporations, I could not
have accomplished my thesis.

　もちろん、日本内外の先行研究にも感謝せねばならないだろう。イギリス
本国での研究はもちろんのこと、日本のドックランズ再開発史研究がなかっ
たら、筆者は自らの結論を導き出すことはおろか、そもそもドックランズ再
開発に関心を持ちえなかった。また、中央地方関係に関する蓄積された理論
研究がなくても、本書は書ききれなかった。この分野は、膨大な研究蓄積が
あるだけに、随時発表される解説にも非常に助けられた。

　最後に、吉田書店の吉田真也さんにも厚く御礼申し上げたい。どこの馬の
骨ともわからない筆者の拙い博士論文を読んでくださった。それだけではな
く、出版という筆者の 15 年間を発表するという最大の機会を頂けたこと、
前向きなアドバイスをたくさん頂けたこと、2016 年の年末にじっくりお話し
させて頂くご機会をくださったこと、数多くの貴重な校正案を提示くださっ
たこと、全てに深く感謝申し上げる。吉田書店のラインナップに本書が並ぶ
ことは、吉田さんや吉田書店からご出版されている先生方の高い評判を傷つ
けてしまわないか、という懸念は消えないが、筆者にとって夢のような幸運
であるのも紛れもない事実である。

243

特筆すべき倫理性を持ち合わせていない筆者にも、こうして感謝申し上げたい幾人もの人々に出会えたことを思い起こすと、やはり筆者は幸せ者だと思う。学部生から 15 年以上に亘る歳月の間でお世話になった全ての皆様に重ねて厚く、深く御礼を申し上げる。

　最近の研究書のあとがきを読むと、研究人生初の研究書は両親に捧げる傾向にあるようだ。もちろん筆者も、両親に物心両面で支えてもらったし、研究者を目指すことに由来する心配をたくさんかけた。そのため、筆者もこの傾向を引き継ぐべきかもしれない。しかし、両親にはまだまだ長生きしてもらいたいという思いと、次の単著を両親に捧げるべく研究を発表し続けるという宿題を自分に課したいという思いから、本書はあえて両親には捧げない。両親と共に手のかかる孫を遺し育ててくれた、故川島秀雄、故川島君子、川島芳子、安西義勝、安西博子の五人の祖父母に、感謝の気持ちと共に本書を捧げる。

　　2017 年 9 月

　　　　　　　　　　　　　　　　　　　　　　　　　川島　佑介

〔付記〕本書は、JSPS 科研費 16K17049：若手（B）「政府間関係に基づく世界都市建設の比較研究」（研究代表者：川島佑介）の助成を受けた成果の一部です。

索　引

※頻出する語については重要と思われる箇所のみ拾っている。
※太字の頁では当該語句について詳しく定義している。

【英数字】

HSBC 社　209
HSBC タワー　209
JP モルガン・チェース社　209
1966 年地方府法　64
1972 年地方政府法　67, 69, 108
1980 年地方政府・計画・土地法　15, 65-66, 95
1984 年レイト法　121-122, 135
1985 年地方政府法　121, 140
1988 年地方財政法　141, 143
2000 年地方政府法　147

【ア行】

アイランド・ガーデン駅　187-188
アイル・オブ・ドッグズ　95, 128, 163, 204, 205, 220
秋月謙吾　43-44
アクター　**56-57**
イースト・ロンドン線　74, 153, 197
イネス, スチュアート（LDDC 職員）　35, 97, 109, 180
インスペクター　114-116
ウィルソン, デヴィッド　65
ウェスト・インディア・ドック　163
ウェスト・エンド　128, 203, 205
ウルトラ・ヴァイアス　66-67, 145
エドワーズ, マイケル　35
エンタープライズ・ゾーン　**95-96**, 163
オグデン, フィリップ　109
オグラディ, ジョン（サザク区議員）　107,

112-114, 117-118, 121, 135
オリンピア＆ヨーク社　154, 164-165, 187

【カ行】

カウンシル・タックス　156, 179
カティ・サーク駅　187-188
カナダ・ウォーター　186, 189-191, 219
カナリー・ウォーフ　4, 154, 162-165, 204, 209-210
カナリー・ウォーフグループ社　221
可変的都市間競争論　**54, 224-226**
上林千恵子　177
加茂利男　1, 209, 210, 212
環境省　15, **27**, 35, 66, 69, 96, 117, 122, 125, 164, 220
キーブル, サリー（サザク区議員）　196, 201, 220
議会の意思　115-116
菊池努　175
北サザク計画　**76-78**, 82, 114-115
北村公彦　119, 135
北村亘　106
北山俊哉　45-47, 56
ギブソン, マイク（サザク区職員）　193
旧住民　**9**
競争国家　174-175
キング, アンソニー　21
クアンゴ　30-31, 36
グリーンウッド, ジョン　65, 144
グリーングロス, アラン（GLC 議員）　124-125
グリーンランド・ドック　116-118
グリニッジ区　69, 155, 187-188, 204

グリニッジ半島　75
グリフィス，セリ（サザク区職員）107
クリフォード・チャンス社　209
クレジット・スイス・ファースト・ボストン社
　　163-164, 209
クロスランド，アンソニー（環境大臣）　106
経済成長的側面　**3**
合同ドックランズ行動グループ　76
コープランド，アンディ　14, 16
公有地強制帰属権　15, 95
国際移動可能性　**176-178**
駒井洋　176
コミュニティ　19, 27, 70, 82, 84-88, 96,
　　101-105, 161, 171, 184, 198, 216
コミュニティ・チャージ　142-143, 156,
　　158-159, 179

【サ行】

財源要素　65
歳入援助補助金　143
サイモン，デヴィッド　221
サウス・ドック　117, 118
サウス・ロンドン新聞　**135**
サザク環境トラスト　157
サザク区　**17**, 69, 76-82, 107, 111-119, 120-
　　123, 129, 133, 135, 148-159, 187, 190-202,
　　203-204, 213, 219-221
サッセン，サスキア　1, 23-25
サッチャー，マーガレット（首相）　25-28,
　　35, 120, 141-142, 145-146, 175, 179
佐藤満　45-46, 56
サリー・ドックス　77, 107, **116-118**, 128,
　　189-190
サリー・ドックス行動グループ　107
サリヴァン，デイヴ（ルイシャム区議員）
　　196
ジェソップ，ボブ　174
ジェンキン，パトリック（環境大臣）　118,

123-124
シティ　**17**, 106, 128, 136, 164, 165, 180, 190,
　　203-205
シティグループ・センター　209
シティバンク　209-210
社会住宅　131, 135, 151, 172-173, 178, 179,
　　198, 207, 211, 213, 218-219, 220
住宅協会　173, 193, 197, 207
住宅公社　194
住宅用資産レイト軽減補塡要素　65
ジュビリー線　107-108, 153, 168, 186-187,
　　189-190
需要要素　65
職員組合（サザク区）　113, 183, 194-196
職業訓練　19, 84, 86-88, 136, 161, 172-173,
　　178, 184, 197, 213, 216, 218, 225
迅速性　83, **93-96**, 98-100, 127, 133, 223
真のバーモンジー労働党　**135**
ストーカー，ジェリー　44
ストラトフォード　73
スノウ，ニック（サザク区議員）　152, 201
スピン・オフ効果　**98-100**, 129
スポーツ審議会　194
スワン・ロード　119, 170
生活保障的側面　**3-4**
制限列挙方式　145, 147
政策選択　**2-3**
政府機能の分担　**2**
世界都市　**208-209**
選好　**2**
総合開発計画　147, 156-157
ソーンダース，ピーター　38-39, 43-44, 46-
　　47, 55, 134
曽我謙悟　45-46, 48-51, 56, 166, 200, 226
ソレンソン，エリック（LDDC事務局長）
　　35
ソンリー，アンディ　25-27, 33

【タ行】

ダール，ロバート　34

大ロンドン開発計画　72, 114-115

大ロンドン議会（GLC）　**17**, 66, 69-70, 107, 117, 119-125, 135, 140-141

ダウンタウン（ロザーハイゼ）　116, 118

ダウンタウン・レヴュー　199-200, 220

高寄昇三　60, 64-68, 140, 142-143, 179

武川正吾　144

ダフィ，ニール（サザク区議員）　194

玉井亮子　166, 176

タワー・ハムレッツ区　**17**, 69, 111, 129, 162, 164, 184, 188, 204, 213, 220

単一欧州議定書　175

単一再生予算　193, 220

ダンレヴィ，パトリック　35

地域益　32

地域民主主義　36, 115, 133

チェリー・ガーデン・ピア　116, 118

地方自治体責任論　96-97, 134

チャンドラー，J．　66, 146

中央地方政府間機能分担論　**33-34**, 52-53

辻悟一　14-15, 22, 27, 109, 132

デイヴィス，アラン（サザク区議員）　113-114, 118, 121, 159, 201

テキストデータ分析 84, 108

トゥウェルヴェス，ジョアン（ランベス区議員）　196

特別開発令　15

特別区　**17**, 66, 69-70, 140-141, 146-147

戸澤健次　35, 181

都市開発公社（UDC）　**30**-31, 36

都市間競争論　7, **39-48**, 51-53, 55-56, 106, 174, 176, 178, 221

都市再開発　**3**

ドックランズ　**4**

ドックランズ協議委員会　149-150, 157

ドックランズ軽鉄道　154, 161, 168, 186-189, 204, 215, 219

ドックランズ合同委員会（DJC）　**69-70**, 75-76, 79-80, 108

ドックランズコミュニティ支援助言団体　113

ドックランズで民主主義を回復させるキャンペーン　113

ドックランズ・フォーラム　70, 113, 149, 189

トラバース，トニー　20

トラバース・モルガン社　69

トラベルステッド，ウェア（投資家）　163-164

トリクルダウン効果　15, 98

【ナ行】

ナイト，テッド（ランベス区議員）　122

ナイブ，アル　14, 19

中井検裕　29-30

成田孝三　167

ニコールセン，ジョージ（GLC議員）　112

西山八重子　25-26

二重国家論　**38-39**, 43-44, 46, 53, 134

ニューハム区　**17**, 69, 111, 129, 184, 204, 213, 220

ニューヨーク・メロン銀行　210

【ハ行】

バークレイズ社　209

バーモンジー　77, 112, 116, 192, 198

ハウ，ジェフリー　176

バトラー，ティム　211

馬場健　16, 17, 18-19, 29, 180-181

ハンター，フロイド　34

ピーターソン，ポール　39-42, 43, 47-51, 55-56, 174, 181

ピカード，マイケル（LDDC議長）　192

247

非居住用レイト　**64**, 142-143

ビック・バン　175

ヒューズ，サイモン（バーモンジー選出の下院議員）117, 135, 190-191, 220

フィリップス，ロン（ドックランズ・フォーラム議長）149-150

フィルキン，エリザベス（LDDC職員）　173

福祉マグネット　**42**, 46, 221

福島義和　14-15

フリードマン，ジョン　1, 22-24, 212

ブリティッシュ・ガス　64, 74, 108

ブリンドリー，ティム　6, 32

フレイザー，ジェレミー（サザク区議員）192, 201

ブロークス，ナイジェル（LDDC議長）　92-93, 109, 117

ブローニル，スー　14, 16-17, 18-19, 28-29, 34-35, 108-109

分析的物語　57

プンター，ジョン　204

ヘーゼルタイン，マイケル（環境大臣）**27**, 35, 176

ベクトン　75, 186, 219

ペッカム　186, 193, 220

ベレスフォード，ポール（ワンズワース区議員）123-124

ベンソン，クリストファー（LDDC議長）35

ボーテックス社　107

ホール，ジョン　16

星野泉　106

ポプラー　75

ホランビー，テッド　135

ホワイトハウス，ウェス　26

【マ行】

マーシリング，スティーヴ（サザク区議員）121

マーストリヒト条約　175

マシューズ，アン（サザク区議員）140, 155, 158-159, 195-197, 199, 201

待鳥聡史　166, 176

水口憲人　43-44

三富紀敬　14, 19

ミルウォール・ドック　163

ミルズ，ジョン（LDDC副議長）　35

メイジャー，ジョン（首相）　144, 179

メイナード，ジェフリー　171, 180

メリッシュ，ボブ（バーモンジー選出の下院議員→LDDC副議長）**112-113**, 117, 135

モルガン・スタンレー社　164, 209

【ヤ行】

ヨーロッパ統合　173, 175, 181, 202

【ラ行】

ライマー，ピーター（LDDC職員）　35, 180

ライムハウス　128

ランベス区　121-122, 135, 179, 196, 203

リー，ロジャー　21-22

リーダーズ・ダイジェスト社　209

リヴィングストン，ケン（GLC市長）　123-124

リザンダー社　116-118

リッチー，トニー（サザク区議員）118, 135, 159, 196, 201

ルイシャム区　69, 121-122, 155, 187-188, 196, 204, 221

レイト　**62-68**, 106, 121-123, 135, 139-142, 153

レイト援助補助金　64

レイト・キャッピング　119-125, 134, 135, 139-141, 195

レイト払い戻し制度　63, 140

レバレッジ比　**126**, 135, 206-207

索　引

ロイヤル・ドックス　　128, 219
ローズ，ギリアン　　17
ローソン，ナイジェル（大蔵大臣）　　176
ロザーハイゼ　　116, 118, 189
ロッデン，ジョナサン　　55-56
ロンドン港湾庁　　64, 70, 93, 95
ロンドン・シティ空港　　153, 161, 168
ロンドン・ドックランズ開発公社（LDDC）
　　15

ロンドン・ドックランズ戦略計画（LDSP）
　　25-26, **69-71**, 106

【ワ行】

ワード，レグ（LDDC 事務局長）　　35, 163
ワッピング　　128
ワン・カナダ・スクウェア　　209-210
ワンズワース区　　123, 156, 203, 221

249

著者紹介

川島 佑介 （かわしま・ゆうすけ）

1983年岐阜県生まれ。2006年名古屋大学法学部卒業、2013年名古屋大学大学院法学研究科博士課程後期課程修了。博士（法学）。
現在、名古屋大学大学院法学研究科学術研究員・名古屋外国語大学他非常勤講師
主な論文に、「地区計画の理念と運用実態の変遷──事例研究：名古屋市」（『都市問題』第97巻第9号、2006年9月）、「生活保護行政と福祉マグネット」（『季刊行政管理研究』第151号、2015年9月）、「必然でも偶然でもなく── 1995年「世界都市博覧会」中止の政治学的分析」（『名古屋大学法政論集』第269号、2017年1月）、「米国における危機管理の一元化への歩み」（『防衛学研究』第56号、2017年3月）。

都市再開発から世界都市建設へ
ロンドン・ドックランズ再開発史研究

2017年12月20日　初版第1刷発行

著　　者		川 島 佑 介
発 行 者		吉 田 真 也
発 行 所	合同会社	吉 田 書 店

102-0072　東京都千代田区飯田橋 2-9-6 東西館ビル本館 32
TEL：03-6272-9172　FAX：03-6272-9173
http://www.yoshidapublishing.com/

装丁　折原カズヒロ
DTP　閏月社
定価はカバーに表示してあります。
©KAWASHIMA Yusuke, 2017

印刷・製本　モリモト印刷株式会社

ISBN978-4-905497-57-8

―――――― 吉田書店刊 ――――――

戦後地方自治と組織編成――「不確実」な制度と地方の「自己制約」

稲垣浩 著

府県における局部組織において、「制度化されたルール」はいかに生まれ、定着したのか。歴史的な視点から多角的に分析。　　　　　　　　　　3600 円

自民党政治の源流――事前審査制の史的検証

奥健太郎・河野康子 編

歴史にこそ自民党を理解するヒントがある。意思決定システムの確信を多角的に分析。
執筆＝奥健太郎・河野康子・黒澤良・矢野信幸・岡崎加奈子・小宮京・武田知己
A5 判上製，350 頁，3200 円

日本政治史の新地平

坂本一登・五百旗頭薫 編著

気鋭の政治史家による 16 論文所収。執筆＝坂本一登・五百旗頭薫・塩出浩之・西川誠・浅沼かおり・千葉功・清水唯一朗・村井良太・武田知己・村井哲也・黒澤良・河野康子・松本洋幸・中静未知・土田宏成・佐道明広　　　A5 判上製，640 頁，6000 円

沖縄現代政治史――「自立」をめぐる攻防

佐道明広 著

沖縄対本土の関係を問い直す――。「負担の不公平」と「問題の先送り」の構造を歴史的視点から検証する意欲作。　　　　　　　A5 判上製，228 頁，2400 円

21 世紀デモクラシーの課題――意思決定構造の比較分析

佐々木毅 編

日米欧の統治システムを学界の第一人者が多角的に分析。執筆＝成田憲彦、藤嶋亮、飯尾潤、池本大輔、安井宏樹、後房雄、野中尚人、廣瀬淳子　　　　3700 円

ミッテラン――カトリック少年から社会主義者の大統領へ

M・ヴィノック 著　大嶋厚 訳

2 期 14 年にわたってフランス大統領を務めた「国父」の生涯を、フランス政治史学の泰斗が丹念に描く。口絵多数掲載！　　　　　　　　　　3900 円

サッチャーと日産英国工場――誘致交渉の歴史　1973-1986 年

鈴木均 著

日産がイギリスへ進出した背景にはなにがあったのか。日英欧の資料を駆使して描く。「強い指導者」サッチャーが、日本に見せた顔は……。　　　　2200 円

定価は表示価格に消費税が加算されます。
2017 年 12 月現在